高等职业教育
通识类课程新形态教材

U0181763

信息技术基础

刘乃瑞　主　编

马映红
　　　　副主编
秦　勇

Fundamentals of
Information Technology

世界图书出版公司
北京·上海·广州·西安

图书在版编目（CIP）数据

信息技术基础 / 刘乃瑞主编. — 北京：世界图书出版有限公司
北京分公司，2023.2
ISBN 978-7-5232-0091-9

Ⅰ.①信… Ⅱ.①刘… Ⅲ.①电子计算机—高等职业教育—教材
Ⅳ.①TP3

中国版本图书馆CIP数据核字（2023）第014858号

书　　名	信息技术基础 XINXI JISHU JICHU	
主　　编	刘乃瑞	
责任编辑	张绪瑞	
出版发行	世界图书出版有限公司北京分公司	
地　　址	北京市东城区朝内大街137号	
邮　　编	100010	
电　　话	010-64038355（发行）　　64033507（总编室）	
网　　址	http://www.wpcbj.com.cn	
邮　　箱	wpcbjst@vip.163.com	
销　　售	新华书店	
印　　刷	北京建宏印刷有限公司	
开　　本	787mm×1092mm　　1/16	
印　　张	25.5	
字　　数	450千字	
版　　次	2023年2月第1版	
印　　次	2023年2月第1次印刷	
国际书号	ISBN 978-7-5232-0091-9	
定　　价	66.00元	

前　言

　　高等职业教育"信息技术"课程是各专业学生的必修或限定选修的公共基础课程。通过本课程的学习，帮助学生认识信息技术对人类生产、生活的重要作用，了解现代社会信息技术发展趋势，理解信息社会特征并遵循信息社会规范；使学生掌握常用的工具软件和信息化办公技术，了解大数据、人工智能、区块链等新兴信息技术，具备支撑专业学习的能力，能在日常生活、学习和工作中综合运用信息技术解决问题；使学生拥有团队意识和职业精神，具备独立思考和主动探究能力，为学生职业能力的持续发展奠定基础。

　　本教材对标教育部《高等职业教育专科信息技术课程标准（2021年版）》，是基于工作过程的新形态立体化教材。教材在理论知识方面介绍了信息素养与社会责任，介绍了新一代信息技术的基本概念、技术特点、典型应用、技术融合。在信息技术常用软件的应用方面采用基于工作过程的模式，关注学习情境的创设，遵循学以致用的原则，选择与职业、学习、生活相关的素材，并将课程思政贯穿其中。本教材立体配套，读者可通过手机扫描嵌入教材各任务的二维码，观看视频进行学习。因此，这是一本支持移动学习，符合翻转课堂教学模式和线上线下混合教学模式的新形态一体化教材。

　　全书共分为8个模块，模块1为Windows 桌面系统管理，模块2为WPS文档处理，模块3为WPS 电子表格处理，模块4为WPS演示文稿制作，模块5为图形图像处理，模块6为信息检索，模块7为信息素养与社会责任，模块8为新一代信息技术。教材的编写体例围绕工作过程展开，每个模块分成若干工作任务，对典型工作任务的讲解按照任务导航（包含任务清单和任务描述）→任务流程→任务实施→知识链接→拓展视频的流程设计。任务导航中提出工作任务，使学习者了解需要做什么，任务流程中体现工作步骤，任务实施中讲解具体实现方法，知识链接总结了技术中的理论部分知识，拓展视频中提供了更多解决问题的方法。

　　本教材由刘乃瑞任主编，马映红、秦勇任副主编，由刘乃瑞组织编写并统稿。具体分工为：模块1由秦勇编写；模块2由张宁林编写；模块3、模块7由刘乃瑞编写；模块4由刘涛编写；模块5、模块6由马映红编写；模块8由赵刚编写。

　　本教材的顺利出版要特别感谢中国出版集团世界图书出版公司的领导和编辑对新形态教材的重视，对教材出版的大力支持；并感谢北京青年政治学院教务处、信息传媒艺术学院领导的支持和帮助。

　　尽管反复斟酌与修改，但因时间仓促、能力有限，书中仍难免存在疏漏与不足，望广大读者提出宝贵意见和建议，以便再次修订时更正。

编　者

2023年1月

目　录

01

模块1

Windows桌面系统管理

　　Windows桌面是进行电脑管理最直观的人机交互界面，不管是哪个版本的系统，都需要用户有良好的体验感，下面就围绕Windows桌面学习一些基本的配置，方便用户使用电脑进行安全办公。

任务1　个性化桌面设置

任务导航

【任务清单】

任务内容	能力要求			
	理解原理	掌握要领	熟练操作	灵活运用
Windows桌面系统界面认知		√		
桌面图标的设置		√	√	√
系统信息查阅	√	√		
账户管理		√	√	√
桌面背景			√	
屏保和电源设置			√	√
开始和任务栏设置			√	
显示设置			√	√

【任务描述】

　　Windows桌面的设置是操作人员个性特征的表现，但通用性是日常应用最常见的，这里就进行桌面图标、系统信息查阅、账户管理和个性化应用的相关任务。

任务流程

第一步：Windows桌面系统界面认知　　　第五步：桌面背景设置

第二步：桌面图标的设置　　　　　　　　第六步：屏保和电源设置

第三步：系统信息查阅　　　　　　　　　第七步：开始和任务栏设置

第四步：账户管理　　　　　　　　　　　第八步：显示设置

任务实施

第一步：Windows桌面系统界面认知

Windows桌面是日常生活中人机交互的基本界面，通常称为图形化界面，是与传统的命令行对应而生的，在计算机的诞生和发展过程中，从命令行界面到Windows桌面具有划时代的意义，图形化的Windows桌面给普通人员的办公和生活带来了极大的便利，也为社会各行业的信息化做出了重要贡献。

　　Windows桌面应用的个性化和可操作性是国内外操作系统吸引受众的重要手段，微软的Windows系列产品和苹果的macOS的市场占有率就是最好的反馈，国内的深度Deepin（如图1-1）和统信UOS（如图1-2）也在这方面发力，希望得到更多使用者的支持。

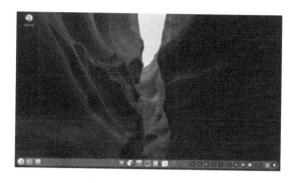

图1-1　Deepin桌面

图1-2　统信UOS桌面

　　根据当前电脑系统的装机情况看，微软的Windows 11是新电脑预装最多的操作系统，下面就以Windows 11系统进行任务实现。

　　第二步：Windows 11桌面图标设置

　　新采购的品牌PC一般都预装Windows系统，除了品牌本身提供的驱动工具外就没有太多软件了，而且初始化安装的Windows桌面没有提供太多的快捷图标，如图1-3所示，为了后续工作的方便，可以把一些方便电脑管理的图标显示出来。

图1-3　Windows 11初始化桌面

　　这里先在桌面的主题壁纸界面点击鼠标右键，如图1-4所示，释放鼠标右键，移动鼠标选择"个性化"菜单，使用鼠标左键单击选择，打开图1-5所示个性化设置窗口，单击选中这个窗口，使用鼠标的滚轮进行翻页就可以看到个性化的所有设置，如图1-6所示，用鼠标左键单击"主题"，打开"个性化"-"主题"子窗口，如图1-7所示，单击"桌面图标设置"打开图1-8，"回收站"是默认在操作系统初始化时被默认选择的（显示为 ✅ ），这就是在图1-3所示在桌面浏览区中有回收站的图标的原因。在图1-8中单击选中"计算机""用户的文件""控制面板""网络"选项，点击窗口下方的"确定"按钮，关闭个性化窗口，就可以看到图1-9所示，多了四个供用户使用的图标。

图1-4　右键功能菜单

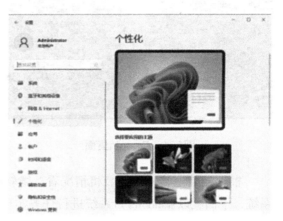

图1-5　个性化属性窗口

图1-6　个性化设置

图1-7　个性化主题设置

图1-8　桌面图标设置

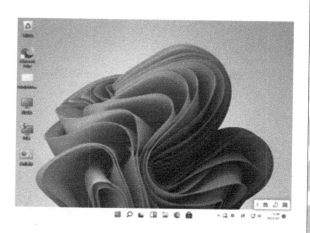

图1-9　设置桌面图标后的桌面

第三步：Windows系统信息查看

在图1-9所示桌面上找到"此电脑"图标，点击鼠标左键选中，然后点击鼠标右键，弹出如图1-10所示桌面图标右键菜单，点击"属性"选项，打开图1-11所示系统属性，可以看到Windows系统的具体描述，包括基本的硬件信息和Windows系统的版本信息，这些信息是用户采购电脑主机时参考的主要信息，其中Windows系统是否激活是使用正版微软Windows系统的关键信息，如果未激活在使用上会有很多不便之处。

通常，用户从正规渠道如京东、天猫等电商平台购买的品牌电脑一般都会预装好正版的操作系统，其中微软的Windows Home版桌面系统在个人品牌电脑中占有率是比较高的，另外有些教育机构会通过代理公司购买正版授权，如图1-12所示。

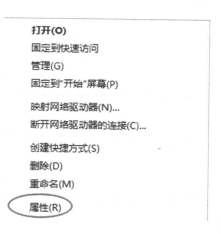

图1-10　桌面图标右键菜单

第四步：账户管理

在桌面图标设置和系统查看步骤里可以看到图1-13所示的系统导航条，点击"账户"，打开图1-14所示Windows 11 教育版的账户界面，由于Windows版本不同，显示状态不一样，点击"账号信息"，打开如图1-15所示Windows 11 Home版的账户管理界面，不管是哪个版本都会显示账户姓名、账户web注册账号、账户角色。Window是典型的多用户单任务操作系统，因此个人电脑设置的账户都是管理员角色，但是一般不会显示为"Administrator"。

Windows 11 Home的账户在个人电脑工厂初始化配置中进行了设置，一般都要

图1-11　系统属性

图1-12　Windows版本信息

求设置为web注册账号的形式，即使用邮箱作为用户名来登录Windows系统，在账号管理中，可以在账户管理界面中选择"改用本地账户登录"，如图1-16所示，Windows 11 Home会弹出警告窗口，如图1-17所示，点击"跳过此步骤"，打开图1-18所示提示，点击"下一页"，打开图1-19，根据提示更改，修改本地登录需要设置账户密码等信息，用户需要注意要记好这些信息，设置完成后，重启或者注销电脑就可以使用本地账户登录电脑了。

　　账户管理还为用户提供添加其他账户服务，在任务栏上找到 🔍 单击，打开图1-20，输入"控制面板"，然后点击下方显示的"控制面板"，可以打开控制面板的主界面，在其中点击"用户账户"，打开图1-21，点击"用户账户"就可以打开图1-22，显示当前系统使用的账户信息，如果要添加其他用户账户，就需要点击"管理其他账户"，打开图1-23所示"在电脑设置中添加新用户"，点击打开图1-24，这里就可以添加家庭账户等，但是要注意都会连接网络去做设置。

点击图1-21中的"凭据管理器",打开图1-25,其中有两个标签选项"Web凭据"和"Windows凭据",可以对登录系统的账户进行密码管理,点击"Windows凭据"打开图1-26,点击"普通凭据"下拉信息,可以看到有针对当前系统登录用户的密码管理的"编辑"按钮,根据用户需求可以设置密码。

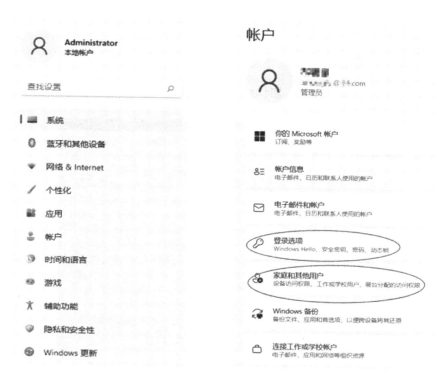

图1-13 系统导航条   图1-14 账户管理

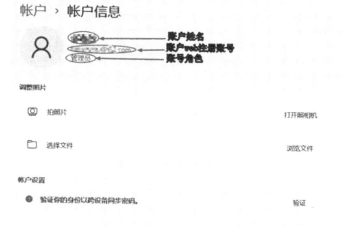

图1-15 Windows 11 Home版账户管理

图1-16 账户设置

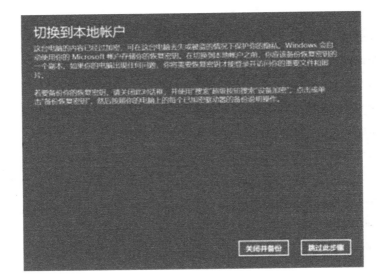

图1-17 本地账户警告

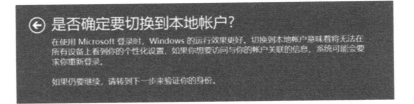

图1-18 切换登录方式提示

图1-19 修改Windows 11本地登录

图1-20 任务栏搜索

图1-21 控制面板—用户账户

图1-22 用户账户信息

图1-23　管理账户

图1-24　添加新用户

管理你的凭据

查看并删除你为网站、已连接的应用程序和网络保存的登录信息。

Web 密码

无 Web 密码。

图1-25　账户密码管理—Web凭据

管理你的凭据

查看并删除你为网站、已连接的应用程序和网络保存的登录信息。

 Web 凭据

 Windows 凭据

备份凭据(B)　还原凭据(R)

Windows 凭据　　　　　　　　　　　　　　　　　　　　　添加 Windows 凭据

无 Windows 凭据。

基于证书的凭据　　　　　　　　　　　　　　　　　　　　添加基于证书的凭据

无证书。

普通凭据　　　　　　　　　　　　　　　　　　　　　　　添加普通凭据

MicrosoftAccount:user=   @   .com　　　　　修改时间: 今天　∧

　　Internet 地址或网络地址:
　　MicrosoftAccount:user=   @   .com
　　用户名: @   :om
　　密码: ●●●●●●●
　　永久性: 本地计算机
　　编辑　删除

OneDrive Cached Credential　　　　　　　　　　　修改时间: ，∨

virtualapp/didlogical　　　　　　　　　　　　　　修改时间: ∨

SSO_POP_Device　　　　　　　　　　　　　　　　修改时间: 今天　∨

SSO_POP_User:user=   @ .com　　　　　　修改时间: 今天　∨

XboxLive　　　　　　　　　　　　　　　　　　　修改时间: ∨

图1-26　账户密码管理—Windows凭据

第五步：桌面背景设置

设置完桌面图标和账户信息后，用户就实现了桌面系统操作的便利化，为了达到需求的美观特性，可以继续进行"个性化"设置。

在图1-6中列出的功能中点击"背景"，打开图1-27，默认为"图片"设置，可以直接点击系统自带的图片作为桌面壁纸，可以从第一步中看到默认使用图片的第一张作为桌面的背景，如点击第二张图片，在个性化界面的预览框中就已应用，关闭个性化窗口，可以看到图1-28显示的桌面背景。也可以在"选择一张照片"选项栏点击"浏览照片"，打开图1-29，选择图片所在的路径，选择图片就可应用为桌面背景，在"选择适合你的桌面图像"选择可操作的方式，点击"填充"右侧的∨，打开图1-30选择图片在桌面中的设置方式，一般都是与图片自身的大小和分辨

率有关。

在图1-27中的"个性化设置背景"栏，点击"图片"右侧的∨，打开图1-31选项，选择"纯色"，打开图1-32纯色背景设置，可以点击一个颜色就可以设置桌面为某个颜色，另外点击"查看颜色"，打开图1-33就可以在色卡中点击一个用户喜欢的颜色，点击"完成"，就可以把新颜色添加到前面的纯色选项中。

点击图1-31中的"幻灯片放映"，打开图1-34，点击"浏览"可以打开选择图片窗口，选择一定数量的图片，选择图片切换频率的时间设置，默认是30分钟，跟前面"图片"背景设置一样点击"选择适合你的桌面图像"的设置方式进行背景设置，这样就可以设置多个图片像放映幻灯片一样的动作桌面背景。

背景设置中还有图1-27中"对比度主题"，点击后打开图1-35，在对比度主题选项展示中选择"黄昏"，点击应用按钮，桌面系统的主题更新为图1-36所示，如果想恢复原有的主题，可以选择"无"选项。

图1-27　个性化—背景

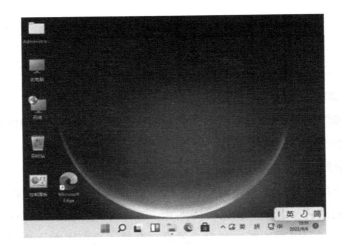

图1-28　设置第2张系统图片为桌面背景

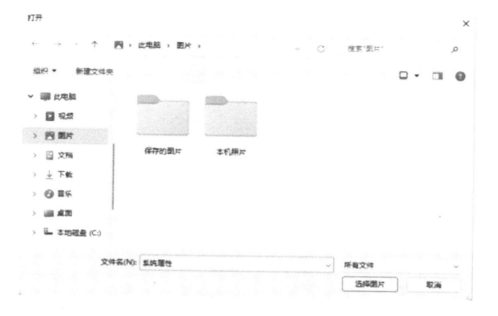

图1-29　浏览照片

填充

适应

拉伸

平铺

居中

跨区

图片

纯色

幻灯片放映

图1-30　背景图片控制选项　　　图1-31　设置背景选项

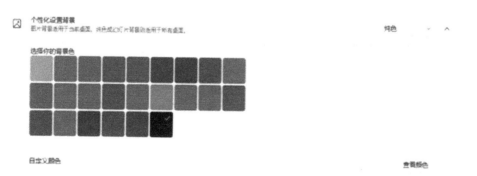

图1-32　纯色背景设置选项

图1-33　查看添加颜色

图1-34　幻灯片放映背景选项

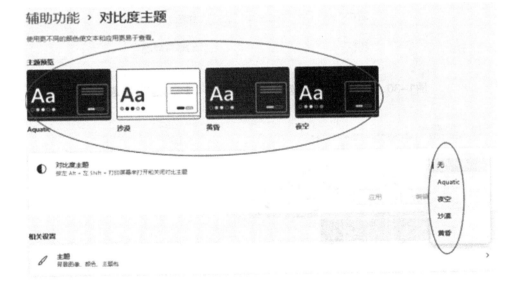

图1-35　对比度主题

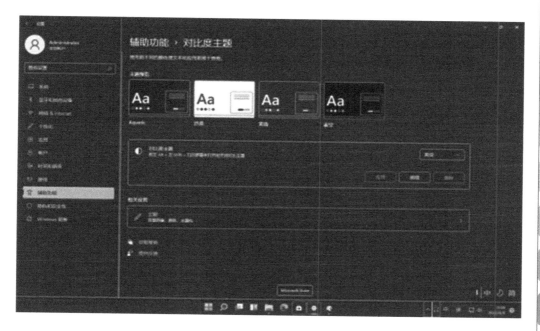

图1-36 设置对比度主题为黄昏

第六步：屏保和电源设置

点击图1-6中的"锁屏界面"，打开图1-37，"个性化锁屏界面"的设置与前面桌面背景设置的方式类似，可以进行"图片""幻灯片"方式的设置，也可以点击"浏览照片"设置自己拍摄或者下载的图片。在"锁屏界面状态"处，可以设置"日历""天气"咨询等方式并显示在锁屏界面中。另外"相关设置"中的"屏幕超时"和"屏幕保护程序"是在PC应用中比较常用的功能。

点击"屏幕超时"，打开图1-38，点击下拉展开图标，就可以看到对关闭屏幕和设备睡眠的时间设置，在只使用笔记本的内置电池应用时，还可以额外地扩展出两种应用的时间设置，这都是PC机进行节能应用的一种表现，特别是笔记本电脑在没有外接电源的情况下，可以延长用户的工作时间的一种设置。

点击"屏幕保护程序"，打开图1-39，在"屏幕保护程序"栏点击下拉框，打开图1-40列出可设置的屏保样式，选择一个就可以在窗口上方的预览器中看到屏幕的基本样式应用，如果想看到整体桌面的应用点击"预览"按钮，在下方还有一个时间设置，提示不动鼠标、键盘等外部设备的情况下，多长时间可以让电脑桌面进入屏保程序应用。

另外，点击"更改电源设置"可以打开图1-41，这是从"控制面板"进入的电源管理选项设置，操作的内容与"屏幕超时"设置的内容类似。

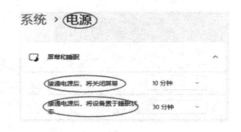

图1-37　锁屏界面　　　　　　　　　　　图1-38　屏幕超时扩展界面

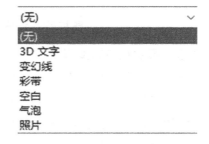

图1-39　屏幕保护程序设置　　　　　　　图1-40　屏保程序的样式

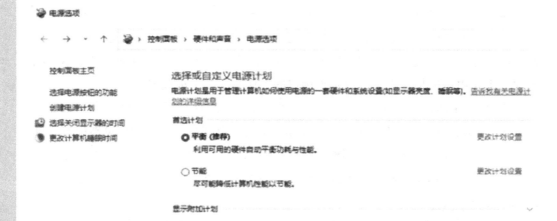

图1-41　电源设置选项

第七步：开始和任务栏设置

在"个性化"设置中还有"触摸键盘""开始""任务栏""字体"等设置。在图1-6中点击"开始"，打开图1-42，选择其中开关选项就能把功能展示在"开始"按钮  选项里，打开图1-43可以看到电脑中安装的常用应用程序，也可以点击"所有应用"查看所有可应用的程序，也可以看到电脑登录的账户和与常用的文件夹应用选项，如"文档""下载""音乐"等，这些信息是与图1-42中"文件夹"的选项，即图1-44中打开的设置对应的。另外在开始按钮选项中还有开关机应用按钮，如图1-45显示进行电脑的"睡眠""关机""重启"等按钮。

点击图1-6中的"任务栏"，打开图1-46，可以看到任务栏项的开关与桌面下方的任务栏即图1-47所示按钮一致，任务栏按钮右侧是一些常用的应用程序图标，被固定在任务栏，可以在图标上点击右键从菜单中选择 从任务栏取消固定，就可以看到应用程序图标在任务栏中消失了，另外反向的也可以把常用的应用图标固定在任务栏上。

个性化 › 开始

　　↓　显示最近添加的应用　　　　　　　　　　　　　　　　　　开 ●

　　☆　显示最常用的应用　　　　　　　　　　　　　　　　　　　关 ●

　　≡　在"开始"、"跳转列表"和"文件资源管理器"中显示最近打开的项目　开 ●

　　▭　文件夹
　　　　这些文件夹出现在电源按钮旁边的 开始 栏中　　　　　　　　　　>

图1-42　开始设置的选项

图1-43　开始按钮显示内容

图1-44　文件夹选项　　　　　　　　　　　图1-45　开关按钮

个性化 › 任务栏

任务栏项
显示或隐藏显示子在任务栏上的按钮

　🔍　搜索　　　　　　　　　　　　　　　　　　　开 ⬤

　▤　任务视图　　　　　　　　　　　　　　　　　开 ⬤

　▦　小组件　　　　　　　　　　　　　　　　　　开 ⬤

任务栏角图标
显示或隐藏显示子在任务栏角落的图标

　✎　笔菜单
　　　使用笔时显示笔菜单图标　　　　　　　　　　关 ⬤

　⌨　触摸键盘
　　　始终显示触摸键盘图标　　　　　　　　　　　关 ⬤

　▱　虚拟触摸板
　　　始终显示虚拟触摸板图标　　　　　　　　　　关 ⬤

任务栏溢出
选择任务栏中可显示子的图标，所有其他图标将显示在任务栏溢出菜单中

任务栏行为
任务栏对齐、专记、自动隐藏和多个显示器

图1-46　任务栏选项

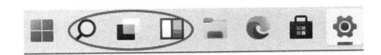

图1-47　任务栏选项按钮

第八步：显示设置

点击图1-4中的"显示设置"，打开图1-48所示显示设置，在这些设置中，常用的就是"显示分辨率"和"多显示器设置"。点击"显示分辨率"栏的下拉按钮可以显示电脑显卡可以支持的屏幕分辨率，这些分辨率是由显卡自身驱动可支持的范围决定的，如图1-49所示。"多显示器设置"就是把一台电脑的显示信息展示在多个显示器上，这需要电脑上同一块网卡的支持，这一需求在投影或者投屏中设置，可以设置屏幕复制和屏幕扩展两种功能。

图1-48　显示设置

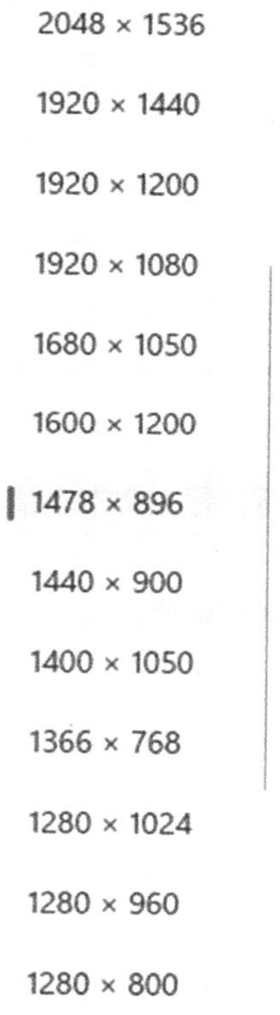

图1-49　屏幕分辨率

```
2048 × 1536
1920 × 1440
1920 × 1200
1920 × 1080
1680 × 1050
1600 × 1200
1478 × 896
1440 × 900
1400 × 1050
1366 × 768
1280 × 1024
1280 × 960
1280 × 800
```

知识链接

1. Windows 11激活和不激活的区别

（1）会在桌面右下角出现Windows需要激活的水印，给日常操作带来比较大的影响，比如在录屏和截屏的过程中，强制加入到内容里，给人以不好的观感和感受。

（2）无法对桌面背景和主题进行个性化的设置，壁纸、主题颜色等都会变成灰色，并且不会同步微软的账号，也不能在微软设备上同步账号的主设置。每次开机的时候会提示，用户体验会下降许多。

（3）CPU的部分功耗不被释放，电脑的虚拟内存会经常占到3G以上，不管是玩游戏还是看电视，使用工程文件，都会有卡顿的感受。

（4）无法使用微软账号的同步功能，能在不同的微软设备上同步设置。

（5）微软操作系统的试用期是一个月，也就是说如果不激活的话，一个月之后开启电脑会黑屏，每次开机必须等待30秒才能进入系统。

2. 屏幕分辨率

屏幕分辨率是指纵横向上的像素点数，单位是px。屏幕分辨率确定计算机屏幕上显示多少信息的设置，以水平和垂直像素来衡量。就相同大小的屏幕而言，当屏幕分辨率低时（例如 640×480），在屏幕上显示的像素少，单个像素尺寸比较大。屏幕分辨率高时（例如 1600×1200），在屏幕上显示的像素多，单个像素尺寸比较小。

显示分辨率就是屏幕上显示的像素个数，分辨率160×128的意思是水平方向含有像素数为160个，垂直方向含有像素数128个。屏幕尺寸一样的情况下，分辨率越高，显示效果就越精细和细腻。

拓展视频

桌面图标的设置	系统信息查阅	桌面背景设置
账户应用	桌面锁屏界面设置	桌面屏幕保护
电源管理	开始按钮的设置	显示设置

任务2 文件与文件夹管理

任务导航

【任务清单】

任务内容	能力要求			
	理解原理	掌握要领	熟练操作	灵活运用
Windows资源管理器的认知		√		
新建文件与文件夹		√	√	√
文件管理操作		√	√	√
文件的目录与路径认知	√	√	√	√
文件（夹）属性与选项管理	√		√	√

【任务描述】

文件操作是人机交互的核心应用，操作系统很多都是以文件管理来进行运行的。日常应用的文档等都称为文件，一般为便于管理都会使用文件夹进行分类管理，文件在电脑中的存储位置、操作时间、在电脑中的表现形式都需要用户有清晰的认识，这就需要掌握添加、改写、删除、查找、移动等基本操作。下面就在Windows资源管理器中，介绍文件与文件夹的相关操作。

任务流程

第一步：Windows资源管理器的认知   第四步：文件的目录与路径认知
第二步：新建文件与文件夹   第五步：文件（夹）属性与选项管理
第三步：文件管理操作

任务实施

第一步：Windows资源管理器的认知

在任务1的桌面图标应用基础上，在"此电脑"上双击鼠标，打开图1-50所示资源管理器窗口，其中列出了菜单工具栏、地址栏、查找栏、页面转换栏、快速访问目录、磁盘驱动器等。所有的文件操作都是结合这些工具来进行的。

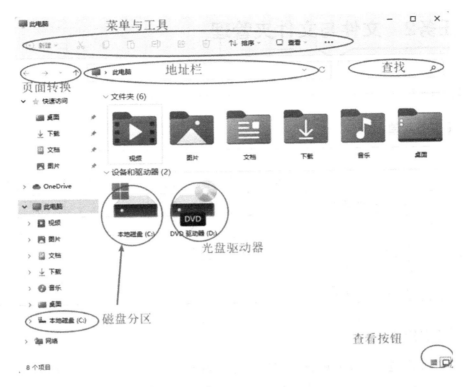

图1-50　资源管理器

第二步：新建文件与文件夹

点击"本地磁盘（C：）"可以打开图1-51所示C盘资源管理区，与图1-50相比在于有了"浏览编辑区"，可以在其中做文件与文件夹的管理工作，而且该区内还显示了当前文件目录下的所有非隐藏属性的文件和文件夹。点击菜单与工具栏内的"新建"，打开图1-52，或者在浏览区空白处点击右键，如图1-53，点击"新建"打开图1-52所示的新建内容选项，这里可以先点击"文件夹"，在浏览编辑区就会出现图1-54，提示新建的文件夹，这时处于被选中状态，可以使用键盘进行重命名操作，比如命名为"我的第一个文件夹"，这里用Ctrl键和空格键同时按（通常表示为Ctrl+Space组合键）就可以进行中文/英文输入法的切换，在中文输入法下输入名字，完成后输入回车键"Enter"，或者点击浏览区空白处，这样就新建了一个文件夹。按照新建文件夹的操作步骤，可以新建文本文档等，如图1-55。新建菜单中有个快捷方式稍有不同，点击"快捷方式"，打开图1-56，在资源管理器中新建了个"新快捷方式"的文件，并且关联一个新的"创建快捷方式"窗口，点击输入栏内"浏览"按钮，可以打开图1-57，点击图标的向右箭头展开图标，可以打开对应的文件目录，如图1-58，选中文件或者文件夹就可以创建快捷方式，如"我的第一个文本文档"，会在图1-57输入框中回显"C:\我的第一个文本文档.txt"，点击"下一页",打开图1-59,可以在输入栏中使用默认的名字或者重新输入自己喜欢的文字作为快捷方式的名字,点击"完成",就可以在资源管理器的浏览编辑区看到以"我的第一个文本文档"为名字的快捷方式,如图1-60,可以看到快捷方式的文件图标左下角有一个斜上的箭头。

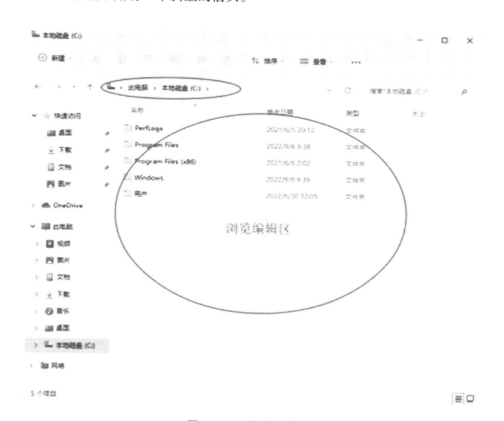

图1-51　C盘资源管理

图1-52　新建菜单　　　　　　　图1-53　右键菜单

📁 PerfLogs	2021/6/5 20:10	文件夹
📁 Program Files	2022/9/6 9:38	文件夹
📁 Program Files (x86)	2021/6/6 2:02	文件夹
📁 Windows	2022/9/6 9:39	文件夹
📁 用户	2022/6/30 12:05	文件夹
📁 新建文件夹	2022/9/11 10:28	文件夹

图1-54　新建文件夹

名称	修改日期	类型	大小
📁 PerfLogs	2021/6/5 20:10	文件夹	
📁 Program Files (x86)	2021/6/6 2:02	文件夹	
📁 用户	2022/6/30 12:05	文件夹	
📁 Program Files	2022/9/6 9:38	文件夹	
📁 Windows	2022/9/6 9:39	文件夹	
📁 我的第一个文件夹	2022/9/11 10:28	文件夹	
🖼 我的第一个图像文件	2022/9/11 10:29	BMP 文件	0 KB
📄 我的第一个文本文档	2022/9/11 10:30	文本文档	0 KB
📦 我的第一个新建压缩文件夹	2022/9/11 10:30	压缩(zipped)文件...	1 KB

图1-55　新建我的第一文件与文件夹

图1-56　新建快捷方式

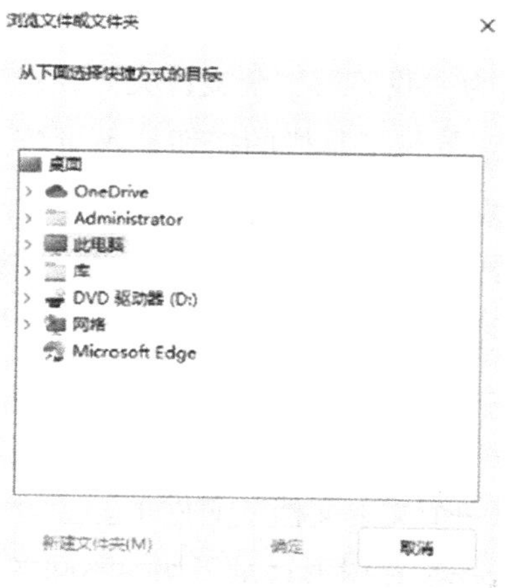

图1-57　浏览文件或文件夹

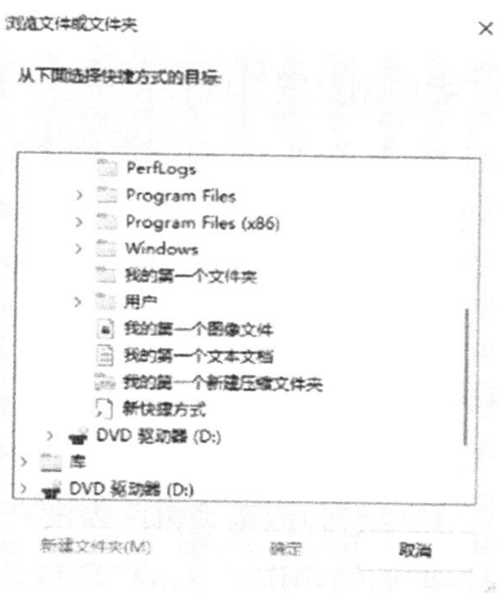

图1-58　展开C盘目录

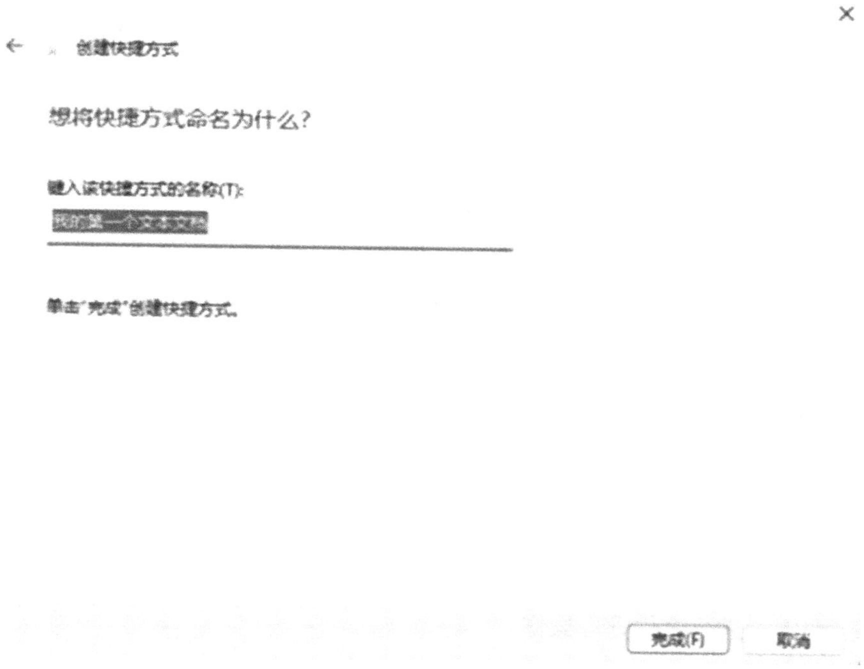

图1-59　快捷方式命名

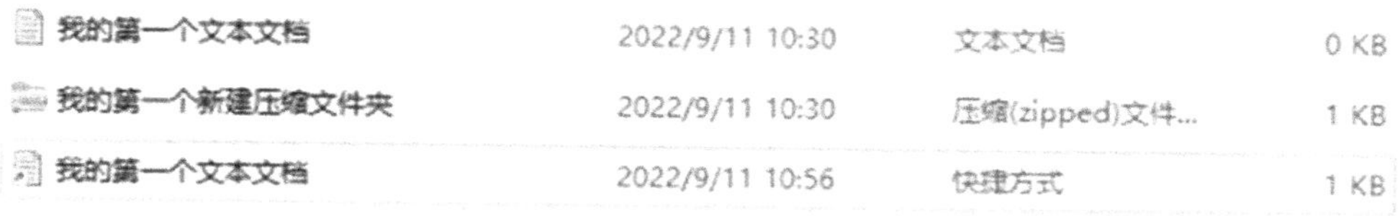

	我的第一个文本文档	2022/9/11 10:30	文本文档	0 KB
	我的第一个新建压缩文件夹	2022/9/11 10:30	压缩(zipped)文件...	1 KB
	我的第一个文本文档	2022/9/11 10:56	快捷方式	1 KB

图1-60　我的第一个文本文档快捷方式

第三步：文件管理操作

在C盘的浏览编辑区再建一个文件夹命名为"我的第二个文件夹"，点击"我的第一个文本文档"，可以看到图1-50所示菜单与工具栏的按钮从不可按（俗称灰显）变成可以点击的状态，点击"剪切"按钮✂，然后双击"我的第二个文件夹"，打开"我的第二个文件夹"资源管理器，单击菜单与工具栏内的"粘贴"按钮▢，可以看到"我的第一个文本文档"就粘贴到"我的第二个文件夹中"，如图1-61所示，点击页面转换工具中的左向箭头，或者点击树形目录中展开的"本地磁盘（C:）"，或者点击地址栏内的"本地磁盘（C:）"就可以返回C盘的资源管理器中，可以看到浏览编辑区内没有"我的第一个文本文档"文件了。

根据前面的操作，点击树形目录（后面操作都在树形目录里切换不同文件夹）中的"我的第二个文件夹"，单击"我的第一个文本文档"，点击菜单与工具栏内的"复制"按钮▢，点击进入"我的第一个文件夹"里，点击"粘贴"按钮▢，可以看到在"我的第一个文件夹"中，就有了"我的第一个文本文档"，返回到"我的第二个文件夹"还可以看到"我的第一个文本文档"，这就完成了复制操作。如图1-62所示。

在"我的第二个文件夹"内，单击"我的第一个文本文档"使用"复制""粘贴"按钮后，可以看到"我的第一个文本文档-副本"的文件，这就是区别原来同一名字的文件，两个文件不看内容的话，其实是同一个文件的多个文件，点击名字包含副本的文件，点击菜单与工具栏内的"重命名"按钮▤，重命名为"我的第二个文本文档"。如图1-62所示。

对于文件的删除操作，可以点击选中"我的第一个文本文档"文件，点击菜单栏内的"删除"按钮▮，就可以删除这个文档了。

文件与文件夹的"剪切""复制""粘贴""删除"操作是最常用的操作，除了前面使用的操作方式以外，还可以在文件上直接点击鼠标右键，打开图1-63文件右键菜单，使用其中的按钮来进行相关操作，另外还可以使用键盘的快捷方式（如表1-1），进行文件管理操作。

表1-1　文件操作对应表

序号	文件操作	操作按钮	快捷键盘组合键
1	剪切	✂	Ctrl键＋X键
2	复制	▢	Ctrl键＋C键
3	粘贴	▢	Ctrl键＋V键
4	删除	▮	Delete键

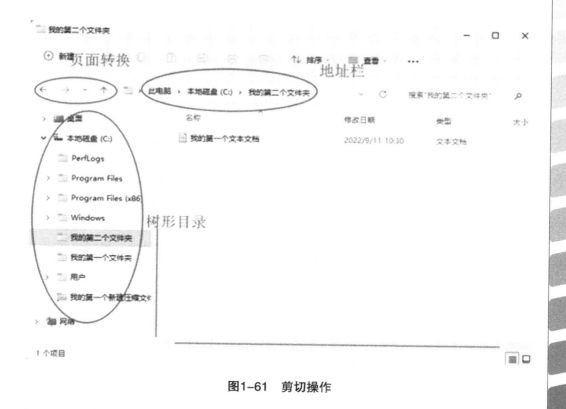

图1-61 剪切操作

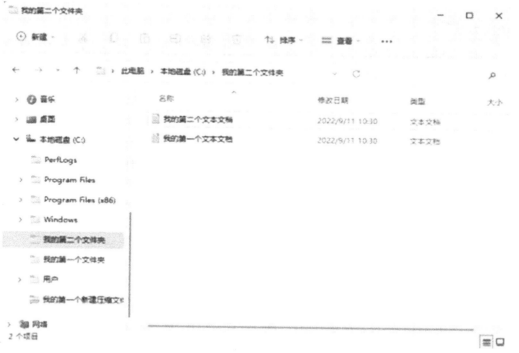

图1-62 复制与重命名操作

图1-63 文件右键菜单

第四步：文件的目录与路径认知

在前两步里，建立了新文件与文件夹，在"我的第二个文件夹"里新建文本文档"我的第一个文档"，可以看到在两个不同的文件夹里有名字相同的文件，这就是由系统的文件路径不同形成的。如何看文件的路径，选择"我的第一个文档"，在图1-50中的地址栏内单击，就可以看到"C:\我的第二个文件夹"，这里的"C:"称为磁盘分区名称，如果电脑磁盘有多个分区，就可以有"D:""F:"等盘符，在盘符后面跟着的符号"\"是文件路径分割符，每出现一个这个符号，代表深入多级文件夹，每个文件夹一般称为路径中的目录，从左向右开始，第一个盘符称为该分区的"根目录"，第一个文件夹称为"一级目录"，第二个称为"二级目录"，依次类推。

在"我的第二个文件夹"下，新建"二级目录"文件夹，双击进入"二级目录文件夹"新建"三级目录"，在"三级目录"内新建"我的第三个文本文档"，点击地址栏，可以看到"C:\我的第二个文件夹\二级目录\三级目录"，这就是文档所在的路径。在使用"MS-DOS"系统的时代，要求用户必须会进行命令操作，对于文件路径的学习是必修技能之一，地址栏内显示的带有磁盘分区盘符的文件路径称为绝对路径，反之，不带有文件磁盘分区盘符的路径称为相对路径。这是进行文件与文件夹管理的基础。

在有了路径的概念后，大家就可以理解树形目录、地址栏内和页面切换按钮等操作了，我们做这些文件夹的打开操作实际就是进行相对路径的转换，进入到目标文件夹中。

在"我的第二个文件夹"中，用鼠标单击"我的第一个文本文档"，不要放开鼠标左键，拖动鼠标到"二级目

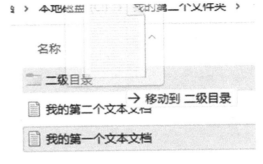

图1-64 移动文件操作

录"处，会弹出图1-64所示"移动到二级目录"，释放鼠标左键，就可以看到原有目录里没有操作的文件，进入"二级目录"文件夹中可以看到移动到这里的文件，这个移动操作与"剪切"操作效果相同。

在完成上述操作步骤后，大家要做一些思考，尽管是一些简单的文件操作，实际可以做扩展性应用，对文件和文件夹的管理操作要灵活应用。

第五步：文件（夹）属性与选项管理

在图1-50中的菜单与工具栏内还有 ↑↓ 排序 ⌄、□ 查看 ⌄、••• 等文件管理操作。

在资源管理器中点击"排序"，打开图1-65，可以根据菜单内容对文件与文件夹进行排序。点击"查看"，打开图1-66，可以看到以不同的图标方式把文件显示在浏览编辑区，一般在对电脑熟练操作后，会使用"详细信息"，方便看到文件的各种属性，特殊的视力不佳的用户可以使用"大图标"等选项。点击"..."选项可以打开图1-67，其中"属性"和"选项"是最常用的。

点击图1-61中的"我的第一个文本文档"，点击••• 选择"属性"，打开图1-68，可以看到"常规""安全""详细信息""以前的版本"四个选项，通过单击可以切换，常用的是"常规"选项，对于普通用户来说，其他选项可以后续再学习使用。

在"常规"选项中可以看到文件的名称，文件类型、文件地址（绝对路径）、文件相关时间、文件属性。

点击文件名称可以在编辑栏内重命名文件名称；在文件类型处可以看到"文本文档(.txt)"和打开方式的应用程序"记事本"图标，点击"更改"按钮可以打开图1-69，可以看到文件打开的应用程序，如果对于文件的打开方式了解更多，可以点击"更多应用"展开更多系统能够使用的程序，如图1-70所示。如果还需要使用其他应用程序可以点击"在这台电脑上查找其他应用"，打开图1-71可以在"C:\Program Files"路径下查找打开文件的应用程序。这个更改应用程序的操作要在充分了解文档类型的情况下去进行，否则不要轻易更改，不过有时候为了迷惑非操作用户可以使用其他应用程序去修改，在实际使用时还可以去选择真正打开这个类型文件的应用程序。

在文件属性栏中，可以看到两个选项"只读"和"隐藏"，点击方框□，会做选择的切换，图标☑表示选择了，□表示未选择。只读代表文件内部的内容不能被编辑修改；隐藏代表文件是否在资源管理器中显示，如果没有在图1-67"选项"中做设置，默认情况选择了☑，这个文件就会在资源管理器中消失，后续可以通过设置，让文件显示出来，另外可以点击"高级"，打开图1-72，可以看到有个"可以存档文件"，这是以前计算机等级考试一级MS-OFFICE版本里对Windows考察属性

"存档"的一个环节，默认下文件都是"存档"文件。

点击图1-67中的"选项"后点击"查看"，打开图1-73，通过鼠标滚轮翻到图1-74所示选项处，可以看到常用的隐藏选项设置。

点击"隐藏文件和文件夹"中的选项，可以看到单选项〇，选择第二个"显示"选项部分就可以看到前面设置隐藏属性的文件又显示在资源管理器中了，如图1-75所示，大家可以注意一下隐藏属性文件的图标比非隐藏属性文件的图标显得颜色浅一些。在系统安全方面，很多病毒文件都会隐藏设置成隐藏文件，因此大家如果看到自己的系统中有莫名其妙的隐藏文件，那就要注意使用安全防护软件进行查杀了。

点击"隐藏已知文件类型的扩展名"，切换选择可以看到资源管理器中文件名中后缀扩展名的显示□与隐藏▨，"我的第一个文本文档.txt"与"我的第一个文本文档"这两个名字的切换，主要就是文本文件类型扩展名"txt"的变化，"."为文件主名与文件扩展名的分隔符号。其他常用的还有office文件的Word文档的"doc"和"docx"、Excel表格文件的"xls"和"xlsx"、PowerPoint演讲稿的"ppt"和"pptx"。在这个选项应用时都需要点击"应用"或者"确定"按钮进行操作应用。

名称
类型
总大小
更多 >
递增
递减
分组依据 >

超大图标
大图标
中图标
小图标
列表
详细信息
平铺
内容
紧凑视图
显示 >

图1-65 排序菜单　　　图1-66 查看菜单

图1-67　其余资源管理菜单

图1-68　文件属性

图1-69　打开方式更改

图1-70　更多打开程序的应用

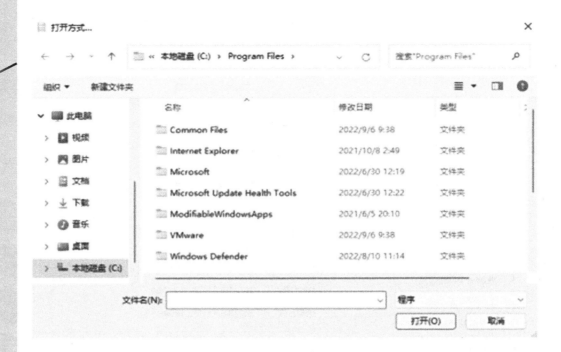

图1-71　查找其他应用程序

图1-72　高级属性

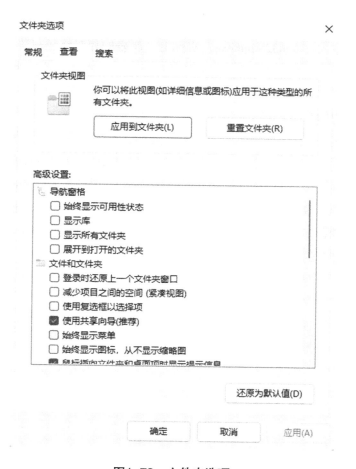

图1-73　文件夹选项

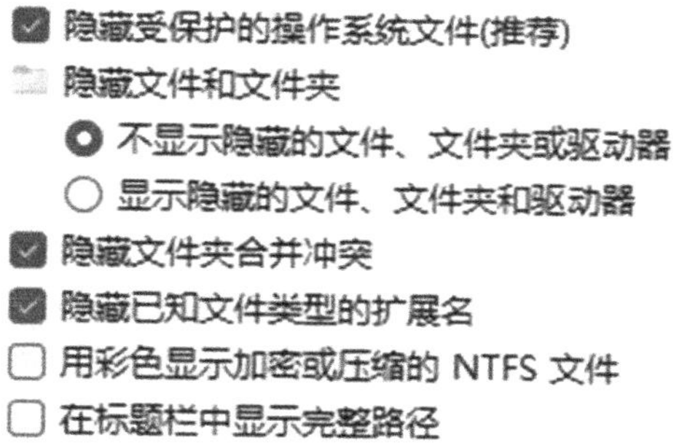

☑ 隐藏受保护的操作系统文件(推荐)
🗀 隐藏文件和文件夹
　　⦿ 不显示隐藏的文件、文件夹或驱动器
　　○ 显示隐藏的文件、文件夹和驱动器
☑ 隐藏文件夹合并冲突
☑ 隐藏已知文件类型的扩展名
☐ 用彩色显示加密或压缩的 NTFS 文件
☐ 在标题栏中显示完整路径

名称　　　　　　　　　　　　　∧

🗀 二级目录

📄 我的第二个文本文档.txt

📄 我的第一个文本文档.txt

图1-74　常用的文件夹选项设置 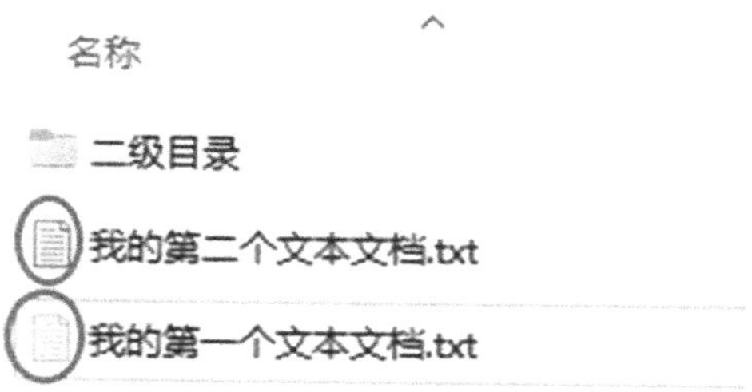　　　　　　图1-75　开启显示隐藏文件

知识链接

1. 绝对路径和相对路径

绝对路径：是从盘符开始的路径，形如C:\windows\system32\cmd.exe。

相对路径：是从当前路径开始的路径，假如当前路径为C:\windows，要描述上述路径，只需输入system32\cmd.exe，实际上，严格的相对路径写法应为.\system32\cmd.exe，其中，.表示当前路径，在通常情况下可以省略，只有在特殊的情况下不能省略。

2. 文件扩展名

文件扩展名（Filename Extension，或作延伸文件名、后缀名）是早期操作系统（如VMS/CP/M/DOS等）用来标志文件格式的一种机制。以DOS来说，一个文件扩展名是跟在文件主名后面的，由一个分隔符号分隔。微软的Windows对文件的应用沿用了这一概念。文件扩展名更重要的作用是让系统决定当用户想打开这个文件的时候用哪种软件运行，如Windows系统中exe文件是可执行文件，doc文件默认用Microsoft Word打开的Word文件。

拓展视频

| 文件和文件夹的创建 | 文件和文件夹的管理 | 文件的路径 | 文件属性设置 | 文件夹选项应用 |

任务3 计算机设置与应用程序管理

任务导航

【任务清单】

任务内容	能力要求			
	理解原理	掌握要领	熟练操作	灵活运用
控制面板界面认知		√		
硬件和声音设置		√	√	√
时钟和区域设置		√	√	√
应用程序卸载	√	√	√	√

【任务描述】

Windows系统中涉及很多设置应用，通常是在控制面板中来完成的，其中对于应用程序的管理是一个很重要的应用，打造个性化的桌面系统需要管理自己需要的应用程序。

任务流程

第一步：控制面板界面认知　　　　　第三步：时钟和区域设置
第二步：硬件和声音设置　　　　　　第四步：应用程序卸载

任务实施

第一步：控制面板界面认知

在任务1中完成了桌面图标设置后，在桌面有一个"控制面板"的图标，双击该图标就可以打开图1-76，默认按照类别列出了计算机设置的选项，对于"用户账户""外观和个性化"我们都已经在任务1中通过右键属性菜单进行了设置，对于"系统和安全""网络和Internet"可以在后面的任务中完成。下面就以已正常连接网络的单机来了解其他选项的内容。在查看方式可以点击下拉按钮打开图1-77，可以选择图标方式展示计算机设置的选项，选择"小图标"，如图1-78所示。

控制面板

← → ∨ ↑ 🖳 › 控制面板　　　　　∨ C　　　　　🔍

调整计算机的设置　　　　　　　　　　　　　　　　查看方式：类别 ▾

 系统和安全
查看你的计算机状态
通过文件历史记录保存你的文件备份副本
备份和还原(Windows 7)

 用户帐户
🔧 更改帐户类型

 网络和 Internet
查看网络状态和任务

 外观和个性化

 硬件和声音
查看设备和打印机
添加设备

 时钟和区域
更改日期、时间或数字格式

 程序
卸载程序

 轻松使用
使用 Windows 建议的设置
优化视觉显示

图1-76　控制面板界面

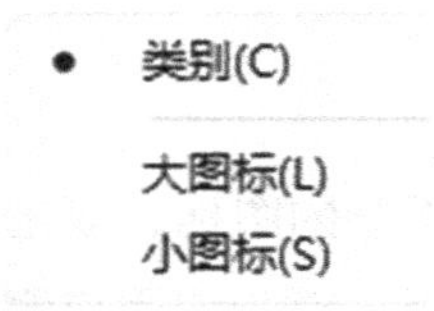

调整计算机的设置　　　　　　　　　　　　查看方式　小图标 ▾

BitLocker 驱动器加密　　　　　　　Internet 选项
RemoteApp 和桌面连接　　　　　Windows Defender 防火墙
Windows 工具　　　　　　　　　安全和维护
备份和还原(Windows 7)　　　　　程序和功能
存储空间　　　　　　　　　　　电话和调制解调器
电源选项　　　　　　　　　　　工作文件夹
恢复　　　　　　　　　　　　　键盘
默认程序　　　　　　　　　　　凭据管理器
轻松使用设置中心　　　　　　　区域
任务栏和导航　　　　　　　　　日期和时间
设备管理器　　　　　　　　　　设备和打印机
声音　　　　　　　　　　　　　鼠标
索引选项　　　　　　　　　　　同步中心
网络和共享中心　　　　　　　　文件历史记录
文件资源管理器选项　　　　　　系统
颜色管理　　　　　　　　　　　疑难解答
用户账户　　　　　　　　　　　语音识别
自动播放　　　　　　　　　　　字体

● 类别(C)

　大图标(L)

　小图标(S)

图1-77　查看方式 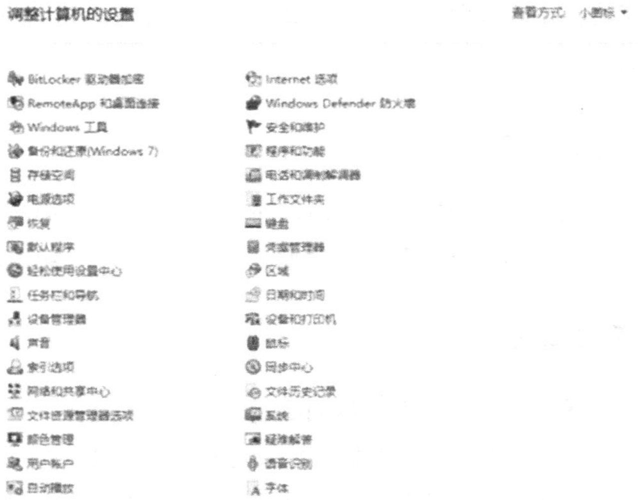　　　　　　　　　　**图1-78　小图标展示**

第二步：硬件和声音设置

点击图1-76中的"硬件和声音"，打开图1-79，其中"电源选项"涉及电脑节能应用，在任务1中已经设置过，这里大家可以清晰地了解到哪些个性化设置都是在控制面板中来做的。由于在线会议与在线课堂的增多，很多家庭都比较关注电脑的声音设置，点击"声音"或者其下方的选项进行音频设备的设置，打开图1-80，可以针对播放、录制、声音、通信等四个选项进行设置。双击"播放"中的"扬声器"，打开扬声器的属性窗口，点击"级别"选项，打开图1-81，可以点击音量的指针■左右调整电脑的音量，这个与点击图1-79中的"调整系统音量"（见图1-82），的设置效果是一样的，当把两个窗口并列时，可以看到音量调整是同步的。

点击图1-80中的录制，可以打开图1-83，点击"级别"，就可以像扬声器一样设置Microphone的音量。

在"设备和打印机"选项中，点击"鼠标"，打开图1-84进行鼠标设置；点击"设备管理器"，打开图1-85，可以查看电脑的所有硬件情况，如果硬件的驱动不正常就会有带有黄色！的图标，一般新电脑在出厂时就应用了这些检验和测试。另外可以点击"设备和打印进"进行打印机的管理，通常打印机都需要从打印机品牌官网下载驱动程序，进行单独的打印机安装，在这里只是查看打印机的状态，打开图1-86所示，一般具备打印机设备了，这里其实是显示安装了打印机的驱动程序，并不代表电脑直接接上了打印机。在Office的excel应用中有一个"打印"预览，需要桌面系统里具备打印机程序才能预览显示出来，这个在后面的学习中可以体会一下。

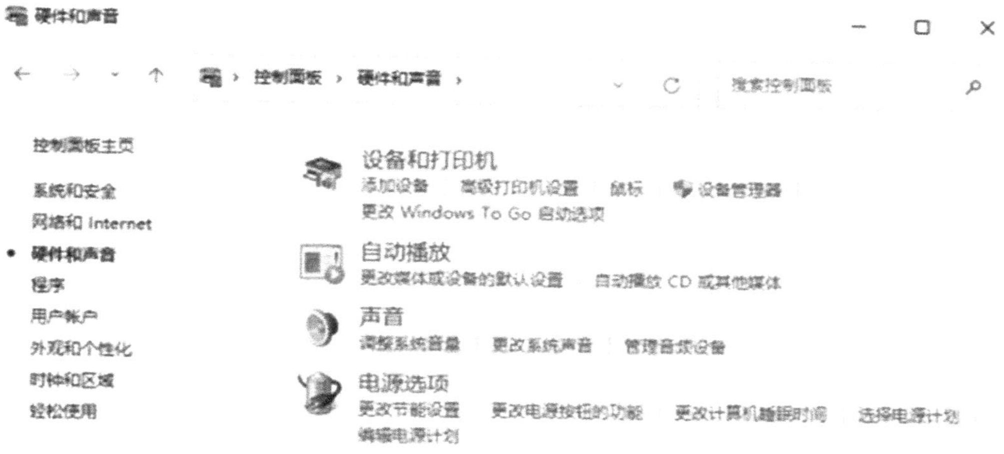

硬件和声音
控制面板 › 硬件和声音 ›
搜索控制面板
控制面板主页
系统和安全
网络和 Internet
硬件和声音
程序
用户帐户
外观和个性化
时钟和区域
轻松使用
设备和打印机
添加设备 | 高级打印机设置 | 鼠标 | 设备管理器
更改 Windows To Go 启动选项
自动播放
更改媒体或设备的默认设置 | 自动播放 CD 或其他媒体
声音
调整系统音量 | 更改系统声音 | 管理音频设备
电源选项
更改节能设置 | 更改电源按钮的功能 | 更改计算机睡眠时间 | 选择电源计划
编辑电源计划

图1–79　硬件和声音

声音
播放　录制　声音　通信
选择以下播放设备来修改设置:
扬声器
High Definition Audio Device
默认设备
配置(C)
设为默认值(S)
属性(P)
确定
取消
应用(A)

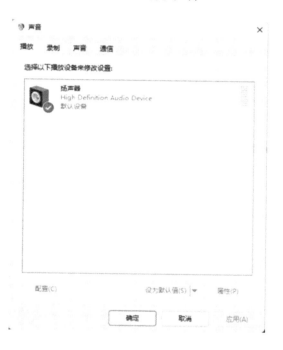

图1–80　声音选项

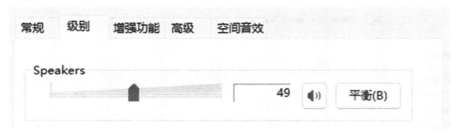

图1-81 扬声器属性

图1-82 调整系统音量

图1-83 Microphone属性

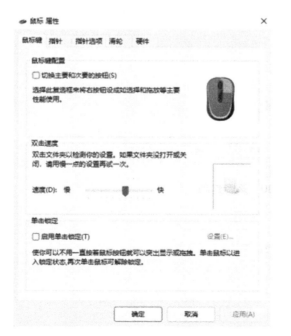

图1-84 鼠标设置

图1-85 设备管理器

图1-86 电脑中的设备

第三步：时钟和区域设置

点击图1-76中的"时钟和区域"，打开图1-87，日期和时间的设置是比较容易的，但是在区域中隐藏着键盘中的语言设置，点击"区域"打开图1-88，点击"语言首选项"，打开图1-89，在这个窗口里，可以点击添加语言按钮，添加不同的语言，这里点击"中文（简体，中国）"右侧的•••，选择"语言选项"打开图1-90，点击"添加键盘"，可以选择安装系统内提供的输入法，默认一般是微软拼音，还可以添加五笔输入法，如果不想使用某一种输入法，可以点击输入法右侧的选项按钮•••，打开图1-91，点击"删除"就可以了。

图1-87 时钟和区域

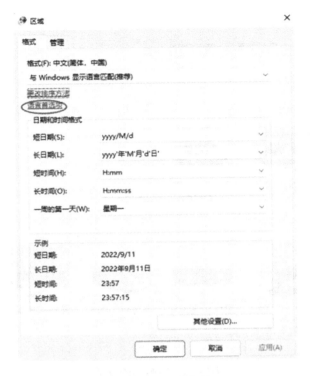

图1-88　区域选项

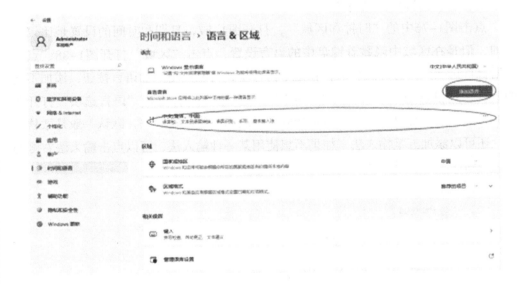

图1-89　语言首选项

时间和语言 › 语言 & 区域 › 选项

图1-90　语言选项

第四步：应用程序卸载

在任务2中进行了文件与文件夹的管理性操作，其中包括删除操作，对于安装的应用程序却不能使用这样的操作，因为应用程序都是基于操作系统的环境运行的，所以不能仅仅把程序的安装文件夹删除就够了，如果这样操作就会给操作系统留下大量垃圾。通常使用"程序卸载"，在图1-76中，可以看到"程序"和其中的"卸载程序"，需要点击"卸载程序"，打开图1-92，选择一个已经安装的程序，如"VMware Tools"，在程序上点击右键，选择"卸载"，或者点击图1-92中的"卸载"按钮，弹出图1-93所示警告提示，点击"是"，就开始进行程序的卸载了，通常也叫作程序的逆向安装或者反安装。程序卸载过程中，会通过卸载程序清除系统内容的相关文件，避免太多垃圾留存。卸载完成后，大部分程序卸载后会保留部分配置文件，可以直接进入安装程序位置把文件夹删除，完成整个卸载过程，图1-92中也不再有卸载程序的图标。

… 键盘选项

🗑 删除

图1-91　语言管理

图1-92　程序卸载

程序和功能

⚠ 确实要卸载 VMware Tools 吗?

☐ 以后不再显示该对话框   是(Y)   否(N)

图1-93 卸载程序警告提示

知识链接

1. 驱动程序

驱动,计算机软件术语,是指驱动计算机里软件的程序。驱动程序全称为设备驱动程序,是添加到操作系统中的特殊程序,其中包含有关硬件设备的信息。此信息能够使计算机与相应的设备进行通信。驱动程序是硬件厂商根据操作系统编写的配置文件,可以说没有驱动程序,计算机中的硬件就无法工作。Windows操作系统自带常用内部驱动程序,能够在完成系统安装后就能使用声卡、网卡等设备,但是对于很多外部设备,必须下载安装对应版本的驱动程序,才能使设备正常工作。

2. 系统软件

系统软件为计算机使用提供最基本的功能,可分为操作系统和支撑软件,其中操作系统是最基本的软件。系统软件负责管理计算机系统中各种独立的硬件,使得它们可以协调工作。系统软件使得计算机使用者和其他软件将计算机当作一个整体而不需要顾及到底层每个硬件是如何工作的。

操作系统是管理计算机硬件与软件资源的程序,同时也是计算机系统的内核与基石。操作系统身负诸如管理与配置内存、决定系统资源供需的优先次序、控制输入与输出设备、操作网络与管理文件系统等基本事务。操作系统也提供一个让使用者与系统交互的操作接口。

支撑软件是支撑各种软件的开发与维护的软件,又称为软件开发环境(SDE)。它主要包括环境数据库、各种接口软件和工具组。著名的软件开发环境有IBM公司的Web Sphere,微软公司的ViSual Studio等。包括一系列基本的工具,比如编译器、数据库管理、存储器格式化、文件系统管理、用户身份验证、驱动管理、网络连接等方面的工具。

3. 应用软件

系统软件并不针对某一特定应用领域,而应用软件则相反,不同的应用软件根据用户和所服务的领域提供不同的功能。

应用软件是为了某种特定的用途而被开发的软件。它可以是一个特定的程序,比如一个图像浏览器;也可以是一组功能联系紧密、可以互相协作的程序的集合,比如微软的Office软件；也可以是一个由众多独立程序组成的庞大的软件系统，比如数据库管理系统。

如今智能手机得到了极大的普及，运行在手机上的应用软件简称手机软件。所谓手机软件就是可以安装在手机上的软件，完善原始系统的不足与个性化。随着科技的发展，手机的功能也越来越多，越来越强大。已经不像过去的那么简单死板，发展到可以和掌上电脑相媲美。手机软件与电脑一样，下载手机软件时还要考虑大家购买这一款手机所安装的系统来决定要相对应的软件。

拓展视频

控制面板的　　　　控制面板中　　　　系统语言
程序管理　　　　　的应用简介　　　　设置

任务4　网络与安全管理

任务导航

【任务清单】

任务内容	能力要求			
	理解原理	掌握要领	熟练操作	灵活运用
网络和Internet设置	√	√		
Internet选项		√	√	√
系统安全设置		√	√	√
第三方浏览器下载与安装		√	√	√
常用软件下载与安装		√	√	√
安全软件下载应用			√	√

【任务描述】

使用浏览器上网、下载资源是现代社会最常见的计算机应用，电脑的网络设置主要是针对网卡和IP地址的设置。有网络应用，必然涉及网络信息安全，除了系统自带的安全防火软件，还需要使用专有的网络安全软件工具。

任务流程

第一步：网络和Internet设置　　　　第四步：第三方浏览器下载与安装

第二步：Internet选项　　　　　　　第五步：常用软件下载与安装

第三步：系统安全设置　　　　　　　第六步：安全软件下载应用

任务实施

第一步：网络和Internet设置

在任务3的控制面板，如图1-76所示应用中，点击"网络和Internet"选项，打开图1-94。

点击"网络和共享中心"，打开图1-95，查看网络连接信息，显示"网络2"，公共网络代表操作系统内的网卡，后面有一个"Ethernet0"的网络信息标识，点击"更改适配器设置"，打开图1-96，可以看到电脑连接网络的网卡信息，使用笔记本电脑的用户，能够看到无线网络的信息，相关配置信息都一样。鼠标右键单击网卡Ethernet0，打开图1-97，选择"状态"就可以打开图1-98，点击"详细信息"按钮，打开图1-99，显示网卡连接网络的详细信息，包含网卡的名称、物理地址、IPv4地址和连接访问网络的DHCP、DNS等状态信息。

点击图1-98中的"属性"，打开图1-100，双击"Internet协议版本4（TCP/IPv4）"或单击后点"属性"，可以打开图1-101，可以进行IPv4地址的设置，通常在家庭网络应用中都使用DHCP自动获取IP地址，但是在一些园区网络，有的为了安全使用静态地址的方式，就需要手动设置IP地址。

图1-94　网络和Internet

网络的连接需要有线网络或者无线网卡的支持，具体配置过程可以灵活应用，最终都是需要网卡获得IP地址，常用的是IPv4地址网络。

使用无线网络连接是现代计算机应用的升级，无论是PC，还是手机终端，连接附件的无线网络AP（Access Point），都需要找到无线网络的SSID（Service Set

Identifier无线网络标识），使用认证密码就可以利用无线WLAN设置的DHCP获得上网的地址信息，包括IP、DNS等。

图1-95 网络和共享中心

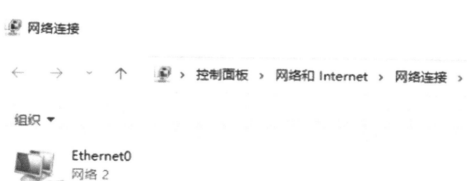

图1-96 网络卡连接信息

模块 1

Windows桌面系统管理

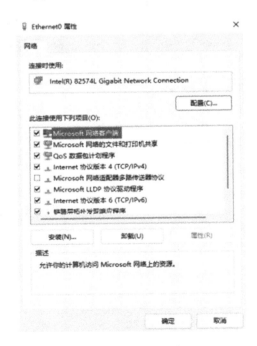

图1-97　网卡右键菜单

图1-98　Ethernet0状态

图1-99　网络连接详细信息

图1-100　Ethernet0属性

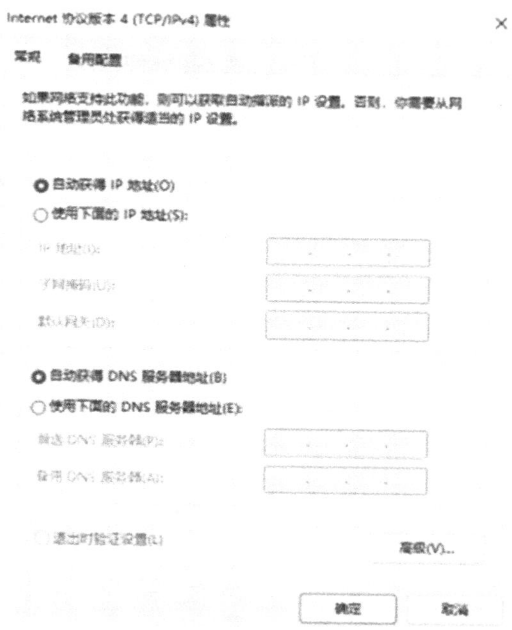

图1–101　TCP/IPv4设置

第二步：Internet选项

点击图1–94中的"Internet选项"，打开图1–102，涉及多个标签选项，使用浏览器软件连接网络时，需要做好这些设置，Windows 11自带Edge浏览器，这些属性设置都是应用在浏览器中。浏览历史记录是浏览器保存网页缓存的一种方式，其中的Cookie、保存的密码是需要注意的，如果在公共计算机上做了这些设置，为防止被窃取，需要点击"删除"打开图1–103，选择需要删除的项目，点击删除按钮就可以进行清除操作。另外，还可以点击图1–102中的"设置"按钮，打开图1–104，可以看到网站临时文件的设置，通常可以把这些网站临时数据做"移动"备份，还有就是选择"历史记录"，可以设定历史记录保留的天数，如图1–105所示。

第三步：系统安全设置

点击图1–76中的"系统和安全"，打开图1–106，点击"Windows Defender 防火墙"打开图1–107，通过点击左侧的"启用或关闭Windows Defender防火墙"，打开图1–108，可以开启或关闭Windows系统自带的防火墙。对于网络终端的连通性测试，关闭防火墙或者允许特定协议通过是很重要的，日常工作生活中最好还是开启防护功能。

另外，点击图1–107中的"安全和维护"，打开图1–109，点击"安全"下拉按钮可以显示出"网络防火墙"和"病毒防护"，在"病毒防护"栏点击"在Windows安全中心查看"，打开图1–110所示病毒防护工具，可以进行磁盘扫描、病

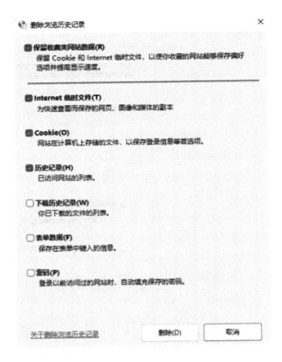

图1-103　删除浏览历史记录

图1-102　Internet属性

图1-104　网站数据设置

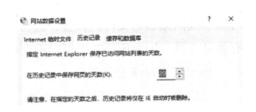

图1-105　网站历史记录保存的天数设置

毒防护消息管理、病毒库更新、勒索病毒防护设置等。

　　病毒防护一般都需要定期进行磁盘扫描，如图1-111进行快速扫描设置，查看允许的威胁和保护历史记录，如果有相关威胁都会以消息的形式记录到这里，供系统用户查看并处理。

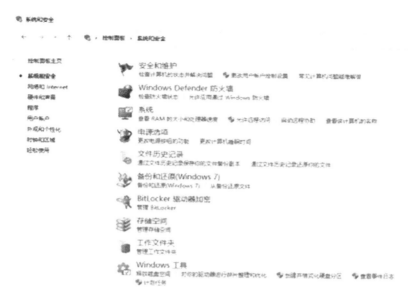

图1-106　系统和安全

图1-107　Windows Defender防火墙

　　点击图1-110的病毒和威胁防护设置的"管理设置"，打开图1-112可以看到系统默认开启了很多监测设置。

　　病毒防护最重要的一点是需要不断去更新病毒样本库，点击图1-110中"病毒与威胁防护"更新的"检查更新"按钮，就可以联网进行病毒防护引擎更新了。

对于Windows 11系统来说，安全防火做的比较完备，涉及很多防护应用展示在图1-112的左侧目录中了，可以根据需求进行设置。

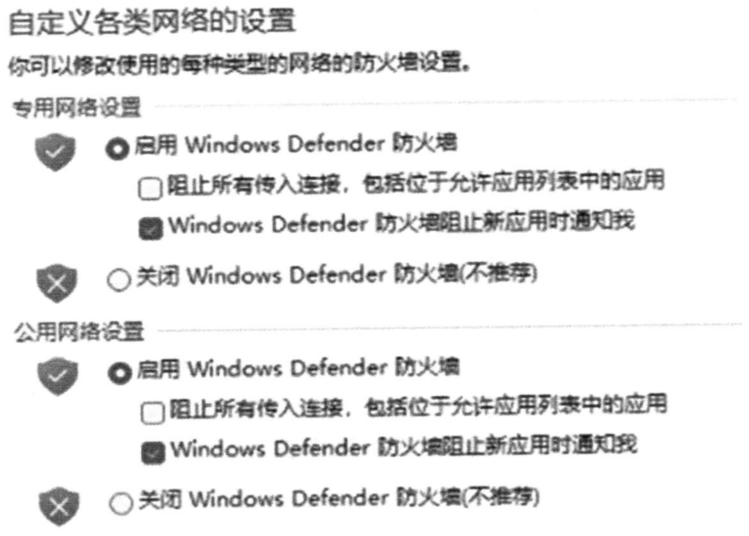

图1-108　自定义Defender防火墙设置

图1-109　安全和维护

病毒和威胁防护
当前威胁
快速扫描
"病毒和威胁防护"设置
病毒和威胁防护更新
勒索软件防护

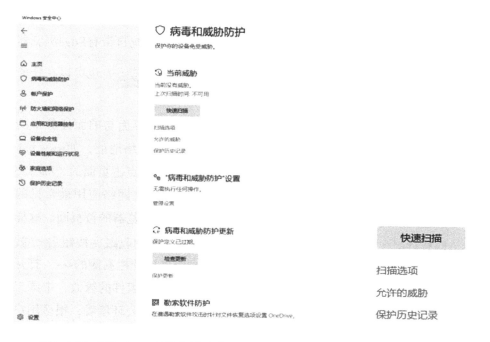

图1-110　Windows系统自带病毒防护工具

快速扫描
扫描选项
允许的威胁
保护历史记录

图1-111　磁盘扫描设置

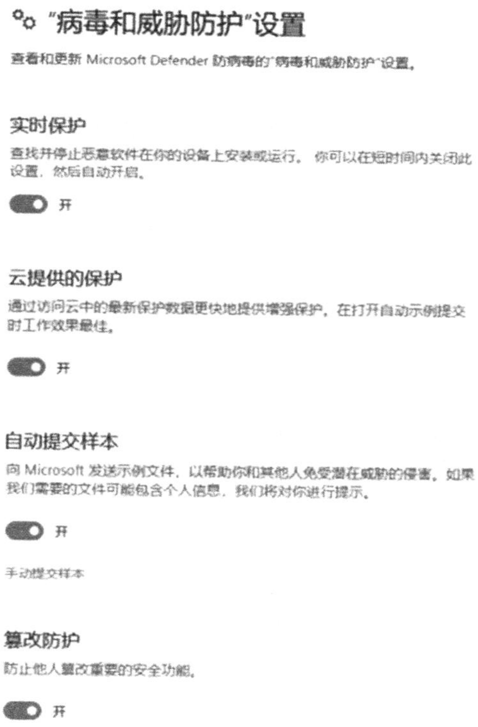

"病毒和威胁防护"设置
查看和更新 Microsoft Defender 防病毒的"病毒和威胁防护"设置。
实时保护
查找并停止恶意软件在你的设备上安装或运行。你可以在短时间内关闭此设置，然后自动开启。
开
云提供的保护
通过访问云中的最新保护数据更快地提供增强保护。在打开自动示例提交时工作效果最佳。
开
自动提交样本
向 Microsoft 发送示例文件，以帮助你和其他人免受潜在威胁的侵害。如果我们需要的文件可能包含个人信息，我们将对你进行提示。
开
手动提交样本
篡改防护
防止他人篡改重要的安全功能。
开

图1-112　病毒和威胁防护管理设置

第四步：第三方浏览器下载与安装

上网检索资料，需要使用网络浏览器软件，Windows系统自带有Edge浏览器，操作系统初始化后，在桌面就保留了Edge浏览器的快捷方式 ，也可以在任务栏中看到锁定到任务栏内的Edge浏览器的图标 。

点击Edge浏览器图标，打开图1-113，可以看到这个界面与前面任务中的资源管理器界面类似，这里只需要在地址栏内输入要访问的网络地址，如www.baidu.com，敲回车就可以链接到百度网站首页，如图1-114所示，点击页面的"hao123"可以打开图1-115所示分类网站页，这个页面的内容是现在网络应用最常见的方式，通常把这类页面保存在浏览器的收藏夹中并且设置为浏览器的首页面，这样当启动浏览器软件时，就可以打开分类导航网站。点击添加到收藏夹按钮 ，就可以打开图1-116把网站地址保存到收藏夹中。点击浏览器地址栏右侧的···，打开图1-117点击收藏夹就可以查阅收藏的网站信息。由于ActiveX组件的缘故，中国工商银行等网站一般保留使用Edge浏览器访问的要求，否则从办公环境看，很多用户都放弃了Edge浏览器，转向了谷歌浏览器Chrome、360安全浏览器、猎豹浏览器等。

图1-113　Edge浏览器

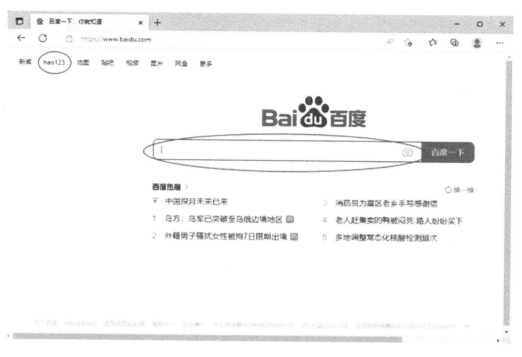

图1-114　百度网站首页

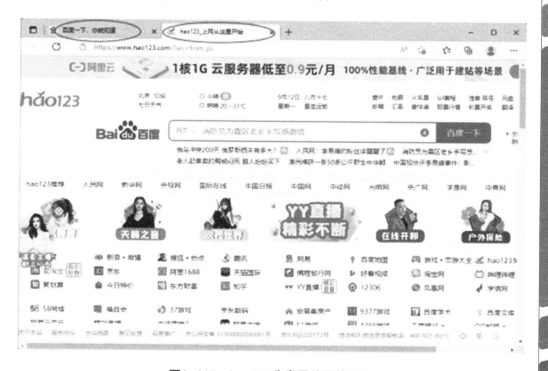

图1-115　hao123分类网站导航页面

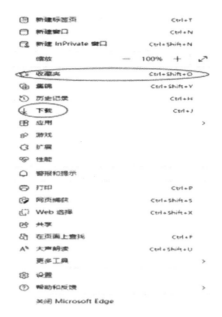

图1-116　添加到收藏夹　　　　　　　　图1-117　Edge菜单选项

图1-118　检索"谷歌浏览器"

图1-119　谷歌浏览器官方页面

图1-120　谷歌浏览器下载

　　百度作为全球最大的中文搜索引擎，可以在百度中搜索其他浏览器软件并下载安装，这里利用Edge浏览器下载谷歌Chrome浏览器。在图1-114中输入"谷歌浏览器"然后点击"百度一下"，打开图1-118，要注意找到快照为谷歌公司的链接，点击"谷歌浏览器 – Google Chrome 网络浏览器"进入，否则很容易进入其他非官方的软件下载页面，打开图1-119，点击"下载Chrome"按钮，打开图1-120，然后再次点击"下载Chrome"按钮，打开图1-121点击接受并下载，就可以打开图1-122，

Edge浏览器开始下载Chrome浏览器，把鼠标放到下载文件处，可以看到"在文件夹中显示"，就可以看到Chrome软件下载在磁盘的路径，如图1-123所示。在下载的软件上点击右键，打开图1-124选择"以管理员身份运行"或者直接点击"运行"就可以正常安装Chrome浏览器了，一般采用默认向导进行安装，安装完成后就可以看到谷歌浏览器Chrome运行的窗口，并且在桌面上显示谷歌浏览器快捷方式图标 。

图1-121　接受Chrome浏览器协议

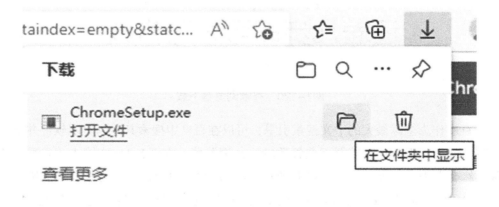

图1-122　Edge浏览器下载

⬇ > 此电脑 > 本地磁盘 (C:) > 用户 > Administrator > 下载

名称	修改日期	类型	大小
∨ 今天 (1)			
🧩 ChromeSetup.exe	2022/9/12 22:46	应用程序	1,394 KB

图1-123　Edge浏览器下载文件夹

✂ ⬜ ⊟ ↗ 🗑

🖼 打开　　　　　　　　　　　Enter

🗂 以管理员身份运行

📌 固定到"开始"屏幕

🗜 压缩为 ZIP 文件

🗐 复制文件地址

🗒 属性　　　　　　　　　　Alt+Enter

↗ 显示更多选项　　　　　　Shift+F10

图1-124　以管理员身份运行

第五步：常用软件下载与安装

根据前面使用浏览器下载安装软件的方式，可以使用谷歌浏览器下载并安装常用办公软件，如表 1-2所示。

表 1-2　常用必备软件与下载网址

序号	软件名称	功能	下载网址
1	迅雷	通用下载工具，支持多种类型	https://www.xunlei.com/
2	WPS Office	办公应用	https://platform.wps.cn/
3	360杀毒	查杀病毒	https://sd.360.cn/
4	360安全卫士	木马查杀、系统漏洞修复	https://weishi.360.cn/
5	百度网盘	网络存储	https://pan.baidu.com/download#win
6	360压缩	压缩与解压缩软件	https://yasuo.360.cn/
7	微信电脑版	即时交互工具	https://weixin.qq.com/
8	腾讯会议	在线会议、课堂	https://meeting.tencent.com/

在桌面上找到谷歌浏览器的快捷方式，双击打开谷歌Chrome浏览器，在地址栏内输入表 1-2中迅雷软件下载官网地址，或者使用百度网站搜索迅雷软件，根据

第4步的方式下载并安装迅雷下载软件。

　　打开WPS Office下载页面，如图1-125，用户根据操作系统的版本选择合适的下载版本，把鼠标放在"立即下载"，就可以显示图1-126所示不同操作系统版本，如苹果版、Linux版、安卓版、iOS版等，现在选择Windows版本单击即可在浏览器中下载。

　　如果之前安装了迅雷安装软件，可以点击谷歌浏览器右上角的选项，如图1-127点击到"下载内容"，打开图1-128，可以看到浏览器下载软件，如果涉及下载的文件较大，可以在下载的网址处，点击鼠标右键，如图1-129所示，选择"复制链接地址"，然后打开迅雷软件，点击"新建"，就可以把前面复制的内容自动粘贴到迅雷新建任务中，点击下载就可以进行软件下载。由于使用专用下载软件，下载速度会非常快，建议用户学会这一方法。另外，对于下载软件，可以使用"选项"等方式，设置下载文件的文件夹。可以使用同样方法，下载表1-2中的办公软件并安装。

图1-125　WPS下载页面

图1-126　WPS下载版本显示

图1-127　Chrome菜单选项

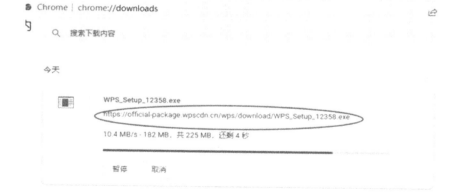

图1-128　Chrome下载页面

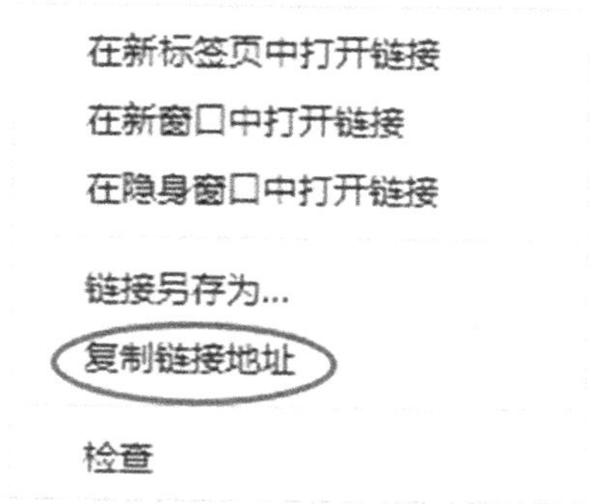

在新标签页中打开链接

在新窗口中打开链接

在隐身窗口中打开链接

链接另存为...

复制链接地址

检查

图1-129　下载链接右键属性

第六步：安全软件下载应用

尽管Windows 11自带有defender防护软件，但是在使用便利性方面，还是不如第三方安全厂商产品。像国内的火绒、360等安全软件都对个人用户免费，可以方便地为Windows系统打漏洞补丁。下面以火绒安全软件为例。

从火绒官网（www.huorong.cn）下载安装个人版火绒安全软件，打开图1-130，点击"病毒查杀"打开图1-131，进行磁盘的病毒扫描查杀工作。点击图1-130的"安全工具"，打开图1-132所示，可以点击"漏洞修复"扫描并修复系统漏洞，还可以做系统修复。

图1-130　火绒安全软件

图1-131　病毒查杀方式

火绒软件作为免费的杀毒软件，与360杀毒相比就在于没有弹窗广告。如果对这些弹窗广告不介意的话，可以下载安装使用360杀毒和360安全卫士软件。

不管使用哪个厂商的杀毒软件，都要定期更新杀毒引擎，才能达到防护效果。

另外，由于安全软件要实时保护用户的操作系统，需要耗费比较多的物理内存，因此一般安装一个安全软件就够了，当用户感觉到电脑使用比较慢，拖曳鼠标有延滞现象，一定要看看是否运行的软件过多，特别不要运行多个杀毒软件。

图1-132　安全工具

知识链接

1. SSID

SSID技术可以将一个无线局域网分为几个需要不同身份验证的子网络，每一个子网络都需要独立的身份验证，只有通过身份验证的用户才可以进入相应的子网络，防止未被授权的用户进入本网络。通俗地说，SSID便是你给自己的无线网络所取的名字。需要注意的是，同一生产商推出的无线路由器或AP都使用了相同的SSID，一旦那些企图非法连接的攻击者利用通用的初始化字符串来连接无线网络，就极易建立起一条非法的连接，从而给我们的无线网络带来威胁。因此，建议最好能够将SSID命名为一些较有个性的名字。

2. 勒索病毒

勒索病毒，是一种新型电脑病毒，主要以邮件、程序木马、网页挂马的形式进行传播。该病毒性质恶劣、危害极大，一旦感染将给用户带来无法估量的损失。这种病毒利用各种加密算法对文件进行加密，被感染者一般无法解密，必须拿到解密的私钥才有可能破解。

勒索病毒文件一旦进入本地，就会自动运行，同时删除勒索软件样本，以躲避查杀和分析。接下来，勒索病毒利用本地的互联网访问权限连接至黑客的C&C服务器，进而上传本机信息并下载加密公钥，利用公钥对文件进行加密。除了病毒开发者本人，其他人几乎不可能解密。加密完成后，还会修改壁纸，在桌面等明显位置生成勒索提示文件，指导用户去缴纳赎金。且变种类型非常快，对常规的杀毒软件都具有免疫性。攻击的样本以exe、js、wsf、vbe等类型为主，对常规依靠特征检测的安全产品是一个极大的挑战。

拓展视频

edge浏览
器的使用

谷歌浏览器的安
装和主页设置

02

模块2

WPS文档处理

WPS文字是WPS Office办公软件套装中进行文字处理的重要组件。WPS文字不仅功能强大，易于使用，而且用户界面生动直观，更符合中文排版的要求，可以编辑、排版、制作专业文档。WPS文字文档中包含的图片、形状、图形、图表等对象，使得文档可以更为生动直观地展示表达的内容；WPS文字还可以轻松处理文档中的数据表格，使得数据的展示更加形象、生动。

WPS文字不仅内存占用低、运行速度快、操作便捷，而且兼容Microsoft Office的doc、docx等文件格式，方便文件交流。此外，WPS文字还提供了多种上下文选项卡集、快捷菜单，使得许多操作可用多种方法实现，以适应用户的不同习惯。

WPS文字广泛地应用于商务、办公、出版等诸多领域。

任务1 "诗词赏析"文档排版

任务导航

【任务清单】

任务内容	能力要求			
	理解原理	掌握要领	熟练操作	灵活运用
插入文本			√	√
字体格式			√	√
段落格式			√	√
段落底纹			√	√
文本分栏			√	
查找和替换		√	√	√
格式复制			√	√

【任务描述】

创建文档，在文档中导入其他文件中的内容。在本次任务中以诗词赏析文本内容为例，介绍文档创建、导入文本、内容排版、保存、打印的基本流程。诗词赏析文档制作完成后的效果如图2-1所示。

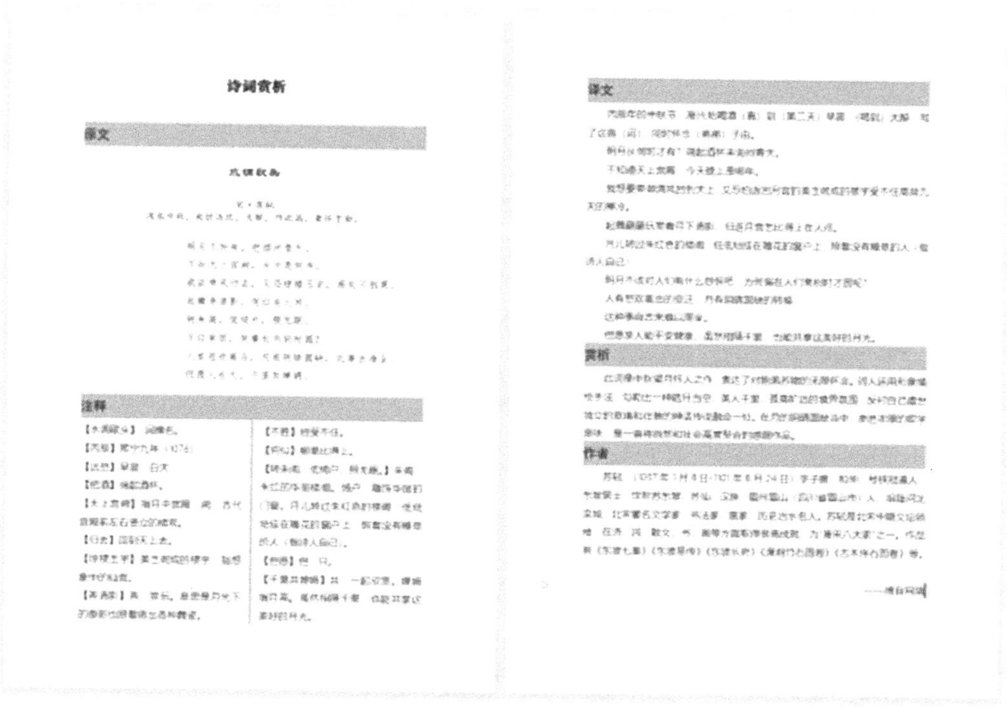
诗词赏析

原文

注释

译文

赏析

作者

图2-1　文档完成后效果

任务流程

第一步：创建WPS文字文稿

第二步：导入素材文件文本

第三步：设置文章标题格式

第四步：设置小节标题格式

第五步：设置“原文”小节内容格式

第六步：设置“注释”小节内容文本格式

第七步：设置“译文”“赏析”和“作者”小节内容格式

第八步：保存文档

任务实施

第一步～第四步

第一步：创建WPS文字文稿

①点击Windows任务栏中“开始”按钮，在开始菜单的“所有应用”中找到“WPS Office”菜单项，点击。如图2-2所示。

图2-2　开始菜单中WPS Office 应用

②在打开的WPS Office窗口中，点击"新建"→"新建文字"→"新建空白文字"，如图2-3所示。

图2-3　新建空白文字

即可新建一个WPS文字空文稿，如图2-4所示。

图2-4　一个WPS文字空文稿

第二步：导入素材文件文本

①切换到"插入"选项卡，点击"对象"下拉按钮，然后点击"文件中的文字"项，如图2-5所示。

图2-5　插入文件中的文字

②在弹出的"插入文件"对话框中，定位到"素材"文件夹，设置"文件类型"为"所有文件（*.*）"，然后选中"诗词赏析.txt"文件，点击"打开"按钮，如图2-6所示。

第三步：设置文章标题格式

①选中文档标题文本"诗词赏析"，切换到"开始"选项卡，点击其中"字体"组右下角扩展按钮。如图2-7所示。

②在弹出的"字体"对话框中，点击"中文字体"下拉按钮，在字体选单中选中"华文中宋"字体。设置字形为"加粗"、字号为"小二"，如图2-8所示。

图2-6 "插入文件"对话框

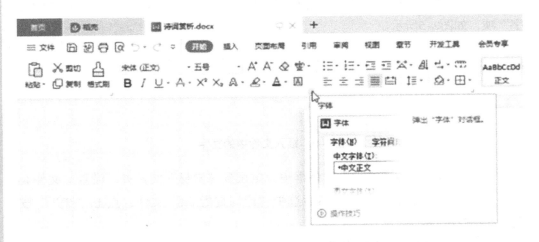

图2-7 "字体"组扩展按钮

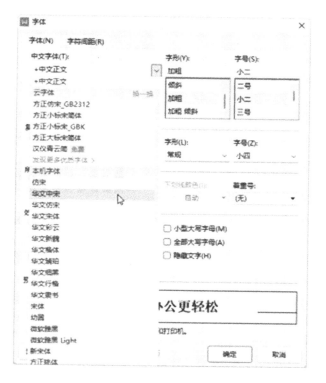

图2-8　"字体"对话框

③在"开始"选项卡中，点击"段落"组中"居中对齐"按钮，设置标题文本居中对齐，如图2-9所示。

图2-9　"段落"组命令按钮

第四步：设置小节标题格式

①选中第一个小节标题文本"*原文"，使用"字体"组中的命令按钮，设置其中文字体为"黑体"、字号为"三号"、字体颜色为"蓝色"，如图2-10所示。

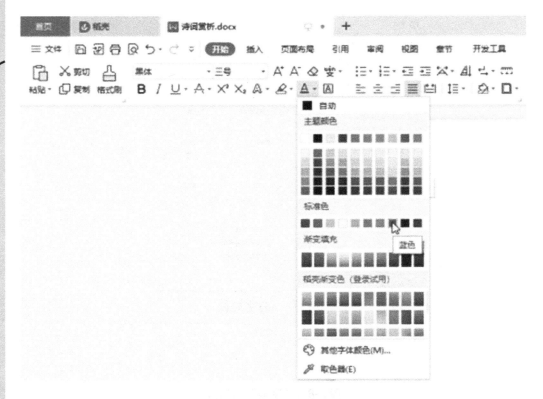

图2-10　"字体"组命令按钮

②选中小节标题文本"*原文"，点击"段落"组中的"边框"按钮，如图2-11所示。

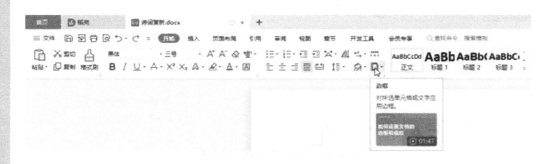

图2-11　"边框"按钮

③在弹出的"边框和底纹"对话框中，切换至"底纹"选项卡。点击"填充"下拉按钮，在颜色列表中选中颜色"浅绿，着色6，浅色40%"。如图2-12所示。

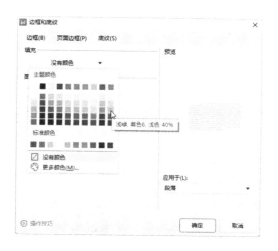

图2-12　"边框和底纹"对话框"底纹"选项卡

④选中已设置格式的小节标题文本"*原文"，双击"剪贴板"组中的"格式刷"按钮，使其保持按下状态。如图2-13所示。

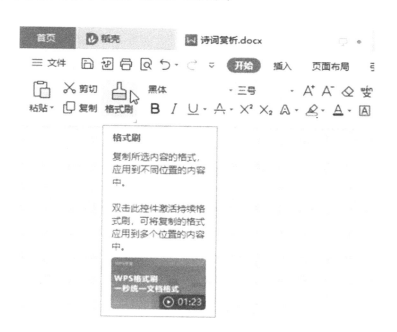

图2-13　"剪贴板"组中"格式刷"按钮

⑤使用已经变为 形状的鼠标在文档中所有其他以"*"开始的段落上拖动，使其格式与第一个小节标题格式一样。然后，点击"格式刷"按钮，使其恢复正常状态。

⑥在"开始"选项卡中，点击"编辑"组中"查找替换"按钮。如图2-14所示。

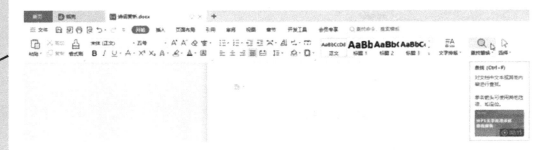

图2-14　"查找替换"按钮

⑦在弹出的"查找和替换"对话框中，切换至"替换"选项卡。在"查找内容"文本框中输入"*"，保持"替换为"文本框为空，点击"全部替换"按钮，以此删除文档中的所有"*"。如图2-15所示。

图2-15　"查找和替换"对话框"替换"选项卡

⑧替换完毕后，反馈替换结果信息，点击"确定"按钮。如图2-16所示。

图2-16　反馈替换结果信息

⑨点击"查找和替换"对话框中"关闭"按钮，关闭"查找和替换"对话框。

第五步：设置"原文"小节内容格式

第五步～第八步

①选中"原文"小节"水调歌头"文本，设置其中文字体为"华文隶书"、字号为"三号"、字体颜色为"深蓝"。

②在"开始"选项卡中，点击"段落"组右下角扩展按钮。在弹出的"段落"对话框的"缩进和间距"选项卡中，设置其对齐方式为"居中对齐"，段前、段后间距都为"1"行。如图2-17所示。点击"确定"按钮。

图2-17　"段落"对话框的"缩进和间距"选项卡

③选中"原文"小节"宋·苏轼"及小序文本，设置其中文字体为"楷体"、字号为"小四"、字体颜色为"深蓝"，对齐方式为"居中对齐"。

④选中"原文"小节诗词内容文本，设置其中文字体为"仿宋"、字号为"13"磅。设置其对齐方式为"左对齐"，文本之前缩进"12"字符，行距为固定值"23"磅。

⑤选中"原文"小节诗词内容第一行"明月几时有，把酒问青天。"，设置其段前间距为"1"行。选中"原文"小节诗词内容最后一行"但愿人长久，千里共婵娟。"，设置其段后间距为"1"行。选中文档标题"诗词赏析"，设置其段后间距为"2"行。

⑥前面设置完成后，结果如图2-18所示。

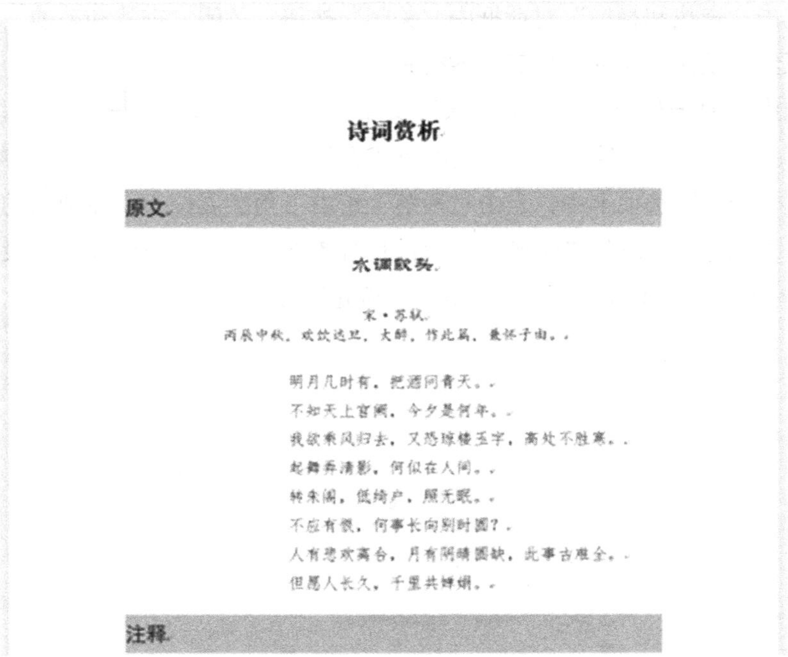

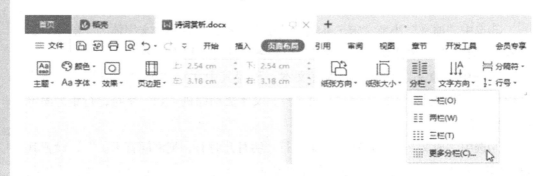

诗词赏析
原文
水调歌头
宋·苏轼
丙辰中秋，欢饮达旦，大醉，作此篇，兼怀子由。
明月几时有，把酒问青天。
不知天上宫阙，今夕是何年。
我欲乘风归去，又恐琼楼玉宇，高处不胜寒。
起舞弄清影，何似在人间。
转朱阁，低绮户，照无眠。
不应有恨，何事长向别时圆？
人有悲欢离合，月有阴晴圆缺，此事古难全。
但愿人长久，千里共婵娟。
注释

图2-18 “原文”小节

第六步：设置“注释”小节内容文本格式

①选中“注释”小节内容文本，设置其中文字体为“微软雅黑Light”、字号为“小四”，行距为固定值“23”磅。

②切换至“页面布局”选项卡，点击“页面设置”组“分栏”按钮。在下拉菜单中选择“更多分栏”。如图2-19所示。

诗词赏析.docx
文件
开始
插入
页面布局
引用
审阅
视图
章节
开发工具
会员专享
主题
颜色
字体
效果
页边距
上: 2.54 cm
下: 2.54 cm
左: 3.18 cm
右: 3.18 cm
纸张方向
纸张大小
分栏
文字方向
分隔符
行号
一栏(O)
两栏(W)
三栏(T)
更多分栏(C)...

图2-19 “页面布局”选项卡

③在弹出的“分栏”对话框中，点选“两栏”，勾选“分隔线”复选框，然后点击“确定”按钮。如图2-20所示。

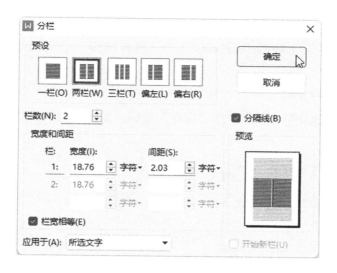

图2-20　"分栏"对话框

第七步：设置"译文""赏析"和"作者"小节内容格式

①选中"译文"小节内容文本。设置其中文字体为"微软雅黑Light"、字号为"小四"。

②在"段落"对话框"缩进和间距"选项卡中，设置其特殊格式首行缩进"2"字符，行距为固定值"23"磅。如图2-21所示。

图2-21　设置段落首行缩进

③使用格式刷功能，"赏析"和"作者"小节内容格式与"译文"小节内容格

式一致。

④将光标定位于最后一行文本"——摘自网络"，设置对齐方式为"右对齐"。

第八步：保存文档

①点击"快速访问工具栏"中"保存"按钮。如图2-22所示。

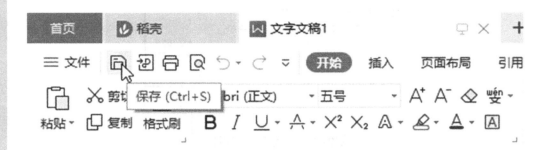

图2-22　快速访问工具栏

②在弹出的"另存文件"对话框中，在"位置"栏调整保存文件位置，在"文件类型"栏设置保存文件类型，在"文件名"栏修改保存文件名，然后点击"保存"按钮。如图2-23所示。

图2-23　"另存文件"对话框

知识链接

1. WPS Office 软件操作界面

WPS Office软件界面主要组成部分如图2-24所示。

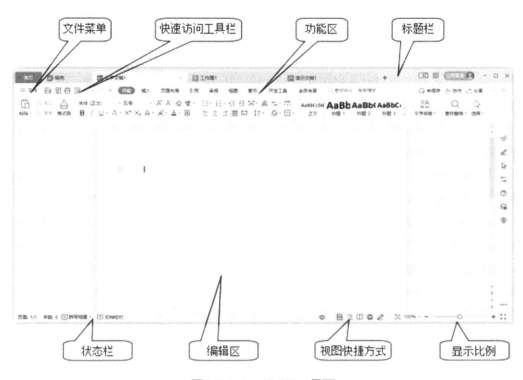

图2-24　WPS Office界面

标题栏：标题栏中显示正在编辑文档的标签及其文件名。通过点击文档标签，可快速切换编辑文档。标题栏还包括"首页"及"＋"标签，可用于新建文档。另外，标题栏还包括标准的"最小化""还原"或"最大化"以及"关闭"按钮。

文件菜单：文件菜单中的菜单命令可对文档进行管理，例如"新建""保存"和"关闭"等。

快速访问工具栏：快速访问工具栏集中了最为常用的命令按钮，有助于用户快速访问、频繁使用。如"保存""撤消"和"恢复"等。快速访问工具栏末尾是一个下拉菜单，可在其中添加其他常用命令。

功能区：功能区中集中了对文档进行编辑、排版工作所需要用到的命令按钮。功能区中命令按钮按照功能不同分为若干选项卡，如"开始"选项卡、"插入"选项卡、"页面布局"选项卡等。选项卡中命令按钮又分组，如"字体"组、"段落"组等。可根据显示器大小更改功能区的显示方式。

编辑区：编辑区用于编辑、显示文档的内容。

状态栏：状态栏显示有关正在编辑文档的信息。

视图快捷方式：视图快捷方式中视图按钮可切换快速WPS文字的视图。

显示比例：使用显示比例中的控件可调整编辑区文档的显示比例。

2．WPS文字的视图

页面视图可以显示文档的打印结果外观，主要包括页眉、页脚、图形对象、分栏设置、页面边距等元素，是最接近打印结果的页面视图。

阅读版式视图以图书分栏样式显示文档，功能区等元素被隐藏起来。在阅读版式视图中，用户可以使用工具栏中的各种阅读工具。

Web版式视图以网页形式显示文档，直接查看文档在浏览器中的显示样张，是浏览编辑网页类型文档的视图。

大纲视图可以折叠和展开各种层级的文档，可以方便查看、调整文档的层次结构，设置标题的大纲级别，大纲视图广泛用于长文档的快速浏览和设置中。

写作模式视图是为用户方便编辑文本内容，即写作时使用的模式。

3．显示格式标记

切换至"开始"选项卡，单击"段落"组中的"显示/隐藏编辑标记"按钮，如图2-25所示。可显示或隐藏非打印字符，可以帮助用户识别已经对文档进行了哪些编辑操作。这些字符只会出现在屏幕上而不会被打印出来。

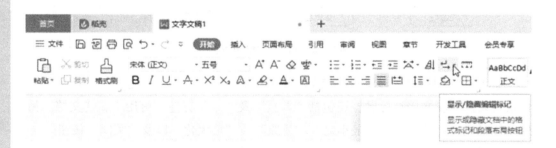

图2-25　显示/隐藏编辑标记

一些常见的格式标记包括：

↵：段落标记，表示按下了【Enter】键。

→：制表符，表示按下了【Tab】键。

•：空格，表示按下了【Space】键。

分页符：分页符，表示文档结束当前页，进入下一页。

4．文本格式

字体是文字外在形式特征，是文字的风格，是一个具有同一外观样式和同一排版尺寸字符的集合。计算机系统中的字体库文件存储于"C:\Windows\Fonts"文件夹里。计算机系统中常用中文字体有隶书、楷书、宋体、仿宋体、黑体等。

字形是指文字加粗、倾斜等外观形态。

字号是指字体大小。字号单位有两种：一种为汉字字号，如初号、小初等；另一种使用国际通用"pt"，亦称为"磅"表示，如48、72等。

文档文字字号越大，字符越小，而磅值越大，字符也就越大，两者对应关系大约为：小五对应9磅、五号对应10.5磅等。

在"开始"选项卡"字体"组中，可设置文本的相关选项。如图2-26所示。也可单击该组中右下角的扩展按钮，在"字体"对话框中进行设置。

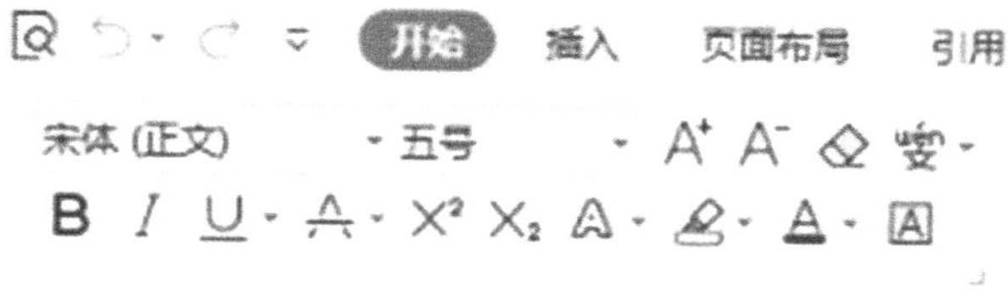

图2-26　设置文本格式

5. 段落格式设置

在"开始"选项卡"段落"功能组中，可使用其中命令按钮设置段落格式。也可单击该组中右下角的扩展按钮，在打开的"段落"对话框中进行设置。如图2-27所示。

（1）文本对齐。文本对齐方式主要有左对齐、居中对齐、右对齐、两端对齐、分散对齐。

（2）文本缩进。中文一般将段落句首的文字缩进两个字符距离，称为文本缩进。单击"段落"组中相关命令按钮可方便地减少或增加缩进量。"段落"对话框中的"缩进和间距"选项卡可进行文本缩进精确设置。

（3）行距。行距是指段落内文本行与行的间距。WPS文字可根据字符大小自动调整行距。用户也可设置行距，此时，WPS文字不再自动调整行距。

（4）段落间距。段落间距是指前一段落最后一行底线至下一段落第一行中的最大字符之间空白间距。设置段落间距可为文档预设精确或固定的段落间距而不受字号影响。可在"段落"对话框中的"缩进和间距"选项卡调整段落间距。

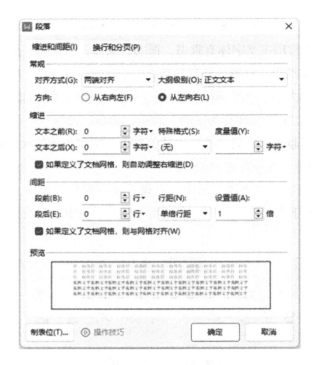

图2-27　设置段落格式

6. 标尺

标尺的作用是帮助用户定位文本的准确位置。标尺的宽度取决于显示比例以及显示器的尺寸等。切换至"视图"选项卡后，可设置显示或隐藏标尺。如图2-28所示。

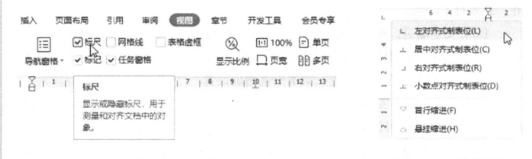

图2-28　显示标尺　　　　　　　　　　　　　　图2-29　制表符菜单

标尺度量单位默认是厘米。用户可以更改其度量单位。打开"文件"菜单，单击执行"选项"命令，在"选项"对话框中，选择左侧"常规与保存"项，然后在右侧"常规选项"组的"度量单位"中设置英寸、厘米、毫米或磅等单位。

7. 制表位

制表位的功能与文本对齐功能相似，所不同的是制表位可精确设置文本的对齐位置，还可以设置分栏。

单击制表符选择按钮可以选择不同类型的对齐方式。点击制表符选择按钮，显示制表符浮动菜单。如图2-29所示。从制表符浮动菜单中选择适当的对齐方式的制表符。

①左对齐式制表位：文本从左端基准点位置向右排列。

②居中对齐式制表位：该方式使文本以基准点位置为中心对齐。

③右对齐式制表位：文本从右端基准点位置向左排列。

④小数点对齐式制表位：数字的对齐方式，小数点对齐基准点，整数部分右对齐，小数部分左对齐。

要设置制表位，可使用标尺，这是最方便、快捷的方法。使用标尺设置制表位时只须单击制表符选择按钮，选择所需要的制表符，然后再单击标尺上的位置即可设置制表符。

点击"段落"对话框左下角的"制表位"按钮，可精确设置制表位的位置或前导符。如图2-30所示。

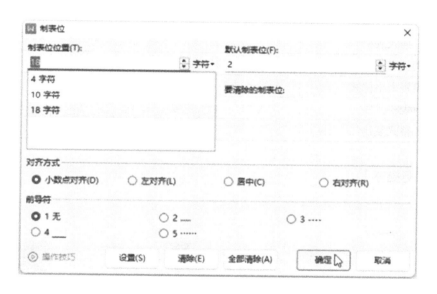

图2-30　精确设置制表位

拓展视频

拓展1

拓展2

拓展3

任务2 "中国青铜器简介"文档排版

任务导航

【任务清单】

任务内容	能力要求			
	理解原理	掌握要领	熟练操作	灵活运用
标题样式			√	√
项目符号			√	√
自动编号		√	√	
插入图片			√	
设置环绕类型		√	√	
调整、裁剪图片		√	√	
设置图片样式			√	√
插入表格			√	
调整表格大小			√	√
设置表格样式		√	√	√
表格排序	√	√		
格式复制			√	√

【任务描述】

图2-31 文档完成后的效果

本任务以介绍中国青铜器文本内容以及图片为例，介绍设置文档标题；设置项目符号及自动编号；在文档中插入图片、设置图片样式、调整图片大小；在文档中插入并设置表格、完成表格数据排序等操作。文档完成后的效果如图2-31所示。

任务流程

第一步：创建WPS文字文稿，插入素材文件中的文字

第二步：设置标题样式

第三步：设置文档中项目符号

第四步：设置小节标题样式及编号

第五步：插入、设置图片

第六步：插入、设置表格

第七步：设置表格样式，表格排序

任务实施

第一步：创建WPS文字文稿，插入素材文件中的文字

①创建WPS文字文稿。

②插入素材文件夹中文件"中国青铜器简介.txt"中的文字

第二步：设置标题样式

①选中文档第一段文本"中国青铜器简介"，切换到"开始"选项卡，点选"样式"组样式库中的"标题1"样式。如图2-32所示。

②将第一段文本"中国青铜器简介"设置字体为"华文细黑"，对齐方式为"居中对齐"。

③设置文档其余部分中文字体为"仿宋"、西文字体为"Bookman Old Style"，字号为"小四"；段落首行缩进"2"字符，行距为"1.5倍行距"。

第三步：设置文档中项目符号

①选中文档中第三段至第六段文本。在"开始"选项卡，点击"段落"组"项目符号"下拉按钮，展开项目符号选单。如图2-33所示。

第一步~第四步

图2-32　标题样式库

开始
插入
页面布局
引用
审阅
视图
章节
开发工具
会员专享
项目符号
无
选中标记项目符号
标题 2
标题 3

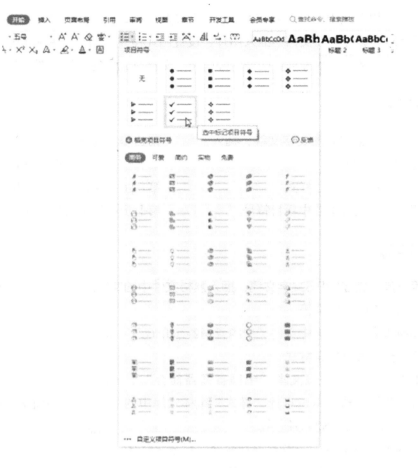

图2–33　项目符号

②在项目符号选单中，点选“选中标记项目符号”选项。

③点击“段落”组“增加缩进量”按钮。操作结果如图2–34所示。

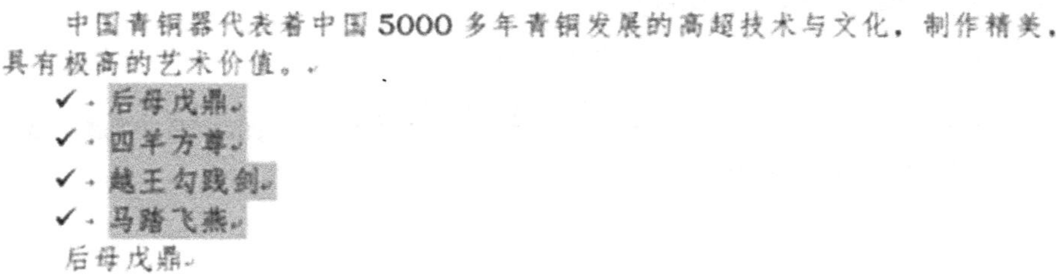

中国青铜器代表着中国5000多年青铜发展的高超技术与文化，制作精美，具有极高的艺术价值。
✓ 后母戊鼎
✓ 四羊方尊
✓ 越王勾践剑
✓ 马踏飞燕
后母戊鼎

图2–34　设置项目符号

第四步：设置小节标题样式及编号

①选中小节标题文本“后母戊鼎”。

②在“开始”选项卡，点选“样式”组样式库中的“标题2”样式。

③设置其中文字体为"楷体"；段前、段后间距为"3"磅，行距为"单倍行距"。

④在"开始"选项卡，点击"段落"组"编号"下拉按钮，展开编号样式选单。如图2-35所示。

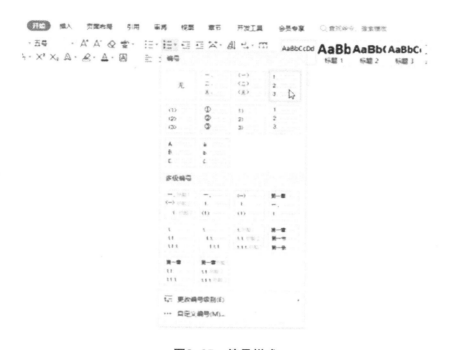

图2-35　编号样式

⑤点选图2-35中指定的编号样式。

⑥选择已完成设置的小节标题，双击"开始"选项卡"剪贴板"组中"格式刷"按钮。在下面的小节标题段落上复制其格式。完毕后，单击"格式刷"按钮，释放格式刷。

⑦切换至"视图"选项卡，点击"显示"组中"导航窗格"下拉按钮。在下拉选单中选择"靠左"选项。如图2-36所示。

图2-36　导航窗格选单

⑧在窗口左侧显示导航窗格后，其中即显示当前编辑文档的结构。如图2-37所示。

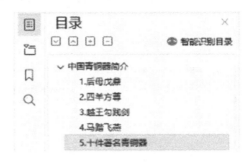

图2-37　文档的结构

第五步：插入、设置图片

①将光标定位于第一节"后母戊鼎"的文本中，切换至"插入"选项卡，点击其"插图"组中的"图片"按钮。如图2-38所示。或点击"图片"下拉按钮，点选"本地图片"按钮。

第五步～第七步

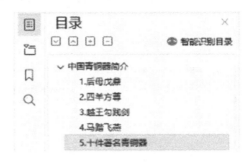

图2-38　"插入"选项卡中"图片"按钮

②在"插入图片"对话框中，找到并选中图片"后母戊鼎.jpg"，然后点击"打开"按钮。如图2-39所示。

图2-39　"插入图片"对话框

③选中图片，在"图片工具"选项卡"大小"组中，设置宽度为"5厘米"。如图2-40所示。

④选中图片，在"图片工具"选项卡"排列"组中，点击"环绕"下拉按钮，在下拉选单中点选"四周型环绕"。如图2-41所示。

⑤选中图片，在"图片工具"选项卡"大小"组中，点击"裁剪"下拉按钮，在选单中点选"圆角矩形"。如图2-42所示。

图2-40　"图片工具"选项卡

图2-41　设置"环绕"类型

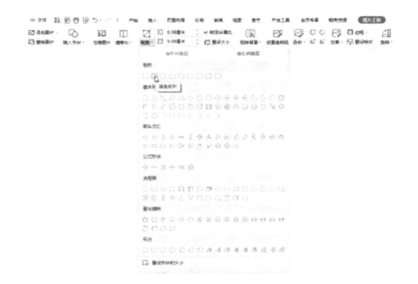

图2-42 按形状裁剪选单

⑥选中图片，在"图片工具"选项卡"图片样式"组中，点击"边框"下拉按钮，在选单中点选"渐变填充"中的"金色–暗橄榄绿渐变"。如图2-43所示。在该选单的"线型"下，设置边框粗细为"1磅"。

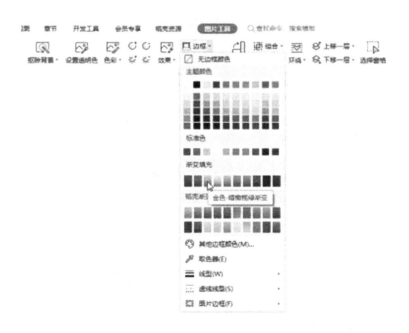

图2-43 设置边框颜色

⑦选中图片，在"图片工具"选项卡"图片样式"组中，点击"效果"下拉按钮。在选单中"阴影"项下"外部"中点选"右下斜偏移"。如图2-44所示。

图2-44 设置阴影效果

⑧图片设置样式后效果如图2-45所示。将其移至适当位置。

⑨在"四羊方尊""越王勾践剑"与"马踏飞燕"等小节插入相应的图片。其中，"四羊方尊.jpg"图片高度设置为"5厘米"，"越王勾践剑.jpg"图片高度设置为"8厘米"，"铜奔马.jpg"图片高度设置为"5厘米"，各图片其他设置与前述图片一致。设置完毕后，将各图片移至适当位置。

第六步：插入、设置表格

①选中第5小节中将要转换为表格的文本，在"开始"选项卡"字体"组中，点击"清除格式"按钮。如图2-46所示。

图2-45 设置图片样式

②切换至"插入"选项卡，点击"表格"组中"表格"下拉按钮。在"插入表格"选单中点选"文本转换成表格"项。如图2-47所示。

③在弹出的"将文字转换成表格"对话框中，检查自动检测的列数、行数和文字分隔符是否正确。确认正确后，点击"确定"按钮，将文字转换成表格。如图

2-48所示。

④选中整个表格，设置表格文字中文字体为"仿宋"、西文字体为"Bookman Old Style"，字号为"小四"。

图2-46　清除文本格式

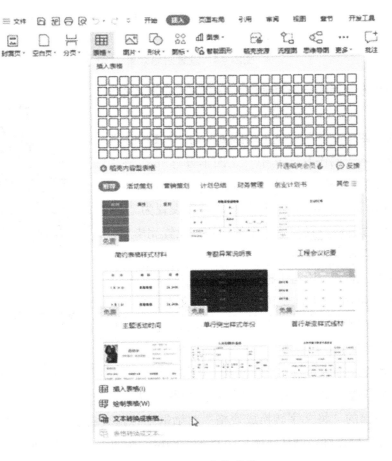

图2-47　插入表格选单

⑤选中整个表格，切换至"表格工具"选项卡，在"调整"组"高度"框中输入"0.60厘米"，设置表格所有行的行高为0.6厘米。如图2-49所示。

图2-48　将文字转换成表格

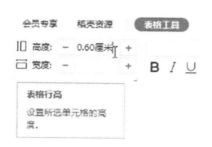

图2-49　设置表格行高

⑥选中表格第一列，在"表格工具"选项卡"调整"组的"宽度"框中输入"4.00厘米"，设置表格第一列的列宽为4厘米。然后，分别设置表格第二列列宽为2厘米，第三、四列的列宽为3厘米。

⑦选中整个表格，在"开始"选项卡"段落"组中，点击"居中对齐"按钮，使表格居中。

图2-50　单元格文本对齐方式

⑧选中表格第二、三、四列，在"表格工具"选项卡中点击"对齐方式"下拉按钮，在选单中点选"水平居中"项，使所选列单元格中文本在单元格中水平居中对齐。如图2-50所示。

第七步：设置表格样式，表格排序

①选中整个表格，在"表格样式"选项卡中点击表格样式库右侧下拉按钮。在"预设样式"选单中点选"主题样式1-强调5"。如图2-51所示。

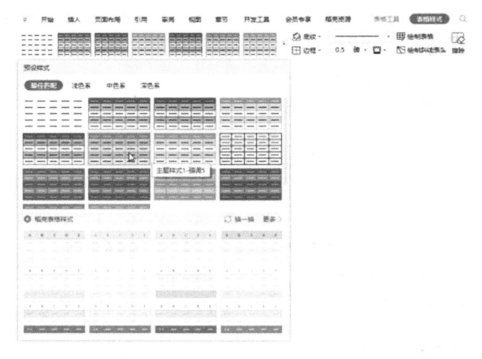

图2-51　设置表格样式

②选中整个表格，在"表格工具"选项卡"数据"组中点击"排序"按钮。如图2-52所示。

图2-52　"表格工具"选项卡"排序"按钮

③在"排序"对话框中，设置"主要关键字"为"列3"，点击"确定"按钮。如图2-53所示。

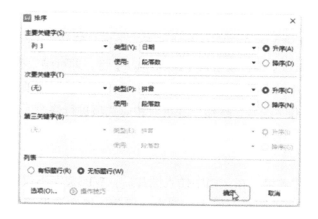

图2-53　"排序"对话框

④保存文件为"中国青铜器简介.docx"。

知识链接

1. 样式和列表

（1）样式　样式可以提高文档排版效率，使用样式可以帮助用户确保文本、段落格式编排的一致性，从而减少重复操作，快速更新文档的排版设计，排出高质量的文档。样式是修饰段落文本格式组合，包括段落文本的字体、字号、颜色、对齐方式等。将其命名后，称该名称为样式。也就是说，样式是一组已命名的格式组合。每种样式都有唯一确定的名称。样式可应用于文档中的文本、表格和列表。

样式根据应用对象不同，可分为段落样式、字符样式、链接段落、图片样式、表格样式和列表等样式。

在"开始"选项卡"样式"组中，WPS文字提供内置样式库供用户选择，也可以通过单击右侧管理任务窗格工具栏中的"样式与格式"按钮打开图2-54所示的"样式和格式"任务窗格，可添加、修改、删除和应用样式。

（2）列表　列表包括项目符号和编号两种形式。编号又有单级列表和多级列表。WPS文字既可给已有文本行添加项目符号或编号，也可以在输入文本时自动创建列表。输入文本时使用项目符号列表或编号列表，可采用如下方法：

① 使用"项目符号"或"编号"按钮插入符号或编号开始列表。

图2-54　"样式和格式"窗格

② 输入所需的文本。

③ 按【Enter】键WPS文字会自动插入下一个项目符号或编号。

④ 按两次【Enter】键，或者按【Backspace】键，即可结束列表。

使用WPS文字中的项目符号及编号功能，可在"开始"选项卡"段落"组中，单击"项目符号"和"编号"按钮。并可对相应选项进行修改，自定义项目符号或编号列表。

2. 设置图片

（1）设置图片效果　在文档中插入图片后，WPS文字不仅可对其裁剪和尺寸调整，还可设置图片的阴影、发光、倒影、柔化边缘和三维旋转等各种效果，也可以在图片中添加艺术效果或更改图片的亮度、对比度或清晰度。具体操作步骤如下：

① 选中图片。若要选中多张图片，可单击第一张图片，按住【Ctrl】键的同时点击其他图片。

② 切换至"图片工具"选项卡，单击"图片样式"组中的"效果"下拉按钮，可完成相应效果设置。

（2）设置图片样式　WPS文字中，图片样式包括图片边框、效果、色彩、亮度、对比度等。选中图片后，在"图片工具"选项卡"图片样式"组中，点击相应的命令按钮，即可设置对应的图片样式。

单击其中"重设样式"按钮后，即取消所有设置，恢复图片最初样式。

（3）设置删除背景　选中图片，在"图片工具"选项卡"图片工具"组中，单击"设置透明色"按钮，使用鼠标在图片上指定颜色后，指定的颜色即设为透明色，从而突出显示图片中物体。如图2-55所示。

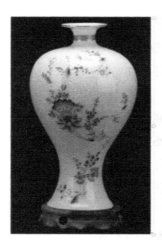

图2-55　设置透明色

3. 图片环绕文字

选中图片后，切换至"图片工具"选项卡，单击"排列"组中的"环绕"下拉按钮设置图片与文字的环绕关系；也可单击图片右侧快速工具栏"布局选项"按钮，设置图片与文字的环绕关系，如图2-56所示。

图2-56　布局选项中设置图片与文字环绕

4. 创建表格

（1）插入表格

① 表格模板：WPS文字提供了一组表格模板，方便用户选择合适的表格样式。在"插入"选项卡"表格"组中，点击"表格"下拉按钮，可在"稻壳内容型表格"列表中选择相应选项。

② "表格"菜单：在"插入"选项卡"表格"组中，点击"表格"下拉按钮后，在选单"插入表格"栏下拖动鼠标选择行数和列数，插入表格。

③ "插入表格"对话框：在"插入"选项卡"表格"组中，选择"表格"→"插入表格"命令，在如图2-57所示的"插入表格"对话框

图2-57　设置行数和列数

中，设置行数和列数及相关选项，单击"确定"按钮插入表格。

（2）绘制表格　点选"表格"→"绘制表格"命令，鼠标指针变成铅笔形状，按住鼠标左键进行拖动，可以绘制出表格。

（3）将文本转成表格　选中分隔有规律的文字，分隔符号可以是空格、制表符等。在"插入"选项卡"表格"组中，选择"表格"→"文本转换成表格"命令，设置转换成表格的行和列号后，可将文字转换成表格。

对于刚插入的表格，其设置都是默认的。当文本长度大于单元格宽度时，文本会自动换行。拖动 ✛（表格选择器）可移动表格。当光标在表格中或邻近表格时，表格左上角会显示该符号。

5．调整表格结构

（1）插入/删除行或列　将光标定位于某一单元格，在"表格工具"选项卡"行和列"组中，单击"在上方插入行"和"在下方插入行"按钮，可在当前行上方或下方插入新行。单击"在左侧插入列"和"在右侧插入列"按钮，可在当前列左侧或右侧插入新列。

选择"删除"→"列"命令可删除当前列或选中的列。选择"删除"→"行"命令可删除当前行或选中的行。

选择"删除"→"单元格"命令可删除选中的单元格，并选择其他单元格如何移动。也可选中相关单元格后，右击，在弹出的快捷菜单中进行相关选择。

（2）合并和拆分单元格　表格中多个相邻单元格可合并为一个单元格，也可将一个单元格拆分为多个。合并单元格常常用于创建标题。

要合并多个单元格，可先选中它们，然后在"表格工具"选项卡"合并"组中，单击"合并单元格"按钮。或者右击，在浮动菜单中选择"合并单元格"项。

要将一个单元格拆分为多个单元格，可先选择该单元格，在"表格工具"选项卡"合并"组中，单击"拆分单元格"按钮。或者右击，在浮动菜单中选择"拆分单元格"命令项来完成单元格的拆分。

6．设置表格样式

（1）应用内置样式　应用WPS文字预设样式可方便地美化表格。在"表格样式"选项卡"表格样式"组中，在表格样式库中点选样式。也可单击样式库右侧下拉按钮选择更多样式；或者选择"表格样式推荐"中的表格样式。也可以选择其中"更多"命令，在如图2-58所示窗格中选用WPS公司在线提供的表格样式。

（2）修改边框和底纹　表格中的框线可设置为不同颜色、样式、宽度或无框线。将边框和底纹适当应用到表格中，可以增强表格中内容的显示效果。

选中表格相应区域，在"表格样式"选项卡"表格样式"组中，单击"边框"下拉按钮，选择"边框和底纹"命令。通过"边框和底纹"对话框，对相关选项进行设置，如图2-59所示。

图2-58　在线表格样式　　　　　图2-59　设置表格框线

设置框线的步骤是：选择线型、选择颜色、设置宽度，单击右侧"预览"区域的作用范围。

7. 表格数据排序

表格中数据可以按照升序或降序进行排序。先选中表格，然后在"表格工具"选项卡"数据"组中，单击"排序"按钮。在"排序"对话框中进行排序，如图2-60所示。

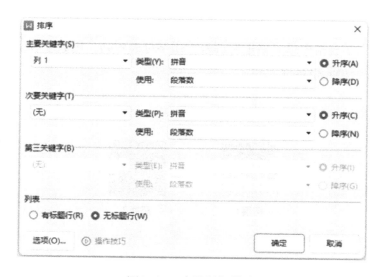

图2-60　表格数据排序

① 主要关键字：选择第一个排序所依据的数据列，及该列数据的类型。

② 次要关键字：在主要关键字相同时的排序依据。

③ 列表：设置是否有列标题的标题行。

8. 表格数据计算

WPS文字可使用公式处理表格中数据，并设置数据显示格式。较为复杂的数据计算和处理，可使用WPS表格完成。

WPS文字中，表格公式以等号开头。插入公式的方法如下：

① 将光标定位于要显示处理结果的单元格。

② 在"表格工具"选项卡"数据"组中，单击"fx 公式"按钮，在图2-61所示的"公式"对话框中选择"粘贴函数"，在函数的括号中输入计算范围，计算范围可以使用代词，如left、above等实现计算功能。

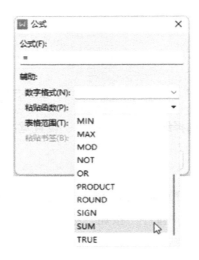

图2-61　插入公式

③ WPS文字表格中单元格也有编号，用字母表示列，用数字表示行，例如，表格中的第一个单元格名称为A1。

拓展视频

拓展1

拓展2

任务3 “野生虎保护”文档排版

任务导航

【任务清单】

任务内容	能力要求			
	理解原理	掌握要领	熟练操作	灵活运用
设置纸张方向、大小、页边距			√	√
文本分栏			√	
页面边框			√	
首字下沉			√	
调整表格结构		√	√	√
计算表格数据	√	√	√	
设置表格样式		√	√	√
插入日期			√	
插入脚注			√	

【任务描述】

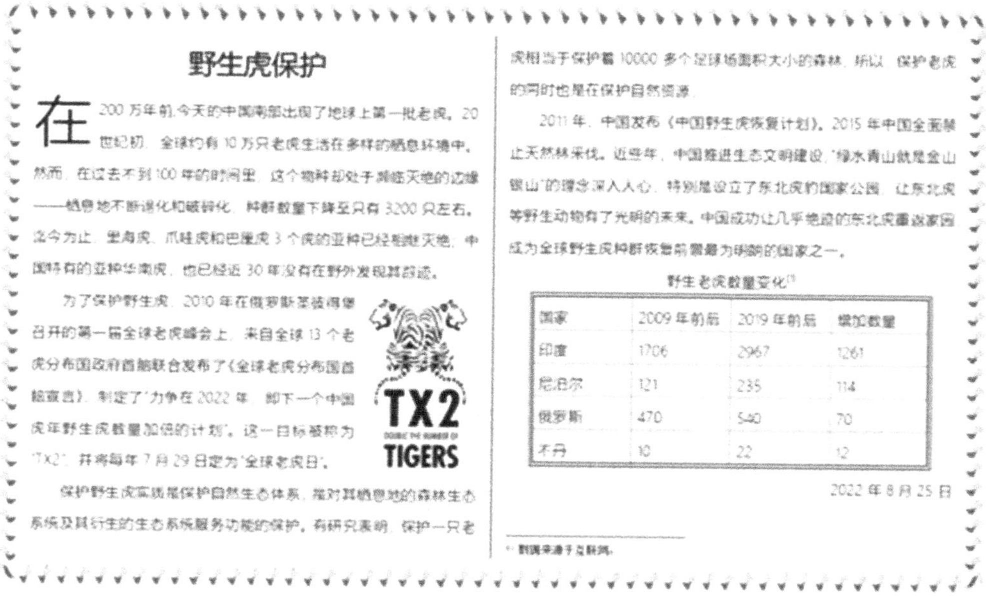

野生虎保护

在200万年前，今天的中国南部出现了地球上第一批老虎。20世纪初，全球约有10万只老虎生活在多样的栖息环境中。然而，在过去不到100年的时间里，这个物种却处于濒临灭绝的边缘——栖息地不断退化和破碎化，种群数量下降至只有3200只左右。迄今为止，里海虎、爪哇虎和巴厘虎3个虎的亚种已经相继灭绝；中国特有的亚种华南虎，也已经近30年没有在野外发现其踪迹。

为了保护野生虎，2010年在俄罗斯圣彼得堡召开的第一届全球老虎峰会上，来自全球13个老虎分布国政府首脑联合发布了《全球老虎分布国首脑宣言》，制定了“力争在2022年，即下一个中国虎年野生虎数量加倍的计划”。这一目标被称为“TX2”，并将每年7月29日定为“全球老虎日”。

保护野生虎实质是保护自然生态体系，是对其栖息地的森林生态系统及其衍生的生态系统服务功能的保护。有研究表明，保护一只老虎相当于保护着10000多个足球场面积大小的森林。所以，保护老虎的同时也是在保护自然资源。

2011年，中国发布《中国野生虎恢复计划》。2015年中国全面禁止天然林采伐。近些年，中国推进生态文明建设，“绿水青山就是金山银山”的理念深入人心，特别是设立了东北虎豹国家公园，让东北虎等野生动物有了光明的未来。中国成功让几乎绝迹的东北虎重返家园，成为全球野生虎种群恢复前景最为明朗的国家之一。

野生老虎数量变化[1]

国家	2009年前后	2019年前后	增加数量
印度	1706	2967	1261
尼泊尔	121	235	114
俄罗斯	470	540	70
不丹	10	22	12

2022年8月25日

[1] 数据来源于互联网。

图2-62 文档完成后的效果

本任务以介绍野生虎保护文本、表格内容为例，介绍文档页面大小、页边距、页面方向、页面边框等设置；调整表格结构、设置表格样式、计算表格数据；脚注、日期插入等操作。文档完成后的效果如图2-62所示。

任务流程

第一步：打开素材文件，进行页面设置　算表格数据

第二步：设置文本分栏、页面边框　　　第五步：设置表格样式

第三步：设置首字下沉、插入图片　　　第六步：插入日期、脚注

第四步：插入表格，调整表格，计

任务实施

第一步~第三步

第一步：打开素材文件，进行页面设置

①用WPS文字打开素材文件"野生虎保护.docx"。

②切换至"页面布局"选项卡，点击"页面设置"组"纸张方向"下拉按钮，在选单中点选"横向"。如图2-63所示。

③在"页面布局"选项卡，点击"页面设置"组"纸张大小"下拉按钮，在选单中点选"其他页面大小"。

图2-63　设置纸张方向

④在弹出的"页面设置"对话框的"纸张"选项卡中，设置宽度为30厘米，高度为20厘米。然后点击"确定"按钮。如图2-64所示。

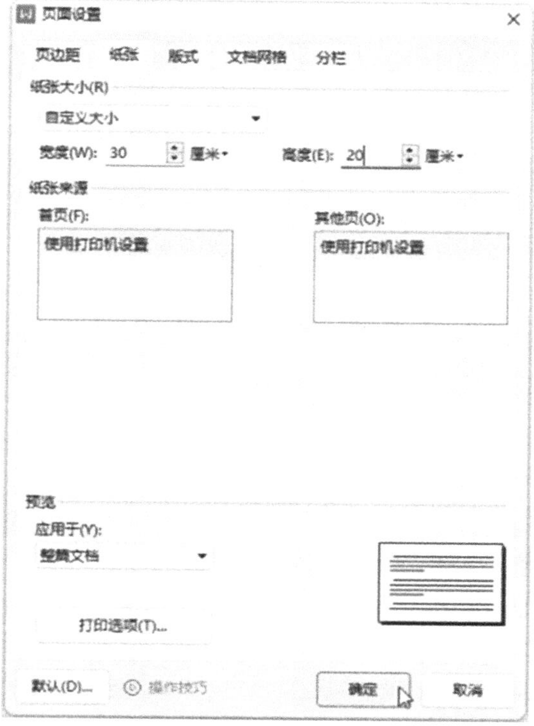

图2-64 设置纸张大小

⑤在"页面布局"选项卡的"页面设置"组中，设置上、下、左、右页边距分别为2.5cm、2.5cm、2cm、2cm。如图2-65所示。

图2-65 设置页边距

第二步：设置文本分栏、页面边框

①选中所有文本，在"页面布局"选项卡，点击"页面设置"组"分栏"下拉按钮，在选单中点选"更多分栏"。如图2-66所示。

图2-66 分栏选单

②在"分栏"对话框中，设置"两栏"、栏宽"34"字符，勾选"分隔线"复选框。然后点击"确定"按钮。如图2-67所示。

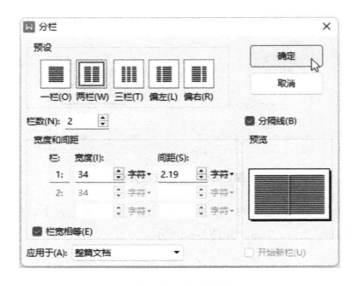

图2-67 分栏设置

③在"页面布局"选项卡，点击"页面背景"组"页面边框"按钮。如图2-68所示。

图2-68 "页面边框"按钮

④在"边框和底纹"对话框"页面边框"选项卡中，点击"艺术型"下拉按钮，在选单中点选指定的边框样式；设置边框宽度为"15"磅。如图2-69所示。

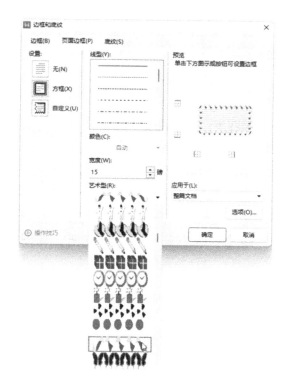
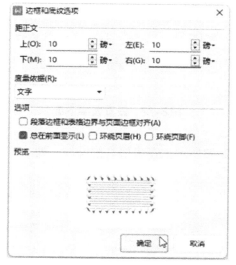

图2-69　设置页面边框样式、宽度　　　　图2-70　设置边框和正文间的距离

⑤在"边框和底纹"对话框"页面边框"选项卡中，点击右下"选项"按钮。

⑥在"边框和底纹选项"对话框中，设置距正文上、下、左、右都为10磅。点击"确定"按钮。如图2-70所示。

⑦然后，点击"边框和底纹"对话框"页面边框"选项卡中"确定"按钮。

第三步：设置首字下沉、插入图片

①将光标定位于文档中第一段文本。在"插入"选项卡，点击"文本"组"首字下沉"按钮。如图2-71所示。

图2-71　"首字下沉"按钮

图2-72　设置首字下沉

②在"首字下沉"对话框中，设置下沉行数为"2"，距正文"0.2"厘米，然后，点击"确定"按钮。如图2-72所示。

③在文档第二段中插入素材图片"TX2.png"。

④设置图片高度为5厘米，环绕类型为"四周型环绕"。

第四步：插入表格，调整表格，计算表格数据

第四步～第六步

①将文档最后5行文本转换成表格。

②将光标定位于表格最右侧列单元格。在"表格工具"选项卡，点选"行和列"组中"在右侧插入列"按钮。如图2-73所示。在表格右侧添加一列。

图2-73　在右侧添加列

③在新增列第一行单元格中输入文本"增加数量"。

④将光标定位于表格新增列第二行单元格中。在"表格工具"选项卡，点选"数据"组中"公式"按钮。如图2-74所示。

图2-74　表格工具"公式"按钮

⑤在"公式"对话框中，在"公式"文本框输入"=C2–B2"（C2表示"2967"所在单元格坐标，B2表示"1076"所在单元格坐标），点击"确定"按钮。如图2-75所示。

⑥将光标依次定位于表格新增列第三、四、五行单元格中，分别输入公式"=C3–B3"、"=C4–B4"，"=C5–B5"，计算增加数量。

第五步：设置表格样式

①选中整个表格，设置表格所有列的列宽为2.8厘米。

②选中整个表格，设置表格在页面居中对齐。

③选中整个表格，在"表格样式"选项卡"绘图"组中，点击"线型"下拉按钮，在线型选单中点选指定的线型。如图2-76所示。

④在"表格样式"选项卡"绘图"组中，点击"线型粗细"下拉按钮，在选单中选定"1.5磅"。如图2-77所示。

图2-75 "公式"对话框

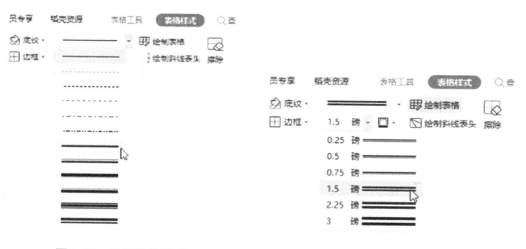

图2-76 设置线条线型

图2-77 设置线条粗细

⑤在"表格样式"选项卡"绘图"组中，点击"边框颜色"下拉按钮，在选单中选定"蓝色"。如图2-78所示。

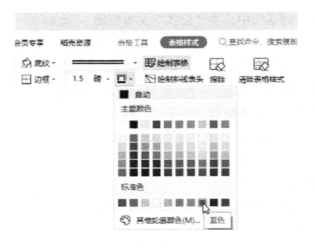

图2-78　设置线条颜色

⑥在"表格样式"选项卡"表格样式"组中，点击"边框"下拉按钮，在选单中选定"外侧框线"。如图2-79所示。

图2-79　设置外侧框线样式

⑦选中整个表格，在"表格样式"选项卡"绘图"组中，设置"线型"为选单第一项单实线；"线型粗细"为"1磅"；"边框颜色"为"浅蓝"。最后，在"表格样式"选项卡"表格样式"组中，点击"边框"下拉按钮，在选单中选定

"内部框线"。

第六步：插入日期、脚注

①将光标定位于文档末尾。在"插入"选项卡"文本"组中，点击"日期"按钮。如图2-80所示。

②在"日期和时间"对话框中，点选适当的日期格式，点击"确定"按钮。如图2-81所示。然后，设置日期行右对齐。

③选中表格上方表格标题文本段落，设置其居中对齐。

④将光标定位于表格标题文本之后。在"引用"选项卡中，点击"脚注和尾注"组右下角扩展按钮。如图2-82所示。

图2-80　插入日期

图2-81　插入日期和时间

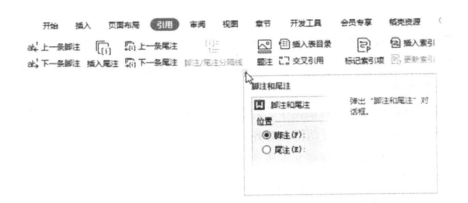

图2-82　"脚注和尾注"组扩展按钮

⑤在"脚注和尾注"对话框中，确认选中"脚注"单选按钮，位置在"页面底端"；选中"方括号样式"复选框，点击"插入"按钮。如图2-83所示。

⑥在页面脚注区域输入文本"数据来源于互联网。"。

⑦保存文件。

知识链接

1. 页面布局

（1）页面设置　设置纸张方向、纸张大小、页边距、文字方向和文档网格等属性。一般情况下在文档排版之初进行相关设置。在"页面布局"选项卡中可完成页边距、纸张方向和纸张大小等常规选项设置。单击

图2-83　"脚注和尾注"对话框

"页面设置"组右下角扩展按钮可打开"页面设置"对话框，进行详细设置。如图2-84所示。

（2）页眉页脚　页眉和页脚是显示在页面顶部和底部页边空白处的文本或图片，可以根据需要调整纸张边缘至文本内容之间的距离。页眉和页脚内容一般是标题、页码、作者姓名或公司标志。页眉和页脚可以每页都相同，也可奇偶页设置不同。

用户可以插入页眉、页脚、页码，使页面信息更完整。在"插入"选项卡"页眉页脚"组中，单击相关命令按钮可完成插入操作和选项设置。

（3）页面背景

① 水印：在"插入"选项卡"页眉页脚"组中，点击"水印"按钮可为整篇文档添加文字或图片水印。

② 页面颜色：在"页面布局"选项卡"页面背景"组中，单击"背景"按钮可设置文档背景色。

③ 页面边框：在"页面布局"选项卡"页面背景"组中，单击"页面边框"按钮可打开"边框和底纹"对话框，为文档设置边框。设置框线类型、颜色、作用范围及底纹。

2. 脚注和尾注

（1）脚注和尾注　对于书籍、论文等类型的文档，作者往往需要对其中的名词、段落、数据

图2-84　页面设置

等内容加上注释，以标明其含义、引用来源等附加信息。这些注释包含在脚注或尾注中。脚注位于包含添加注释的文本页面中，尾注位于文档或章节的结尾。

对于脚注和尾注应注意以下内容：

①脚注或尾注具有相关联的两部分，即引用标记和说明文字。

②脚注和尾注引用标记自动编号，可以是数字，也可以是字母或字符。

③脚注和尾注中说明文字可具有任意长度和格式。

④从文档的开始到结束，尾注编码是连续的。

（2）插入脚注和尾注　可以将光标悬停引用标记上查看脚注和尾注。当光标停留在引用标记上时，会出现一个包含注释文本的屏幕提示。

在"引用"选项卡"脚注和尾注"组中，点击"插入脚注"按钮或"插入尾注"按钮，即可插入脚注或尾注。也可单击"脚注和尾注"组右下角的扩展按钮，在"脚注和尾注"对话框中，设置相关选项。

使用注释引用标记可管理脚注和尾注。如果移动或删除自动编号的注释引用标记，WPS文字会重新对注释进行编号。用户可根据需要将脚注转换为尾注，反之亦可。

3. 插入日期和时间

在文档中往往会使用当前的日期和时间。WPS文字可以自动在文档中插入系统当前的日期和时间。如：在输入系统中默认年份、月份后直接按【Enter】键，会自动补齐其余内容；也可在"插入"选项卡"文本"组中，单击"日期"按钮，打开"日期和时间"对话框，进行详细的设置，并可设置"自动更新"以及使用全角和半角等。

拓展视频

拓展1　　　　　　　拓展2

任务4　"一元二次方程"文档排版

任务导航

【任务清单】

任务内容	能力要求			
	理解原理	掌握要领	熟练操作	灵活运用
艺术字编辑			√	√
艺术字设置		√	√	
文本框插入		√	√	
文本框设置		√	√	
文本框链接建立			√	√
特殊符号			√	
数学公式		√	√	
图形设置		√	√	√

【任务描述】

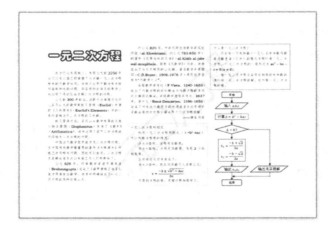

图2-85　文档完成后的效果

本任务以介绍一元二次方程文本为例，介绍在文档中插入艺术字、文本框，设置其样式，并在文本框间建立链接。同时在文档中插入特殊符号；插入、编辑数学公式。还介绍了在文档中插入图形，及其设置、对齐和组合。文档完成后的效果如图2-85所示。

任务流程

第一步：新建文字文稿，设置页面，插入艺术字

第二步：插入文本框、建立文本框链接

第三步：插入特殊符号和数学公式

第四步：插入、排列形状，在形状中插入文本、公式

第五步：插入水印

任务实施

第一步：新建文字文稿，设置页面，插入艺术字

①用WPS文字新建文字文稿。

②切换至"页面布局"选项卡，点击"页面设置"组"纸张方向"下拉按钮，在选单中点选"横向"。

第一步~第二步

③切换至"插入"选项卡，点击"文本"组"艺术字"下拉按钮，在艺术字预设样式库点选"填充–黑色，文本1，阴影"。如图2-86所示。

④在插入的艺术字文本框中，输入文本"一元二次方程"。

⑤选中该艺术字文本框，在"绘图工具"选项卡中，设置宽度为8厘米，高度为2厘米。如图2-87所示。

⑥选中该艺术字文本框，在"文本工具"选项卡中，设置艺术字字体为"华文彩云"，字号为"35"磅。

第二步：插入文本框、建立文本框链接

①在"插入"选项卡中，点击"文本"组"文本框"下拉按钮，在预设文本框选单中点选"横向文本框"。如图2-88所示。

②在光标变为"+"后，在适当位置按下并拖动鼠标，插入文本框。

③选中该文本框，在"绘图工具"选项卡中，设置其宽度为8厘米，高度为12厘米。

图2-86　艺术字预设样式库

图2-87　设置艺术字尺寸

图2-88 预设文本框选单

④将素材文本中"分隔线1"之前的文本复制到该文本框中。设置文本框中文本的中文字体为"仿宋",西文字体为"Bookman Old Style",字号为"五号"。段落首行缩进"2"字符。将文本框移至艺术字下方适当位置。

⑤再插入一个横向文本框,设置其宽度为8厘米,高度为8厘米。

⑥选中第一次插入的文本框,在"文本工具"选项卡,点击"文本框"组中"文本框链接"下拉按钮,然后点选"创建文本框链接"项。如图2-89所示。

⑦将光标移至第二次插入的文本框中,在光标变为"🖐"后,点击鼠标,使前一文本框未能显示的文本在此文本框中显示。设置第二个文本框中最后一行文本"右对齐"。

⑧选中第一个文本框，在"文本工具"选项卡，点击"形状样式"组中"形状轮廓"下拉按钮，然后点选"无边框颜色"项。如图2-90所示。

图2-89　创建文本框链接

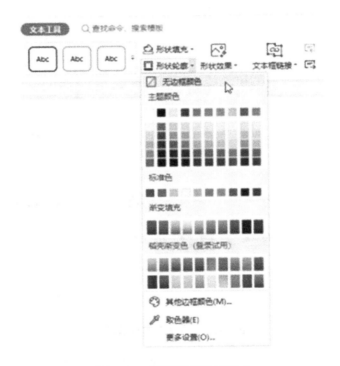

图2-90　设置形状轮廓颜色

⑨选中第一个文本框，在"文本工具"选项卡，点击"形状样式"组中"形状填充"下拉按钮，然后点选"无填充颜色"项。如图2-91所示。

⑩选中第二个文本框，设置其"无填充颜色"、其边框"无边框颜色"。将该文本框移至适当位置。

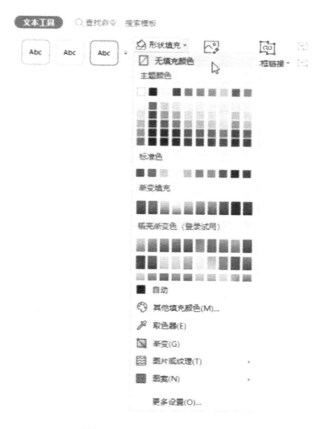

图2-91　设置形状填充颜色

第三步：插入特殊符号和数学公式

第三步

①在文档中再插入一个横向文本框，将素材文件中"分隔线1"与"分隔线2"之间的文本复制到该文本框中。

②设置该文本框中文本的中文字体为"仿宋"，西文字体为"Bookman Old Style"，字号为"五号"。除第一段外，段落首行缩进"2"字符。

③选中该文本框，在"绘图工具"选项卡中，设置该文本框宽度为8厘米，高度为6.4厘米。将文本框移至适当位置。

④选中该文本框，在"绘图工具"选项卡中，点选"形状样式"组中"彩色轮廓-橙色，强调颜色4"。如图2-92所示。然后，设置该文本框"无填充颜色"。

⑤在文本框中适当位置插入数学表达式或公式。对于结构较简单的数学表达式，可直接输入。如有必要，可使用"字体"中的"上标"或"下标"。如图2-93所示。

图2-92 设置形状样式

如果数学表达式中出现特殊字符或符号，如Δ，可在"插入"选项卡"符号"组中点击"符号"下拉按钮。如图2-94所示。在选单各符号类别中找到所需的字符或符号并点击插入。

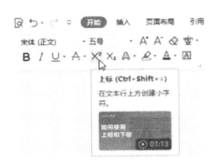

图2-93 字体上标效果

图2-94 插入字符或符号

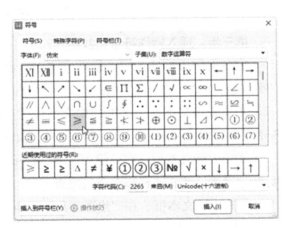

图2-95 "符号"对话框

也可点击"其他符号"项，在"符号"对话框"符号"选项卡中，选择适当的字符子集及字体，找到并选中字符后，点击"插入"按钮。如图2-95所示。

⑥对于结构较复杂的数学表达式或公式，可在"插入"选项卡"符号"组中点击"公式"下拉按钮。如图2-96所示。

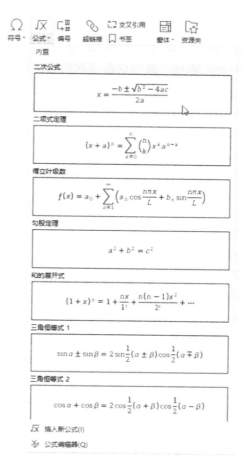

图2-96　插入公式选单

如果在内置公式库中包含需要的公式，直接点选即可。否则，点击"插入新公式"项，在公式编辑区域，使用"公式工具"选项卡中的工具确定公式的结构，输入公式中的符号。如图2-97所示。

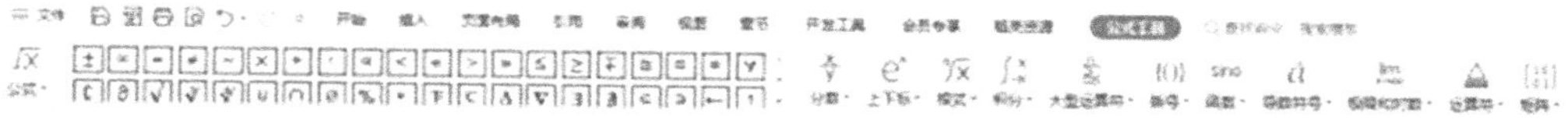

图2-97　"公式工具"选项卡

⑦在文档中再插入一个横向文本框，将素材文件中 "分隔线2"之后的文本复制到该文本框中。设置该文本框中文本中文字体为"仿宋"，西文字体为"Bookman Old Style"，字号为"五号"。除第一段外，段落首行缩进"2"字符。

⑧设置该文本框宽度为8厘米，高度为4.7厘米。将文本框移至适当位置，设置该文本框轮廓颜色为"蓝色-深蓝渐变"；设置该文本框"无填充颜色"。

⑨在文本框中适当位置插入数学表达式或公式。

第四步：插入、排列形状，在形状中插入文本、公式

①在"插入"选项卡"插图"组中点击"形状"下拉按钮。如图
2-98所示。在"预设"选单中点选需要的形状。

第四步～第五步

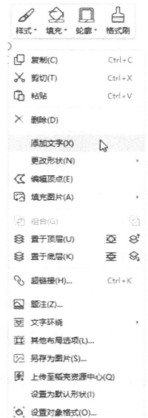

图2-98　预设形状选单　　　　　图2-99　右击形状后的浮动菜单

②在光标变为"＋"后，在适当位置按下并拖动鼠标，绘制相应形状，最后，松开鼠标即插入图形。

③设置形状轮廓颜色为"黑色，文本1"；设置形状"无填充颜色"。

④选中该形状，单击鼠标右键，在浮动菜单中点选"添加文字"项。如图2-99所示。

⑤在形状中出现光标后，输入相应的文本。将文本颜色设置为"黑色，文本1"，字号设置为"小五"。然后，将形状调整为合适大小。

⑥在文档中插入其他形状，并在形状中添加适当的文字或数学公式。

⑦选中多个需要排列整齐的形状，在"绘图工具"选项卡"排列"组中点击"对齐"下拉按钮。如图2-100所示。在选单中点选相应的对齐方式。重复这一步操作，对齐流程图中所有形状。

图2-100 对齐选单

⑧选中组成流程图的所有形状，在"绘图工具"选项卡"排列"组中点击"组合"下拉按钮。如图2-101所示。点选选单中的"组合"项。将形状组合成为一个整体后，将其移至合适位置。

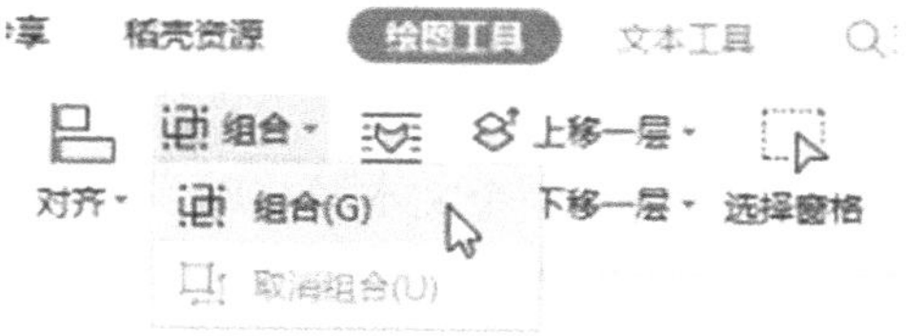

第五步：插入水印

图2-101 组合形状

①在"插入"选项卡"页眉页脚"组中点击"水印"下拉按钮。如图2-102所示。在选单中点选"插入水印"项。

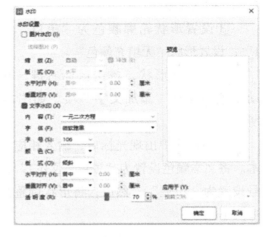

图2-102　插入水印选单　　　　　　图2-103　设置水印选项

②在弹出的"水印"对话框中，勾选"文字水印"，输入内容为"一元二次方程"，设置字号为"106"磅，版式为"倾斜"，透明度为"70%"，然后，点击"确定"按钮。如图2-103所示。

③保存文件为"一元二次方程.docx"。

知识链接

1. 艺术字

艺术字是一个文本样式库。艺术字可在文档中移动或放置，使用艺术字可为文档添加特殊的装饰效果或强调作用。如标题拉伸、文字倾斜、文字适应预设形状，或应用渐变填充以及阴影或镜像（反射）文本。

在WPS文字中既可插入艺术字，也可将选中的文字转换成艺术字。在"插入"选项卡"文本"组中，单击"艺术字"按钮，选择艺术字样式可插入或将文字转换成艺术字。通过"文本工具"选项卡和"绘图工具"选项卡中相关工具可设置艺术字形态。

插入艺术字后，使用"文本工具"选项卡可设置艺术字文本和效果的格式，更改艺术字对象的大小。更改文本内容、间距、高度，在水平和垂直之间切换以及在艺术字对象内进行文本对齐。

通过"文本工具"选项卡"艺术字样式"组可更改艺术字样式、设置艺术字文本填充、文本轮廓以及文本效果。如图2-104所示。

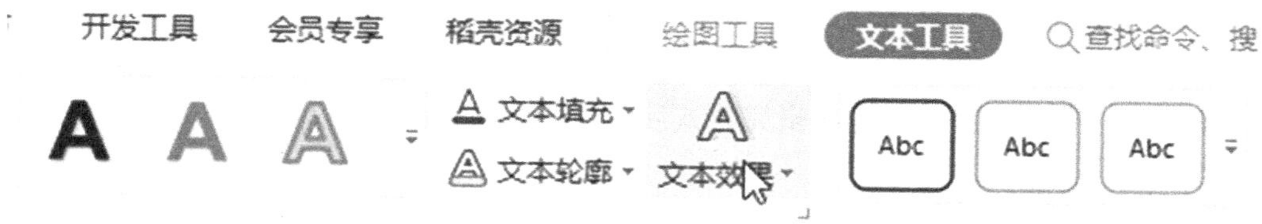

图2-104 设置艺术字样式

2. 文本框与形状

文本框是添加到文档中的对象，它使用户可在文件中任意位置放置文本。在"插入"选项卡"文本"组中，点击"文本框"下拉按钮，然后从列表中选择一个预设格式的文本框。

形状的种类较文本框丰富。除线条状的形状外，其他形状内亦可添加文字。任务描述中已有讲解。

在文档中添加文本框后，若要添加文本，则将光标定位于框中，然后键入或粘贴文本。

若要设置文本框或形状中文本的格式，在选中其中文本后，在"开始"选项卡的"字体"组和"段落"组中，设置文本格式。

若要设置文本框或形状样式，在选中该对象后，可在"绘图工具"选项卡的"形状样式"组中进行设置。如图2-105所示。

图2-105 设置文本框样式

对于文本框或形状样式，WPS文字提供了内置的形状样式库。用户还可根据自己需求，自己设置文本框样式。主要包括：

填充：可更改文本框的填充色。也可改用图片来填充，并调整填充的渐变、纹理和图案。

轮廓：可更改文本框轮廓的颜色。还可更改轮廓粗细，使用虚线轮廓。

形状效果：可为文本框摄制阴影、倒影、发光、三维旋转等效果。

若要定位文本框或形状的位置，可单击文本框，然后当指针变为时，即可拖动文本框到新位置。

3. 插入数学公式

在"插入"选项卡"符号"组中，点击"公式"下拉按钮，在内置公式库中点选需要的数学公式。若没有，也可重新编辑。

编辑新公式，可点选"插入新公式"项，直接在文档中编辑。也可点选"公式编辑器"，在公式编辑器中编辑完公式后，再插入文档。如图2-106所示。

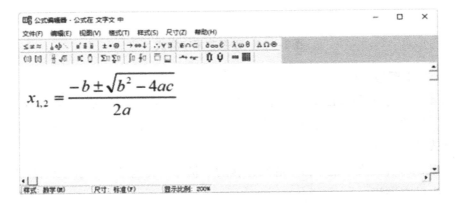

$$x_{1,2} = \frac{-b \pm \sqrt{b^2 - 4ac}}{2a}$$

图2-106 公式编辑器

如果编辑复杂的公式，须先确定、选择数学公式的结构、逐步细化，然后输入符号。

拓展视频

拓展1

拓展2

任务5 文档邮件合并

任务导航

【任务清单】

任务内容	能力要求			
	理解原理	掌握要领	熟练操作	灵活运用
表格修饰		√	√	√
数据源打开			√	
数据记录查看和选取	√	√		

任务内容	能力要求			
	理解原理	掌握要领	熟练操作	灵活运用
插入合并域			√	√
插入Next域		√	√	
预览合并结果		√	√	

【任务描述】

本任务以成绩单通知为例，介绍文档中表格边框线的设置，打开电子表格文件、文字文稿等数据源，查看、选取其中的数据，在模板中插入域，最后批量生成信函或信封。文档完成后的效果如图2-107所示（部分页面）。

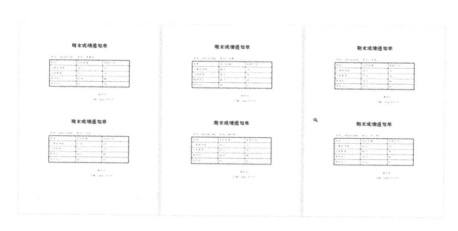

图2-107　文档完成后的效果

任务流程

第一步：编辑信函模板

第二步：开始邮件合并、打开数据源

第三步：插入合并域

第四步：检查合并记录，合并到新文档

第五步：根据信封模板生成信封文档

任务实施

第一步：编辑信函模板

①用WPS文字新建文字文稿。

②在文档中编辑出图2-108所示文本和表格作为信函模板。

第一步

期末成绩通知单

学号：	姓名：	
科目	总评成绩	班级平均
计算机网络		
大学英语		
程序设计		
网页设计		
	教务处	
	日期：	

图2-108　信函模板

③信函标题"期末成绩通知单"字体为"华文中宋"，字号为"二号"，对齐方式为"居中对齐"。

④表格行高"0.80"厘米，列宽"4.00"厘米。单元格中文字字体为"仿宋"，字号为"小四"，对齐方式为"中部两端对齐"。

⑤合并相应单元格，设置其中文字对齐方式为"水平居中"。

⑥设置表格在页面对齐方式为"居中对齐"。

⑦设置表格所有框线颜色RGB为"255，255，255"。

⑧设置表格第2~6行外侧框线线型为双实线，粗细为"0.75"磅，颜色RGB为"0，0，0"；内部框线线型为单实线，粗细为"0.5"磅，颜色RGB为"0，0，0"。完成后如图2-109所示。

期末成绩通知单

学号：	姓名：	
科目	总评成绩	班级平均
计算机网络		
大学英语		
程序设计		
网页设计		
	教务处	
	日期：	

图2-109　设置表格框线

第二步：开始邮件合并、打开数据源

①在"引用"选项卡中，点击"邮件合并"组"邮件"按钮。如图2-110所示。显示"邮件合并"选项卡，开始邮件合并。

第二步~第四步

图2-110　　开始邮件合并

②在"邮件合并"选项卡中，点击"开始邮件合并"组"打开数据源"按钮。如图2-111所示。

图2-111　　"邮件合并"选项卡

③在"选取数据源"对话框中，选中指定素材文件后，点击"打开"按钮。如图2-112所示。

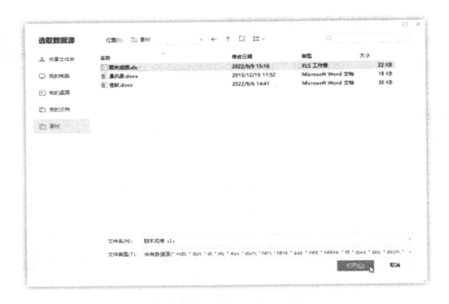

图2-112 "选取数据源"对话框

④在"邮件合并"选项卡中，点击"开始邮件合并"组"收件人"按钮。

⑤在弹出的"邮件合并收件人"对话框中，除最后一条记录外，选取所有记录，然后点击"确定"按钮。如图2-113所示。

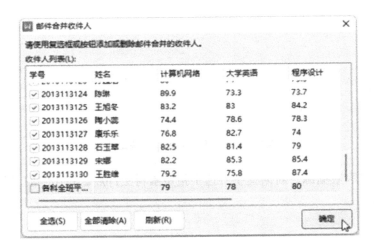

图2-113 "邮件合并收件人"对话框

第三步：插入合并域

①将光标定位于"学号："之后，在"邮件合并"选项卡中，点击"编写和插入域"组"插入合并域"按钮。如图2-114所示。

图2-114　"插入合并域"按钮

②在弹出的"插入域"对话框中，选中"学号"域，然后点击"插入"按钮。如图2-115所示。最后点击"关闭"按钮。

③然后，在"姓名："及各科目名称后插入对应的域。在"班级平均"列中输入素材文件提供的平均成绩，在"日期："后插入相应格式的日期。插入完毕后，如图2-116所示。

④将光标定位于文档最后，在"邮件合并"选项卡，点击"编写和插入域"组"插入Next域"按钮。如图2-117所示。

图2-115　"插入域"对话框

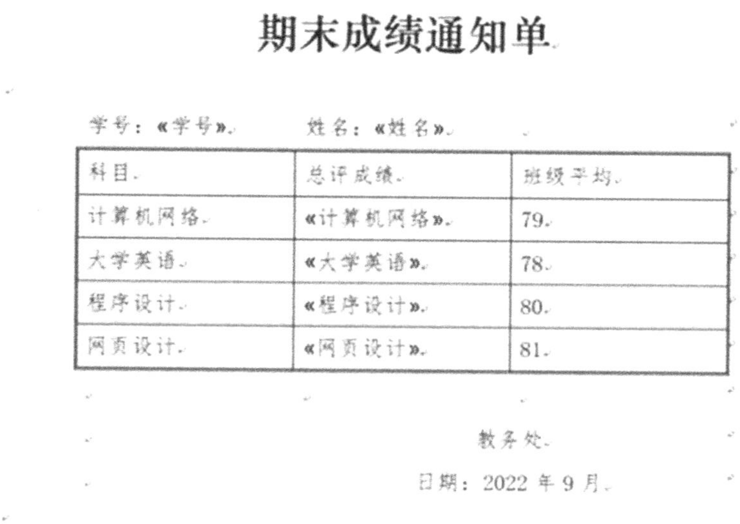

期末成绩通知单

学号：《学号》　　　　姓名：《姓名》

科目	总评成绩	班级平均
计算机网络	《计算机网络》	79
大学英语	《大学英语》	78
程序设计	《程序设计》	80
网页设计	《网页设计》	81

教务处

日期：2022 年 9 月

图2-116　插入合并域后的信函模板

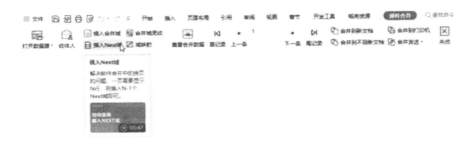

图2-117　"插入Next域"按钮

⑤将文档中"《Next Record》"之前所有内容以"保留原格式粘贴(K)"方式复制到"《Next Record》"之后。

第四步：检查合并记录，合并到新文档

①在"邮件合并"选项卡，按下"预览结果"组"查看合并数据"按钮。如图2-118所示。检查合并到模板中的数据是否正确。在此过程中，可根据需要点击"上一条""下一条""首记录"和"尾记录"等按钮浏览合并结果。

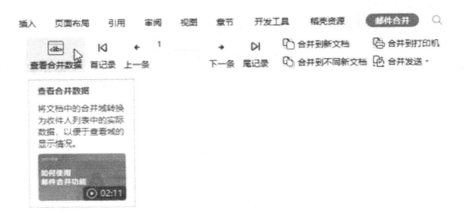

图2-118　"查看合并数据"按钮

②检查无误后，点击"查看合并数据"按钮，取消预览合并数据状态。

③在"邮件合并"选项卡，按下"完成"组"合并到新文档"按钮。如图2-119所示。

④在弹出的"合并到新文档"对话框中，确认点选了"全部"单选按钮，然后点击"确定"按钮。如图2-120所示。生成合并了所有数据的新文档。

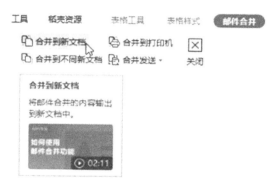

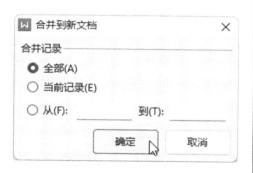

图2-119 "合并到新文档"按钮　　图2-120 "合并到新文档"对话框

⑤保存这两个文档。

第五步：根据信封模板生成信封文档

第五步

①打开素材文档"信封模板.docx"。

②开始邮件合并，打开数据源"通讯录.docx"。点击"收件人"按钮，选取生成信封的收件人。

③在信封模板中适当位置插入合适域。查看合并数据，预览合并结果。

④在"邮件合并"选项卡，按下"完成"组"合并到不同新文档"按钮。如图2-121所示。

⑤在弹出的"合并到不同新文档"对话框中，进行如图2-122所示的设置，然后点击"确定"按钮。

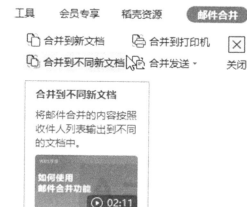

图2-121 "合并到不同新文档"按钮　　图2-122 "合并到不同新文档"对话框

⑥新文档生成后，即自动打开保存新文档的文件夹。如图2-123所示。

图2-123 保存新文档的文件夹

知识链接

1. 邮件合并

邮件合并可以创建一批针对每个收件人进行个性化设置的文档。邮件合并第一步是选择个性化信息的数据源。数据源可以是电子表格、文档表格等。数据源与文档相关联后，插入合并域。合并域指示WPS文字在文档何处添加来自数据源的信息。

邮件合并完成后，合并文档将为数据源中的每个姓名生成单独的个性化版本。

2. 批量汇总表格

邮件合并功能可以把表格中内容批量导入到文档模板里，从而批量产生文档。而批量汇总表格功能可以把多个文档里指定内容汇总到表格。

分发调查表、问卷表时，这类文件常常以文档表格的形式下发。填写、回收这些表格后，如果手动复制粘贴，汇总到表格，复制工作则会十分繁琐、低效。

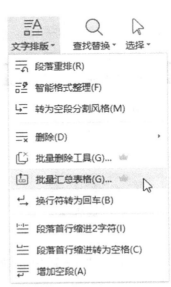

批量汇总表格功能可将多份文档里的指定表格内容汇总到一份表格里。只需要准备一个空白模板文档，将想汇总的文档表格添加到"批量汇总表格"功能中，就能轻松汇总表格中数据了。

准备好一份未填写状态的空白文档表格模板文件，然后打开功能。在"开始"选项卡"工具"组中，点击"文字排版"下拉按钮，在选单中选择"批量汇总表格"。如图2-124所示。

图2-124 选择批量汇总表格

或者，选中文档里的表格，在"表格工具"选项卡"行和列"组中，点击"汇总"按钮。如图2-125所示。

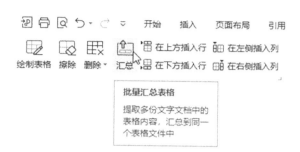

图2-125　汇总按钮

打开功能后，进入到图2-126所示的页面。点击右侧区域的"添加"或拖拽需要汇总的文件到此区域。如图2-127所示。注意：模板文件也需要添加，并设为模板文件。

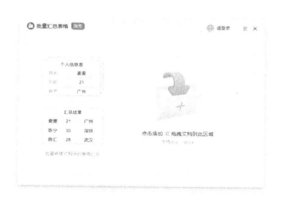

图2-126　打开批量汇总表格功能

图2-127　添加汇总文件，模板文件

点击"导出汇总表格"按钮，解析汇总文件。如图2-128所示。

图2-128　解析汇总文件

完成后即可将文档表格中的内容汇总到同一个表格中了。

使用批量汇总表格功能，需注意：要汇总的文档表格格式要相同；超出表格的内容无法提取；添加文件时，需要添加模板文档。

任务6　论文排版

任务导航

【任务清单】

任务内容	能力要求			
	理解原理	掌握要领	熟练操作	灵活运用
分隔符使用		√	√	√
文本标题样式			√	
多级标题使用	√	√	√	
注释			√	
题注插入			√	
交叉引用插入			√	
自定义编号	√	√	√	
页眉页码使用范围			√	√
页眉页码编辑			√	√
目录插入	√		√	

【任务描述】

本任务介绍论文排版的规范及要点。介绍在文档中设置文本标题样式，多级列表以及自定义编号；在文档中插入图，为图添加题注，并且在正文中引用图片；在文档中插入分节符，将文档分为若干节。不同的节插入不同的页眉、页码；在文档中插入目录。文档完成后的效果如图2-129所示（部分页面）。

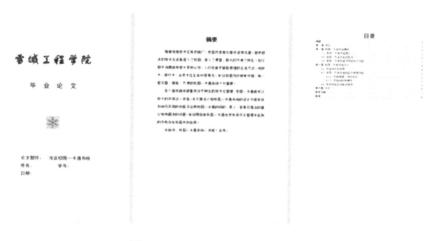

图2-129　文档完成后的效果

任务流程

第一步：编辑论文封面

第二步：编辑摘要

第三步：编辑、排版正文

第四步：正文中插入脚注、图、题

注及引用

第五步：设置参考文献自动编号

第六步：设置页眉、页码

第七步：插入目录

任务实施

第一步：编辑论文封面

①用WPS文字打开素材文字文稿。

②在文档首页编辑出如图2-130所示页面作为文稿封面。

③将光标定位于文档开始处，设置字号为"一号"。

第一步～第三步

④在校名前插入两空行，然后插入"校名.png"图片，居中对齐。

⑤输入一个空行，然后输入文本"毕业论文"，设置其字体为"黑体"，居中对齐。

⑥在LOGO前插入两个空行，然后插入"Logo.png"图片，居中对齐。

雪域工程学院

毕 业 论 文

论文题目： 浅议校园一卡通系统
姓名：　　　　　学号：
日期：

图2-130　论文封面

　　⑦输入图中论文标题、姓名等其他内容，设置其字体为"黑体"，字号为"小二"，左缩进"8"字符。

　　⑧在"页面布局"选项卡"页面设置"组中，点击"分隔符"下拉按钮。在下拉选单中点选"下一页分节符"。如图2-131所示。

图2-131　插入分隔符

第二步：编辑摘要

①设置文本"摘要"样式为"标题1"。

②在"视图"选项卡"显示"组中，点击"导航窗格"下拉按钮。在下拉选单中点选"靠左"。如图2-132所示。

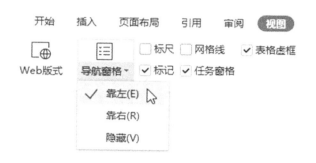

图2-132 显示导航窗格

③设置摘要页其他文本字体为"宋体"，字号为"四号"，首行缩进"2"字符。设置"关键字："字体为"黑体"。

④在关键字后插入"下一页分节符"。

第三步：编辑、排版正文

①设置摘要页后的所有文本中文字体为"宋体"、西文字体为"Times New Roman"，字号为"小四"。首行缩进"2"字符，行距为"1.5倍行距"。

②选中章节标题文本"绪论"，在"开始"选项卡"段落"组中，点击"编号"下拉按钮。在下拉选单中点选"自定义编号"。如图2-133所示。

③在弹出的"项目符号和编号"对话框中，切换到"多级编号"选项卡，选中指定的编号样式后，点击"确定"按钮。如图2-134所示。

④然后，选中前面已设为"标题1"样式的"摘要"文本，在选单中将其编号设置为"无"。

⑤设置正文标题结构如图2-135所示。

⑥设置某文本标题级别后，若欲降低其级别，可按下键盘上【Tab】键，或在"开始"选项卡"段落"组中，点击"增加缩进量"按钮。如图2-136所示。若欲提高其级别，可按下键盘上【Shift+Tab】键，或点击"减少缩进量"按钮。

图2-133　自定义编号

图2-134　选择多级编号

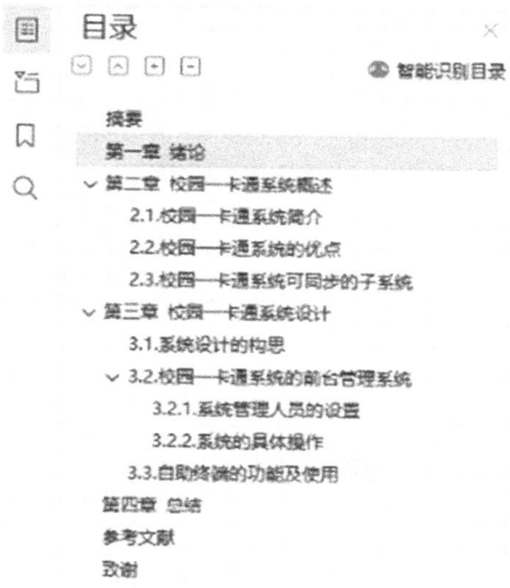

图2-135　正文标题结构

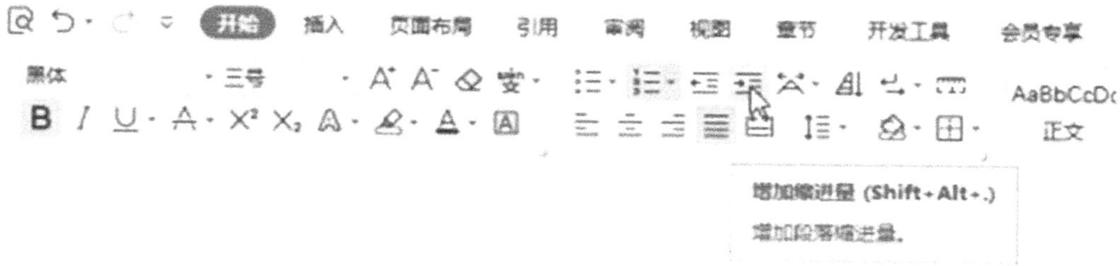

增加缩进量 (Shift+Alt+.)
增加段落缩进量.

图2-136　增加缩进量

第四步：正文中插入脚注、图、题注及引用

①在正文第二章第1节中文本"RFID"后，插入脚注。脚注内容为"Radio Frequency Identification"

第四步～第七步

②在正文第二章第2节第一、二段之间插入图片"一卡通应用.jpg"。设置图片"居中对齐"。设置图片高度为5厘米。

③选中插入的图片，在"引用"选项卡"题注"组中，点击"题注"按钮。如图2-137所示。

④在弹出的"题注"对话框中，设置标签为"图"，位置为"所选项目下方"，点击"编号"按钮。如图2-138所示。

⑤在弹出的"题注编号"对话框中，设置章节起始样式为"标题2"，点击"确定"按钮。如图2-139所示。

⑥在"题注"对话框中，点击"确定"按钮，插入题注。在题注编号后，输入注释文本。如图2-140所示。

图2-137　插入题注

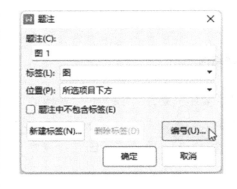

图2-138　"题注"对话框

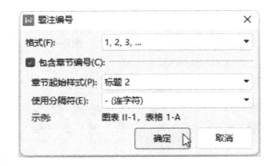

图2-139　题注编号设置

图2-140　插入题注后的图片

　　⑦将光标定位于图片上方文本"如所示"的"如"字之后。在"引用"选项卡"题注"组中，点击"交叉引用"按钮。如图2-141所示。

　　⑧在弹出的"交叉引用"对话框中，设置引用类型为"图"，引用内容为"只有标签和编号"，选中要引用的题注后，点击"插入"按钮。如图2-142所示。然后，点击"取消"按钮。

开始　　插入　　页面布局　　引用　　审阅　　视图　　章节　　开发工具　　会员专享

上一条脚注　　插入尾注　　上一条尾注　　　　　　插入表目录　　标记索引项
下一条脚注　　　　　　　下一条尾注　脚注/尾注分隔线　　题注　交叉引用　　

图2-141　"交叉引用"按钮

图2-142　设置交叉引用

图2-143　自定义编号

⑨在正文第三章第1节最后插入图片"一卡通网络拓扑结构图.png"。设置图片"居中对齐"。设置图片高度为8厘米。

⑩参照上述步骤，为图片加上题注及注释文本"校园一卡通网络拓扑结构图"，然后在文中适当位置插入对图片的引用。

第五步：设置参考文献自动编号

①在"参考文献"前插入"下一页分节符"。在"致谢"前插入"下一页分节符"。

②选中参考文献中的文本内容。设置其段落中特殊格式为"（无）"。

③在"开始"选项卡"段落"组中，点击"编号"下拉按钮。在下拉选单中点选"自定义编号"。

④在弹出的"项目符号和编号"对话框中，切换到"编号"选项卡，任选一

种编号样式后，点击"自定义"按钮。如图2-143所示。

⑤在弹出的"自定义编号列表"对话框中，设置好编号样式后，在编号格式框中的"①"之前输入"［"，之后输入"］"，点击"确定"按钮。如图2-144所示。

第六步：设置页眉、页码

①将光标定位于正文第一页，即第一章绪论中。

②在"插入"选项卡"页眉页脚"组中，点击"页眉页脚"按钮。如图2-145所示。进入页眉页脚编辑模式。

图2-144　自定义编号列表

图2-145　插入页眉页脚

③功能区显示出"页眉页脚"选项卡，其"导航"组中"同前节"按钮处于高亮状态，且页眉区域右下角显示提示信息"与上一节相同"。如图2-146所示。单击"同前节"按钮后，页眉区域右下角提示信息"与上一节相同"消失。

图2-146　页眉页脚编辑模式

④在页眉区输入页眉文本"浅议校园一卡通系统"，使其居中对齐。

⑤在"页眉页脚"选项卡"导航"组中，单击"页眉页脚切换"按钮，如图

2-147所示。切换到页脚区域。

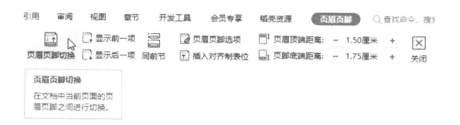

图2-147　页眉页脚切换

⑥单击"页眉页脚"选项卡"导航"组中"同前节"按钮，使页脚区域右上角提示信息"与上一节相同"消失。

⑦单击页脚区域上方"插入页码"按钮，在选单中选定页码样式、页码位置。设定应用范围为"本页及之后"，单击"确定"按钮。如图2-148所示。

图2-148　设定并插入页码

⑧在"页眉页脚"选项卡"关闭"组中，点击"关闭"按钮，退出页眉页脚编辑模式。检查文档，确认正文及以后部分有页眉和页码，封面和摘要没有。

第七步：插入目录

①将光标定位于摘要页最后，再次插入"下一页分节符"。使得摘要与正文之间多出一个空白页。

②将光标定位于该空白页起始处，输入文本"目录"。设置其字体为"黑体"，字号为"二号"，居中对齐。

③另起一行。在"引用"选项卡"目录"组中，点击"目录"下拉按钮。在下拉选单中，点选"自定义目录"。如图2-149所示。

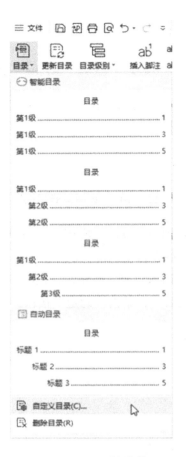

图2-149　目录选单

④在弹出的"目录"对话框中，设置目录中制表符前导符样式，目录显示级别后，点击"确定"按钮。如图2-150所示。

⑤保存文档。

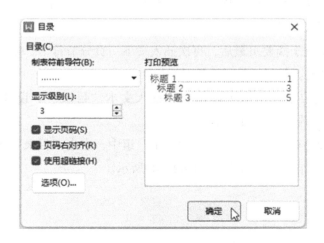

图2-150　设置目录选项

知识链接

1. 自动生成目录

WPS文字会自动搜索应用了标题样式，如标题1、标题2和标题3等的文本来创建目录，并将这些文本包含在目录中。

创建目录：创建目录可使用内置目录样式，还可自定义目录样式。

使用内置样式创建目录：将光标定位于插入目录的位置，切换至"引用"选项卡，单击"目录"组中的"目录"按钮，然后选择所需的目录样式。

自定义目录：单击"目录"组中"目录"下拉按钮，点选"自定义目录"，打开"目录"对话框。

更新目录：创建目录后，如果原文标题文字被更改，可在"引用"选项卡中，单击"目录"组中的"更新目录"按钮，更新目录。也可将光标移到目录区域，按【F9】键更新。

更新时可选择更新页码还是更新整个目录。

删除目录：在"引用"选项卡中，点击"目录"组中的"目录"→"删除目录"按钮可删除目录，也可以选中目录后按【Delete】键删除。

2. 使用分隔符

分隔符主要包括各种分节符。使用分节符可将文档中的文本分为若干节，节中文本的版式或格式既可单独设置，也可与前后节保持一致。常用于如：分栏，一页未完时新起一页，在当前页前插入空白页面等。使用分节符可以分隔文档目录和正文，使得正文页码编号可从1开始，也可在不同节插入不同页眉或页脚。在"开始"选项卡中"段落"组的"显示/隐藏编辑标记"按钮按下时，可见到分隔符。

（1）分页符　文档较长时，如果文字未满一页而需新起一页，可以插入分页符。还可以为WPS文字设置规则，将自动分页符放在所需要的位置。切换至"页面布局"选项卡，选择"页面设置"组中的"分隔符"→"分页符"；或者切换至"插入"选项卡，单击"页"组中的"分页"按钮可插入分页符。如图2-151所示。

图2-151　从"插入"选项卡插入分页符

（2）分节符　在"页面布局"选项卡"页面设置"组中，单击"分隔符"按钮可选择插入的分节符。

下一页分节符：在一页中插入此分节符，该分节符后将新起一页，并且前后分为两节。分节后，各节可独立进行页面设置。此类分节符常用于在文档中开始新的章节。

例如，第一页是纵向显示，当在文字末尾插入"下一页分节符"后，新起一页，可将第二页设置为横向显示，如图2-152所示。

连续分节符：插入该分节符，同一页中文本分为两节。常用于页中文本更改格式（如分栏）。

奇数页分节符、偶数页分节符：插入该分节符后，新节从下一个奇数页或偶数页开始。如：书中各章必须从奇数页或偶数页开始。

（3）删除分隔符　最常用的方法是按下"显示/隐藏编辑标记"按钮，勾选"显示/隐藏段落标记"。选中相应的分隔符，按键盘上的【Delete】键。

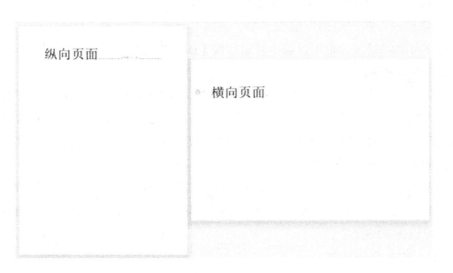

图2-152　各节独立设置页面

3. 题注和交叉引用

在书籍、论文等正式文件中，需要对使用的图片和表格进行编号，并且文中要加以引用。常见的形式如图*-**或表*-**。文中引用时，常会出现如图*-**所示或如表*-**所示。

WPS文字可使用"插入题注"功能标注图或表等对象，使用"交叉引用"功能引用文档中已有的编号项、样式等内容。插入题注常用方法是：选中需要插入题注的对象，右击，在浮动菜单中选择"题注"项。

插入交叉引用的常用方法是：将光标定位至需要插入题注的位置，切换至"插入"选项卡，单击"交叉引用"按钮，在打开的"交叉引用"对话框中，选择插入引用的类型等其他选项。

4．使用封面

WPS文字内置了预先设计的各种封面，组成一个封面库，提供给用户。用户可选择一个封面，仅填写或替换示例文本即可使用。无论光标在文档何处，在"插入"选项"页"组中，单击"封面页"按钮，即可显示内置了预先设计的各种封面。点选一个封面，即可在文档开始处插入封面。如图2-153所示。

若要删除使用 WPS 文字插入的封面，可单击"封面"组中的"封面页"按钮，选择"删除封面页"命令。

图2-153　WPS文字的封面库

模块 2　WPS文档处理

5. 多人协作编辑

若文档需要其他人协作编辑，可以使用WPS协作功能，实现多人同时编辑且数据实时保存。

要使用WPS协作功能，相互协作的用户要拥有WPS账号并需要登录WPS账号，这样才能共享、编辑保存在云端的文件。因此，需要协作编辑的文档需要上传至云端才可被其他成员访问、编辑。

在首页界面，选中保存于云端、需要多人协作的文档，点击右侧的「进入多人编辑」。如图2-154所示。

图2-154　选中多人协作的文档

进入多人编辑页面时，点击文档右上角的"分享"按钮，将文档分享给他人。如图2-155所示。

图2-155　多人编辑页面

在分享面板上，可以设置分享的范围、权限等。点击"复制链接"即可快速复制分享文件链接。如图2-156所示。成员收到链接后点击进入，就可以一同编辑文档。

图2-156　分享面板

在分享界面可以查看参与协作编辑的成员，在成员右侧可以设置查看与编辑权限。

若想移除该成员，点击移除即可，被移除的成员就无法访问、编辑文档。

拓展视频

拓展1

拓展2

03

模块3

WPS电子表格处理

WPS表格是WPS办公软件套装中的一个重要组成部分，利用WPS表格软件功能可以制作和美化办公表格；处理和计算表格中的数据；统计和分析表格中的数据用以作为决策的依据；利用图表、数据透视表等功能显示数据。从简单的家庭记账本、旅行计划到复杂的财务分析、数学分析和科学计算，WPS表格被广泛地应用于管理生活的诸多领域。

任务1　制作员工基本信息表

任务导航

【任务清单】

任务内容	能力要求			
	理解原理	掌握要领	熟练操作	灵活运用
工作表的创建、保存和打印			√	√
工作表数据的类型	√	√		
工作表数据的录入		√	√	√
数据有效性	√		√	
工作表美化			√	
条件格式	√		√	

【任务描述】

创建工作表，在工作表中录入数据是工作表使用的基础，在本次任务中以员工基本信息为例，介绍工作表创建、录入、修饰、保存、打印的基本流程。员工基本信息表制作完成后的效果如图3-1所示。

序号	姓名	部门	职称	身份证号	入职时间	联系电话	联系地址	备注
1	小靖	教务处	教授	110127198505121540	1999年2月2日	15010102222	北京市朝阳区	在职
2	小蕃	信息传媒艺术学院	副教授	110128198606120141	2000年7月4日	15010102223	北京市海淀区	在职
3	小康	国际学院	副教授	110129199005091542	2008年2月5日	15010102224	北京市西城区	离职
4	小慈	学前教育学院	讲师	110130198509120943	2010年7月6日	15010102225	北京市东城区	在职
5	小美	现代管理学院	助教	110127198805121544	1995年7月20日	15010102226	北京市朝阳区	在职
6	小佳	青年工作学院	副教授	110127199110121545	2020年2月8日	15010102227	北京市朝阳区	在职

图3-1　员工基本信息表

任务流程

第一步：创建WPS表格

第二步：使用自动填充功能录入序号列

第三步：录入姓名列同时插入批注

第四步：录入部门列

第五步：使用数据有效性录入职称列

第六步：以文本类型录入身份证号列

第七步：以日期时间类型录入入职时间列

第八步：以文本类型录入联系电话列

第九步：录入联系地址

第十步：录入备注列并且使用条件格式标注"离职"人员

第十一步：插入工作表标题行，录入标题

第十二步：修饰工作表

第十三步：工作表的打印设置和打印

第十四步：保存工作表

任务实施

第一步：创建WPS表格

第一步～第十步

单击Windows中的"开始" <img /> 按钮，在"所有应用"中找到"WPS Office"，如图3-2所示，点击左侧"新建" <img /> 按钮，再点击"新建表格""新建空白表格"，如图3-3所示，即可新建一个WPS表格文件，如图3-4所示。

图3-2　Windows下的WPS Office应用

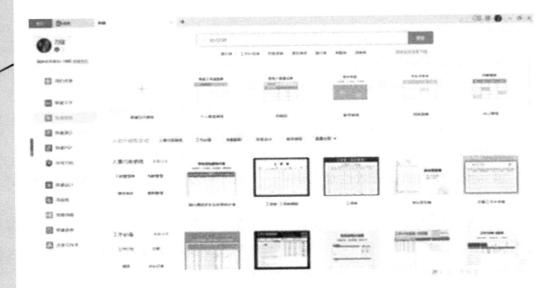

图3-3　新建表格

图3-4　新工作簿

第二步：使用自动填充功能录入序号列

输入"序号"，然后输入"1"，将鼠标定位在单元格右下角，当鼠标变为黑色的十字时，出现填充柄，如图3-5所示，拖拽鼠标填充以下的序号，如图3-6所示。

第三步：录入姓名列同时插入批注

①录入姓名，选中姓名所在单元格单击右键，在弹出的对话框中选择"插入批注"，如图3-7所示，在批注框的边缘单击右键，在弹出的对话框中选择"设置批

注格式"，如图3-8所示，打开"设置批注格式"对话框，选择"颜色与线条"选
项卡，如图3-9所示，在"填充""颜色"中选择"填充效果"，如图3-10所示，
打开"填充效果"对话框，点击"图片"选项卡，如图3-11所示，单击"选择图
片"按钮，打开"选择图片"对话框，在素材中选择一个图片，单击"打开"按
钮，如图3-12所示，单击各个对话框的"确定"按钮。

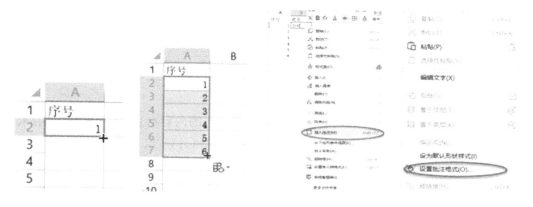

图3-5　出现填充柄　　图3-6　填充序号　　图3-7 "插入批注"命令　　图3-8 "设置批
注格式"命令

②运用上述方法将所有姓名录入并插入批注。

图3-9　"设置批注格式"对话框

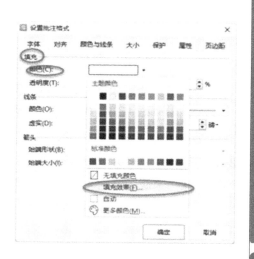

图3-10　"填充效果"命令

图3-11 "填充效果"对话框　　图3-12 "选择图片"对话框

第四步：录入部门列

WPS在录入时，如果录入的字或词与之前录入的内容有重复，会出现推荐列表，这时如果恰好需要，可以直接从列表选择，如图3-13所示。

图3-13 推荐列表录入　　图3-14 选中要输入的单元格

第五步：使用数据有效性录入职称列

①选中要输入"职称"的各个单元格，如图3-14所示。

②单击"数据"选项卡，单击"有效性"下拉列表的"有效性"，如图3-15所示，打开"数据有效性"对话框。选择"设置""有效性条件""允许"为"序列"，在"来源"中输入"教授,副教授,讲师,助教,其他"（注意：每个项目之间的逗号是英文逗号），如图3-16所示，单击"确定"按钮。

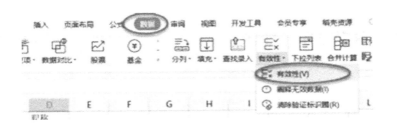

图3-15 "有效性"命令

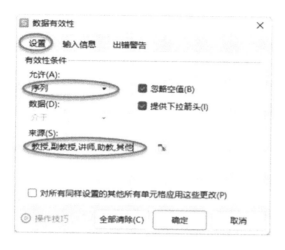

图3-16 "数据有效性"对话框

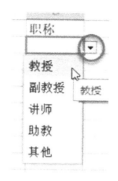

图3-17 数据录入下拉列表

③单击这些选中的单元格，右侧会出现一个下拉列表按钮，输入数据直接从下拉列表中选择，如图3-17所示。

④输入所有"职称"数据。

第六步：以文本类型录入身份证号列

①选中要输入身份证号的单元格。

②在单元格中首先输入英文单引号"'"，然后再输入身份证号，如图3-18所示，单击回车键确认。

身份证号码
'110127198505121540

图3-18 输入身份证号

第七步：以日期时间类型录入入职时间列

①选中要输入入职时间的各个单元格。

②在"开始"选项卡中找到"单元格格式"对话框启动器，如图3-19所示。

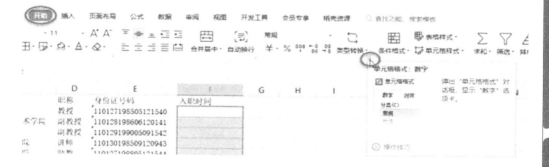

图3-19 对话框启动器

③单击启动器打开"单元格格式"对话框，选择"数字"选项卡，"分类"为"日期"，"类型"为"2001年3月7日"，如图3-20所示，单击"确定"按钮。

图3-20　"单元格格式"对话框　　　　图3-21　"设置单元格格式"命令

④输入入职时间时可以用如下格式,即"1999/2/2"或"1999-2-2",最终都会显示为"1999年2月2日"。

第八步：以文本类型录入联系电话列

①选中要录入联系电话的各个单元格。

②单击右键,在弹出的对话框中选择"设置单元格格式"命令,如图3-21所示。打开"单元格格式"对话框,选择"数字"选项卡,"分类"为"文本",如图3-22所示,单击"确定"按钮。

③依次录入电话号码。

图3-22　"单元格格式"对话框　　　　图3-23　"数据有效性"对话框

第九步：录入联系地址

同第四步的方法录入联系地址。

第十步：录入备注列并且使用条件格式标注"离职"人员

①同第五步，设置这一列的数据有效性，有效列表包括"在职""离职"，如图3-23所示。录入备注列。

②选中这一列数据，在"开始"选项卡中，选择"条件格式"下拉列表中的"新建规则"命令，如图3-24所示。打开"新建格式规则"对话框，"选择规则类型"为"只为包含以下内容的单元格设置格式"，设置"单元格值""等于""离职"，如图3-25所示。单击"格式"按钮，打开"单元格格式"对话框，在"字体"选项卡中选择"颜色"为"红色"，如图3-26所示，单击"确定"按钮。

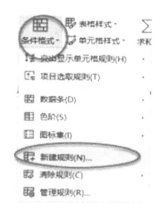

图3-24 "新建规则"命令

图3-25 "新建格式规则"对话框

图3-26 "单元格格式"对话框

图3-27 "在上方插入行"命令

第十一步～第十四步

第十一步：插入工作表标题行，录入标题

①在第一行行号处单击右键，弹出对话框，选择"在上方插入行"，如图3-27所示。

②在A1单元格中输入标题"员工基本信息表"。

③选中A1:I1的单元格，在"开始"选项卡中单击"合并居中" 按钮。

第十二步：修饰工作表

①选中标题，在"开始"选项卡中，设置字体为"微软雅黑" 微软雅黑，字号为"20" 20，"加粗" **B**；在"填充颜色" 下拉列表中选择"巧克力黄，着色2，深色50%"，如图3-28所示；在"字体颜色" **A** 下拉列表中选择"白色，背景1"；在标题处单击右键点击"设置单元格格式"，打开"单元格格式"对话框，选择"对齐"选项卡，"水平对齐"选择"分散对齐（缩进）"值为"15"，如图3-29所示，单击"确定"按钮。

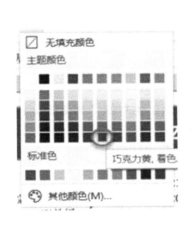

图3-28 设置填充颜色

图3-29 "单元格格式"对话框

②在标题上面增加一行，下面增加一行，左面增加一列，如图3-30所示，调整行高和列宽，例如，调整第一行，选中左侧行号"1"，在"开始"选项卡中选择"行和列" 下拉列表中的"行高"，打开"行高"对话框，设置"行高"为"15"磅，如图3-31所示。

图3-30 增加行和列

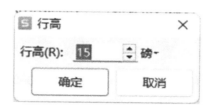

图3-31 "行高"对话框

③设置表格数据部分格式。选中所有数据，如图3-32所示，设置行高为23；在"开始"中单击"垂直居中" ╤ 按钮，单击"水平居中" ╤ 按钮；单击"所有边框" ⊞ ▾下拉列表，选择"其他边框"命令，打开"单元格格式"对话框，线条选择较粗的直线，设置颜色为"巧克力黄，着色2，深色25%"，单击"外边框"，如图3-33所示，再选择细的直线，设置颜色为"巧克力黄，着色2，浅色40%"，单击"内部"，如图3-34所示，单击"确定"按钮。

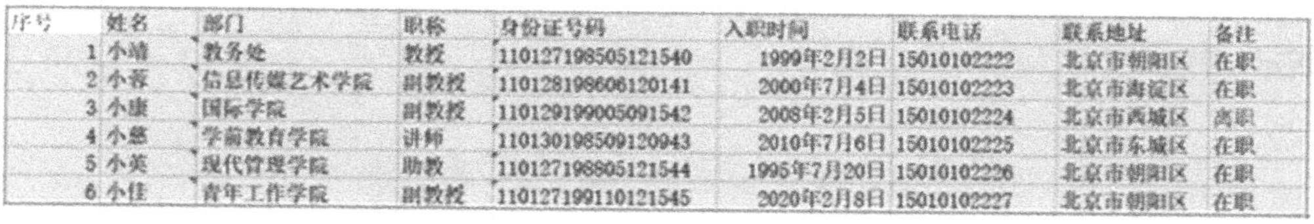

序号	姓名	部门	职称	身份证号码	入职时间	联系电话	联系地址	备注
1	小靖	教务处	教授	110127198505121540	1999年2月2日	15010102222	北京市朝阳区	在职
2	小蓉	信息传媒艺术学院	副教授	110128198606120141	2000年7月4日	15010102223	北京市海淀区	在职
3	小康	国际学院	副教授	110129199005091542	2008年2月5日	15010102224	北京市西城区	离职
4	小慈	学前教育学院	讲师	110130198509120943	2010年7月6日	15010102225	北京市东城区	在职
5	小美	现代管理学院	助教	110127198505121544	1995年7月20日	15010102226	北京市朝阳区	在职
6	小佳	青年工作学院	副教授	110127199110121545	2020年2月8日	15010102227	北京市朝阳区	在职

图3-32 选中数据部分

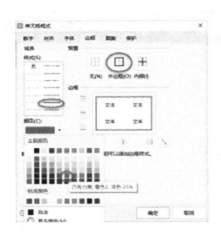
图3-33 设置外边框

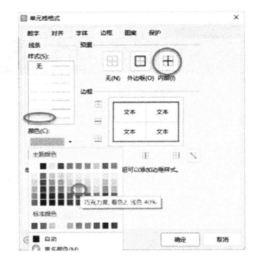
图3-34 设置内边框

④设置列标题行格式。选中列标题行，如图3-35所示。设置"填充颜色" ⚐▾ 为"巧克力黄，着色2，深色25%"，"字体"颜色为"白色，背景1"，设置字体为"微软雅黑" 微软雅黑 ▾ ，"加粗" **B**。

图3-35 选中列标题行

第十三步：工作表的打印设置和打印

①选择"页面布局"，"纸张方向"下拉列表中的"横向"，如图3-36所示。

图3-36 设置纸张方向

②选中整个表格，选择"页面布局""打印区域"下拉列表"设置打印区域"，如图3-37所示。

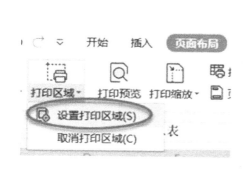

图3-37　设置打印区域

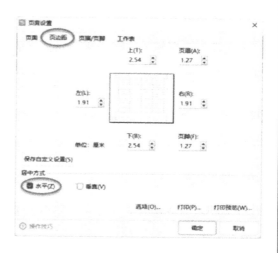

图3-38　设置居中方式

③单击"打印预览" 按钮，查看打印情况。在预览状态下，单击"页面设置"按钮，打开"页面设置" 对话框，在"页边距"选项卡中设置"居中方式"为"水平"，如图3-38所示。

第十四步：保存工作表

单击"保存"按钮或单击"文件""另存为"命令打开"另存文件"对话框，找到保存位置，写好文件名，如图3-39所示，单击"保存"按钮。

图3-39　"另存文件"对话框

知识链接

1. 工作簿、工作表和单元格

一个工作簿就是一个电子表格文件，WPS表格默认的文件扩展名为"*.xlsx"，一个工作簿可以包含多个工作表，默认情况下为1个，命名为"Sheet1"。工作簿像一个文件夹，把相关的表格或图表存放在一起，便于处理。例如，每次的旅行计划分别建立不同的工作表，所有这些工作表都存放在一个工作簿中。

单元格是工作表的基础构成元素和最小操作对象，由行列相交而成。工作表左侧数字（1，2，…，1,048,567）表示行号，工作表上方字母（A，B，…，XFD）表示列标，行列交叉处即为一单元格，单元格的名称由列标和行号构成。例如，F5表示5行F列处的单元格。

2. 数据类型

WPS录入数据时通常有如下数据类型：

数据类型	描述
数值型	数值是指所有代表数量的数学形式，如员工年龄、学生成绩、销售金额等，也包括日期和时间，数值有正负号之分，可以用于各种数值计算，如四则运算和求最大（小）值、平均值等
文本型	文本通常是用于作解释性说明的文字或符号，例如员工姓名、岗位职称、电话号码等，文本不能用于数值运算，但可以比较大小
逻辑值	逻辑值通常是条件判断或逻辑运算表达式的结果，包括TRUE和FALSE，分别表示真和假，逻辑值还可以参与计算，逻辑值之间进行四则运算或者逻辑值与数值之间进行计算时，TRUE将被视作1，FALSE被视作0
错误值	错误值通常是由公式计算错误而产生的结果

拓展视频

拓展1

拓展2

拓展3

任务2 美化销量表

任务导航

【任务清单】

任务内容	能力要求			
	理解原理	掌握要领	熟练操作	灵活运用
工作表行列的显隐变化		√	√	√
数据的对齐			√	√
数据的字体字号格式			√	√
工作表的配色	√		√	
表格图形化视觉提升			√	

【任务描述】

基本的数据录入之后工作表的美化工作必不可少，通过工作表的美化可以使得数据描述得更加清晰，提升数据表示的效果，有效表达数据。在本次任务中以销量表为例，通过工作表美化更完美地表达数据。销量表美化前效果如图3-40所示，销量表美化后效果如图3-41所示。

⊿	A	B	C	D
1	产品名称	一月销量	二月销量	三月销量
2	台式机	832	523	456
3	笔记本	227	123	609
4	服务器	1098	897	897
5	打印机	500	300	360
6	传真机	200	360	430
7	电饭锅	587	678	567
8	电压力锅	356	245	677
9	电视机	565	900	1000
10	冰箱	444	566	345
11	空调	343	789	657
12	手机	234	123	890
13	空气炸锅	543	456	543
14	饮水机	567	678	765
15	扫地机器人	456	899	988
16	抽油烟机	789	456	666
17	烤箱	987	567	777
18				

图3-40 销量表美化前

序号	产品名称	一月销量		二月销量		三月销量		总计
1	台式机	832		523		456		1811
2	笔记本	227		123		609		959
3	服务器	1098		897		897		2892
4	打印机	500		300		360		1160
5	传真机	200		360		430		990
6	电饭锅	587		678		567		1832
7	电压力锅	356		245		677		1278
8	电视机	565		900		1000		2465
9	冰箱	444		566		345		1355
10	空调	343		789		657		1789
11	手机	234		123		890		1247
12	空气炸锅	543		456		543		1542
13	饮水机	567		678		765		2010
14	扫地机器人	456		899		988		2343
15	抽油烟机	789		456		666		1911
16	烤箱	987		567		777		2331
		8728		8560		10627		27915

图3-41　销量表美化后

任务流程

第一步：插入序号列，并使用公式填充，数据条数心中有数

第二步：在"一月销量""二月销量""三月销量"列后各增加一列，使用条件格式提升数据显示效果

第三步：在最后一列增加总计列求和，在最后一行增加一行求和，数据对比一目了然

第四步：设置行高、列宽，字体字号，底纹，对齐方式，利用各种格式化手段，区分表的行标题和表数据，减少视觉干扰，有效表达数据

第五步：设置表格线，利用行和列的显隐变化，隐藏列线，强调行的特性，使行信息更加连贯

第六步：工作表的打印设置和打印

第七步：保存工作表

任务实施

第一步：插入序号列，并使用公式填充，数据条数心中有数

任务2

①打开工作表，在第一列的任意一个单元格单击右键，选择"插入""在左侧插入列'1'"，如图3-42所示。

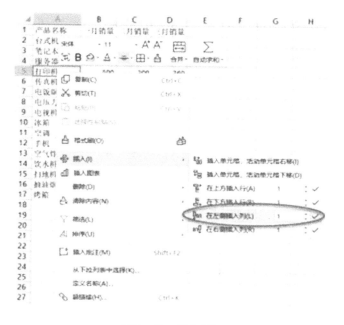

图3-42　插入列

②录入列名称"序号"，在A2单元格中输入公式"=ROW()-1",单击"输入" ✓ 按钮确认，如图3-43所示。

③拖拽填充柄填充所有序号。在上一个任务中也有序号的录入，采用的方法是使用填充柄自动填充，这次任务中采用公式的方法，可以应对数据增删带来的变化。

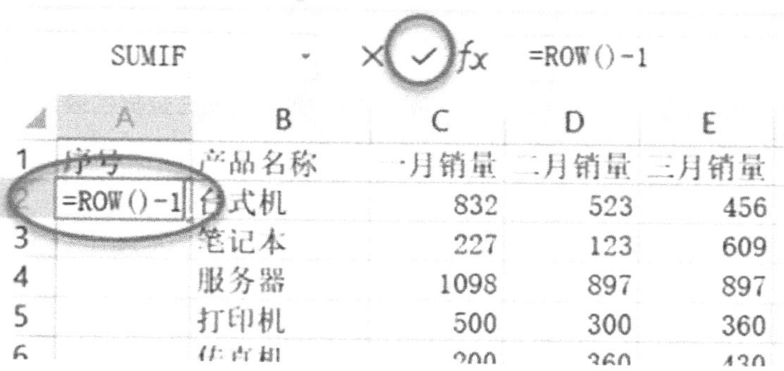

SUMIF		✕ ✓ fx	=ROW()-1	
◢	A	B	C	D	E
1	序号	产品名称	一月销量	二月销量	三月销量
2	=ROW()-1	台式机	832	523	456
3		笔记本	227	123	609
4		服务器	1098	897	897
5		打印机	500	300	360
6		传真机	200	360	430

图3-43　输入计算序号的公式

第二步：在"一月销量""二月销量""三月销量"列后各增加一列，使用条件格式提升数据显示效果

①以"一月销量"为例，在列号处单击右键，在弹出的快捷菜单中选择"在右侧插入列"，插入空列。

②在D2单元格输入公式“=C2”，单击“输入” ✓ 按钮确认，如图3-44所示。拖拽填充柄填充所有数据，如图3-45所示。

③按照上述方法，在“二月销量”和“三月销量”后进行相同的操作（F2单元格输入公式“=E2”，H2单元格输入公式“=G2”），效果如图3-46所示。

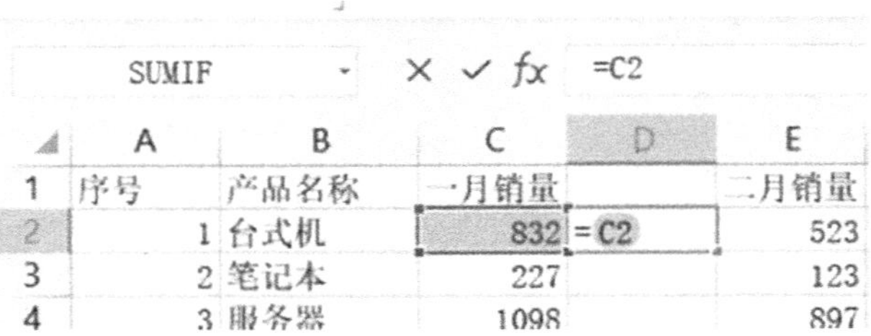

SUMIF × ✓ fx =C2

	A	B	C	D	E
1	序号	产品名称	一月销量		二月销量
2	1	台式机	832	=C2	523
3	2	笔记本	227		123
4	3	服务器	1098		897

图3-44　输入公式

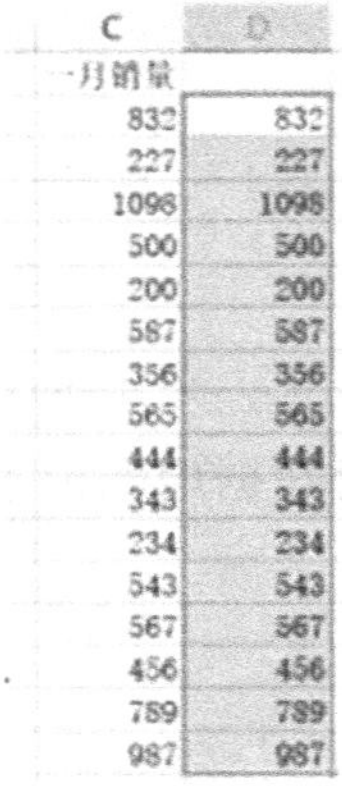

C	D
一月销量	
832	832
227	227
1098	1098
500	500
200	200
587	587
356	356
565	565
444	444
343	343
234	234
543	543
567	567
456	456
789	789
987	987

图3-45　填充数据

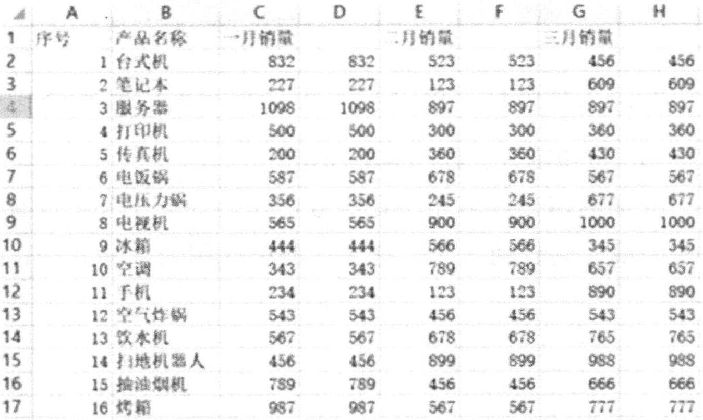

	A	B	C	D	E	F	G	H
1	序号	产品名称	一月销量		二月销量		三月销量	
2	1	台式机	832	832	523	523	456	456
3	2	笔记本	227	227	123	123	609	609
4	3	服务器	1098	1098	897	897	897	897
5	4	打印机	500	500	300	300	360	360
6	5	传真机	200	200	360	360	430	430
7	6	电饭锅	587	587	678	678	567	567
8	7	电压力锅	356	356	245	245	677	677
9	8	电视机	565	565	900	900	1000	1000
10	9	冰箱	444	444	566	566	345	345
11	10	空调	343	343	789	789	657	657
12	11	手机	234	234	123	123	890	890
13	12	空气炸锅	543	543	456	456	543	543
14	13	饮水机	567	567	678	678	765	765
15	14	扫地机器人	456	456	899	899	988	988
16	15	抽油烟机	789	789	456	456	666	666
17	16	烤箱	987	987	567	567	777	777

图3-46　插入列填充数据的效果

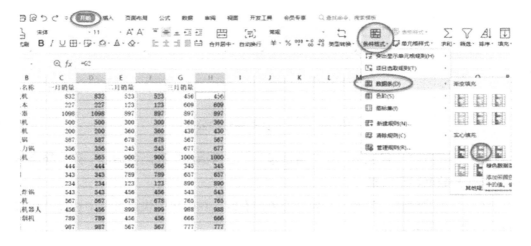

图3-47　设置数据条条件格式

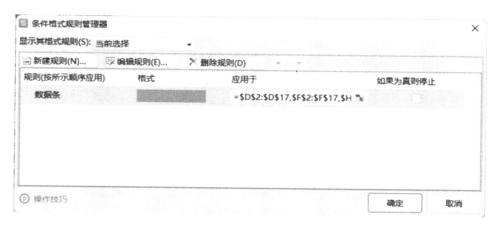

图3-48 "条件格式规则管理器"对话框

④选中D2:D17，F1:F7，H2:H17单元格，单击"开始""条件格式""数据条""实心填充"的"绿色数据条"，如图3-47所示。继续点击"条件格式"，单击"管理规则"，打开"条件格式规则管理器"对话框，如图3-48所示，单击"编辑规则"，打开"编辑规则"对话框，勾选"仅显示数据条"，如图3-49所示。添加数据条后的效果如图3-50所示。

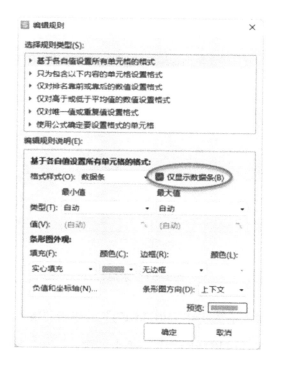

图3-49 "编辑规则"对话框

	A	B	C	D	E	F	G	H
1	序号	产品名称	一月销量		二月销量		三月销量	
2	1	台式机	832		523		456	
3	2	笔记本	227		123		609	
4	3	服务器	1098		897		897	
5	4	打印机	500		300		360	
6	5	传真机	200		360		430	
7	6	电饭锅	587		678		567	
8	7	电压力锅	356		245		677	
9	8	电视机	565		900		1000	
10	9	冰箱	444		566		345	
11	10	空调	343		789		657	
12	11	手机	234		123		890	
13	12	空气炸锅	543		456		543	
14	13	饮水机	567		678		765	
15	14	扫地机器人	456		899		988	
16	15	抽油烟机	789		456		666	
17	16	烤箱	987		567		777	

图3-50　三列数据都添加数据条后的效果

第三步：在最后一列增加总计列求和，在最后一行增加一行求和，数据对比一目了然

①在I1单元格输入“总计”。

②在I2单元格输入函数“=SUM(C2,E2,G2)”，单击“输入”✓按钮确认。拖拽填充柄填充所有数据，如图3-51所示。

	A	B	C	D	E	F	G	H	I
1	序号	产品名称	一月销量		二月销量		三月销量		总计
2	1	台式机	832		523		456		1811
3	2	笔记本	227		123		609		959
4	3	服务器	1098		897		897		2892
5	4	打印机	500		300		360		1160
6	5	传真机	200		360		430		990
7	6	电饭锅	587		678		567		1832
8	7	电压力锅	356		245		677		1278
9	8	电视机	565		900		1000		2465
10	9	冰箱	444		566		345		1355
11	10	空调	343		789		657		1789
12	11	手机	234		123		890		1247
13	12	空气炸锅	543		456		543		1542
14	13	饮水机	567		678		765		2010
15	14	扫地机器人	456		899		988		2343
16	15	抽油烟机	789		456		666		1911
17	16	烤箱	987		567		777		2331

图3-51　求总计

③在C18单元格输入函数“=SUM(C2:C17)”，单击“输入”✓按钮确认。在E18单元格输入函数“=SUM(E2:E17)”，单击“输入”✓按钮确认。在G18单元格输入函数“=SUM(G2:G17)”，单击“输入”✓按钮确认。在I18单元格输入函数“=SUM(I2:I17)”，单击“输入”✓按钮确认。完成效果如图3-52所示。

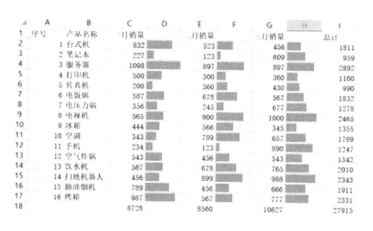

图3-52　求各月销售量的和

第四步：设置行高列宽，字体字号，底纹，对齐方式，利用各种格式化手段，区分表的行标题和表数据，减少视觉干扰，有效表达数据

①设置第一行行高40磅，第2到第17行行高18磅，第18行行高20磅。以第一行为例，选中要设置的行，在"开始"选项卡中选择"行和列"下拉列表中的"行高"，如图3-53所示，打开"行高"对话框，设置相应的磅值，如图3-54所示。使用相同的方法将其他行的行高也进行设置。

图3-53　设置行高命令

图3-54　"行高"对话框　　　图3-55　"列宽"对话框

②设置A、B、D、F、H列的列宽为14字符，设置C、E、G、I列的列宽为12字符。选中要设置列宽的列（间隔的列可以使用Ctrl键），在"开始"选项卡中选择"行和列"下拉列表中的"列宽"，打开"列宽"对话框，设置相应的值，如图3-55所示。

③设置工作表字体为"微软雅黑"，标题行和最后求和一行字号为14，中间的数据行字号为12。选中要设置的数据分别设置字体和字号。设置最后一行字体

加粗。

④设置标题行底纹和字体颜色。选中A1:I1的数据，在"开始"选项卡中单击"填充颜色"下拉列表中选择"其他颜色"，如图3-56所示，打开"颜色"对话框，在"高级"选项卡中设置RGB的值分别为17、154、163，如图3-57所示。单击"字体颜色"  下拉列表，选择"主题颜色"为"白色，背景1"，如图3-58所示。设置最后一行底纹颜色为"白色，背景1，深色5%"，如图3-59所示。

⑤设置"序号"列居中对齐，"产品名称"列左对齐，其余各列均为右对齐。以"序号"列为例，选中该列，单击"开始"选项卡中的"水平居中" 按钮。

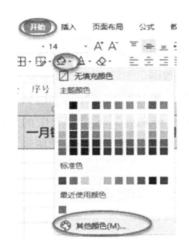

图3-56 设置填充颜色命令

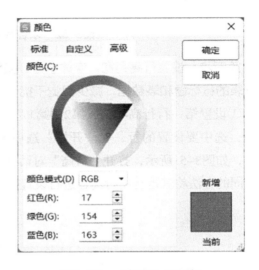

图3-57 "颜色"对话框

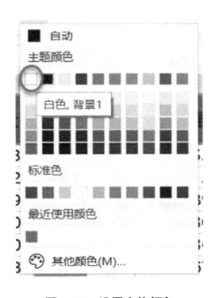

图3-58 设置字体颜色

图3-59 设置最后一行底纹颜色

第五步：设置表格线，利用行和列的显隐变化，隐藏列线，强调行的特性，使行信息更加连贯

①选择"视图"选项卡，取消勾选"显示网格线"，如图3-60所示。

图3-60　取消显示网格线

②选中A2:I17的区域，在"边框"下拉列表选择"其他边框"命令，如图3-61所示，打开"单元格格式"对话框，在"边框"选项卡中，设置上下边框为较粗的实线，如图3-62所示，再选中较细的实线，颜色设置为"白色，背景1，深色15%"，设置为中间的边框线，如图3-63所示，单击"确定"按钮。

③选中A18:I18的区域，在"边框"下拉列表选择"其他边框"命令，打开"单元格格式"对话框，在"边框"选项卡中，选中较细的实线，设置为下面的边框线，如图3-64所示，单击"确定"按钮。

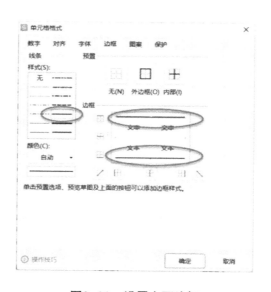

图3-61　其他边框命令　　　　图3-62　设置上下边框

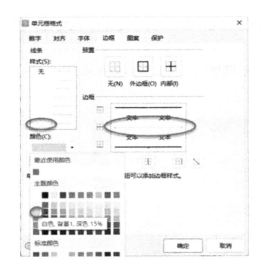

图3-63　设置中间的边框　　　　　图3-64　设置下面的边框

第六步：工作表的打印设置和打印

选择"页面布局"选项卡，单击"页面设置"对话框启动器，如图3-65所示。打开"页面设置"对话框，在"页面"标签中选择"横向"，如图3-66所示，在"页边距"标签中"居中方式"勾选"水平"，如图3-67所示。

图3-65　"页面设置"对话框启动器

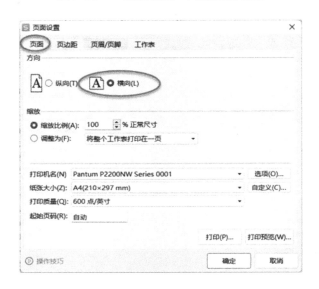

图3-66　设置纸张"横向"

信息技术基础

172

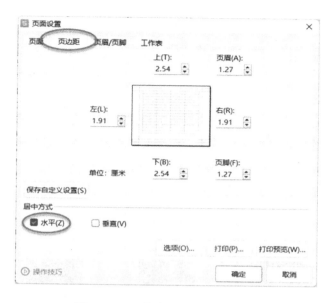

图3-67　设置水平方向居中对齐

第七步：保存工作表

知识链接

1. 字体

在办公软件的应用中，字体设置是非常常见的操作，不同的字体有不同的应用场合。下面介绍几种常见字体的特点和应用场合。

（1）宋体　宋体"横平竖直，横细竖粗，起落笔有棱有角，字形方正，笔画硬挺"，是印刷行业应用最为广泛的一种字体，多用于正文，一般比较权威、正统的杂志用得较多。

（2）楷体　楷体笔画中继承了隶书，同时又简省了汉隶的波势，而变得横平竖直，规矩整齐。适用于正文、注释、名片、教科书和说明。

（3）黑体　黑体属于现代字体，笔画方头方尾，整体呈方块形，字形严肃、庄重、有力、富于时代感。多应用于标题制作，有强调的效果。

（4）幼圆　幼圆保留了黑体方正结构的特点，同时字形饱满、在笔画两端和转折的地方加上了圆角处理，使其圆润，笔画圆头圆尾，富有独特的亲和力。适用于广告、名片和说明。

2. 格式刷的使用

在设置单元格格式时，有时一种格式要设置很多次，一种方便的做法是使用格式刷" 格式刷 "按钮。首先选中有格式的单元格，然后在"开始"选项卡下单击格式刷""按钮，再单击需要同样格式的单元格。如果一种格式需要复制多次，那么选中有格式的单元格，然后双击格式刷""按钮，再单击需要同样格式的单元格，设置完毕后再单击格式刷""按钮，以便取消格式的复制。

3. 格式的撤销

有时在编辑过程中，难免对先前设置的格式不是很满意，或者通过工作表的进一步加工，从前的格式显然不合适了。那么就要取消一些从前的格式，如果是最近设置的格式可以通过撤销"↺"按钮取消，但如果是很多操作步骤以前的设置，或者根本就无法撤销，那就遵从一个原则，就是从哪里设置的就从那里取消。

拓展视频

拓展1

拓展2

拓展3

任务3 成绩单数据处理

任务导航

【任务清单】

任务内容	能力要求			
	理解原理	掌握要领	熟练操作	灵活运用
公式和函数基础	√	√		
常见函数（sum、average、max、min）	√		√	√
逻辑函数（if）	√		√	√
统计函数（rank、countif）	√		√	√
名称设置	√		√	√
查找与引用函数（vlookup）	√	√	√	√
跨工作表的计算	√		√	

【任务描述】

数据输入到工作表中，经过美化可有效地表达数据，但这往往还不够，有了数据还可以进行计算，挖掘数据进一步的信息。在本次任务中以成绩单为例，通过公式和函数的计算，进一步处理数据，成绩单原始数据如图3-68、图3-69所示，经过计算处理后的数据，如图3-70、图3-71所示。

信息管理专业考试成绩单

序号	学号	姓名	软件工程	数据结构	英语	总分	平均成绩	名次	等级
1	2023111101	张三	85.5	98	98				
2	2023111102	李四	52	60.5	60				
3	2023111103	王五	65.5	68	64				
4	2023111104	刘六	77	76.5	78				
5	2023111105	姚七	50.5	50	50				
6	2023111106	范名	86	89	86				
7	2023111107	李红	80	88.5	84				
8	2023111108	王佳	90	96	96				
9	2023111109	文竹	65.5	67.5	64				
10	2023111110	田甜	76.5	72.5	72				
11	2023111111	李洁	80	100	97				
12	2023111112	田龙	65	66	70				
13	2023111113	朱霞	70	68	64				
14	2023111114	杨汇析	77	80	78				
15	2023111115	朱南	50.5	54	50				
16	2023111116	许小明	86	99	86				
17	2023111117	王卓	80	88.5	84				
18	2023111118	刘汉畅	90	89	96				
19	2023111119	吴生	70	67.5	64				
20	2023111120	周珊	80	72.5	72				
21	2023111121	刘伟	50	68	64				
22	2023111122	孙成	90	80	78				
23	2023111123	李岳	45	54	54				
24	2023111124	沈鲁	99	100	86				
25	2023111125	章超	70	88.5	84				
26	2023111126	周鈜祝	90	85	96				
27	2023111127	高荣	70	66	64				
28	2023111128	王国珠	68	72.5	72				
29	2023111129	次鹏	97	77.5	80				
30	2023111130	陈明	80	77	82				

最高总分：
最低总分：
等级为"优"的人数：

图3-68 成绩单原始数据1

个 人 成 绩 查 询

姓名	软件工程	数据结构	英语	总分	平均成绩	名次	等级

图3-69 成绩单原始数据2

信息管理专业考试成绩单

序号	学号	姓名	软件工程	数据结构	英语	总分	平均成绩	名次	等级
1	2023111101	张三	85.5	98	98	281.5	93.8	3	优
2	2023111102	李四	52	60.5	60	172.5	57.5	27	不及格
3	2023111103	王五	65.5	68	64	197.5	65.8	24	及格
4	2023111104	刘六	77	76.5	78	231.5	77.2	16	中
5	2023111105	钱七	50.5	56	50	156.5	52.2	28	不及格
6	2023111106	范名	86	89	86	261	87.0	8	良
7	2023111107	李红	80	88.5	84	252.5	84.2	10	良
8	2023111108	王佳	90	96	96	282	94.0	2	优
9	2023111109	文竹	65.5	67.5	64	197	65.7	25	及格
10	2023111110	田雄	76.5	72.5	72	221	73.7	18	中
11	2023111111	李杰	80	100	97	277	92.3	4	优
12	2023111112	田龙	65	66	70	201	67.0	22	及格
13	2023111113	朱霞	70	68	64	202	67.3	20	及格
14	2023111114	杨江昕	77	80	78	235	78.3	15	中
15	2023111115	朱南	50.5	54	50	154.5	51.5	29	不及格
16	2023111116	许小明	86	99	86	271	90.3	6	优
17	2023111117	王卓	80	88.5	84	252.5	84.2	10	良
18	2023111118	刘汉畅	90	89	96	275	91.7	5	优
19	2023111119	吴生	70	67.5	64	201.5	67.2	21	及格
20	2023111120	周涵	80	72.5	72	224.5	74.8	17	中
21	2023111121	刘佳	50	68	64	182	60.7	26	及格
22	2023111122	孙成	90	80	78	248	82.7	12	良
23	2023111123	李岳	45	54	54	153	51.0	30	不及格
24	2023111124	沈豪	99	100	86	285	95.0	1	优
25	2023111125	蔡程	70	88.5	84	242.5	80.8	13	良
26	2023111126	周梦蕾	90	85	96	271	90.3	6	优
27	2023111127	高荣	70	66	64	200	66.7	23	及格
28	2023111128	王国强	68	72.5	72	212.5	70.8	19	中
29	2023111129	刘娜	97	77.5	80	254.5	84.8	9	良
30	2023111130	陈明	80	77	82	239	79.7	14	中

最高总分： 285
最低总分： 153
等级为"优"的人数： 7

图3-70 处理后的数据1

个 人 成 绩 查 询

姓名	软件工程	数据结构	英语	总分	平均成绩	名次	等级
张三	85.5	98	98	281.5	93.8	3	优

图3-71 处理后的数据2

任务流程

第一步：打开素材所给的文件，在"成绩单"工作表中，利用SUM函数，求总分

第二步：在"成绩单"工作表中，利用AVERAGE函数，求平均分

第三步：在"成绩单"工作表中，利用MAX函数，求最高总分

第四步：在"成绩单"工作表中，利用MIN函数，求最低总分

第五步：在"成绩单"工作表中，利用RANK函数，求名次

第六步：在"成绩单"工作表中，利用IF函数，求等级。等级规则是：平均分≥90为"优"，≥80且<90为"良"，≥70且<80为"中"，≥60且<70为"及格"，<60为"不及格"

第七步：在"成绩单"工作表中，利用COUNTIF函数，求等级为"优"的人数

第八步：在"成绩单"工作表中，定义姓名列名称

第九步：在"查找个人成绩"工作表中，定义A3单元格的数据有效性

第十步：利用vlookup函数求个人的各项成绩

任务3

任务实施

第一步：打开素材所给的文件，在"成绩单"工作表中，利用SUM函数，求总分

图3-72 "插入函数"对话框

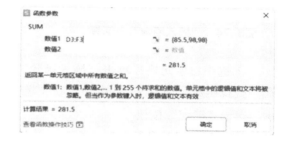

图3-73 "函数参数"对话框

①选中G3单元格，单击"插入函数" fx 按钮，打开"插入函数"对话框，可以在"常用函数"中选择"SUM"，如图3-72所示，单击"确定"按钮,打开"函数参数"对话框，选择D3:F3单元格区域，如图3-73所示，单击"确定"按钮。

②拖拽G3单元格右下角填充柄，计算出所有人的总分。

第二步：在"成绩单"工作表中，利用AVERAGE函数，求平均分

①选中H3单元格，在编辑栏输入公式"=AVERAGE(D3:F3)"，单击"输入" ✓ 按钮。

②拖拽H3单元格右下角填充柄，计算出所有人的平均分。

第三步：在"成绩单"工作表中，利用MAX函数，求最高总分

选中E34单元格，在编辑栏输入公式"=MAX(G3:G32)"，单击"输入" ✓ 按钮。

第四步：在"成绩单"工作表中，利用MIN函数，求最低总分

选中E35单元格，在编辑栏输入公式"=MIN(G3:G32)"，单击"输入" ✓ 按钮。

第五步：在"成绩单"工作表中，利用RANK函数，求名次

图3-74　"插入函数"对话框　　　　　　图3-75　"函数参数"对话框

①选中I3单元格，单击"插入函数" fx 按钮，打开"插入函数"对话框，在"查找函数"中输入"rank"，在"选择函数"中选择"RANK"，如图3-74所示，单击"确定"按钮。

②打开"函数参数"对话框，"数值"参数输入"H3"，"引用"参数输入"$H$3:$H$32"，"排位方式"参数可以输入"0"或忽略。如图3-75所示，单击"确定"按钮。

③拖拽I3单元格右下角填充柄，计算出所有人的排名。

第六步：在"成绩单"工作表中，利用IF函数，求等级。等级规则是：平均分≥90为"优"，≥80且<90为"良"，≥70且<80为"中"，≥60且<70为"及格"，<60为"不及格"

①选中J3单元格，在编辑栏输入公式"=IF(H3>=90,"优",IF(H3>=80,"良",IF(H3>=70,"中",IF(H3>=60,"及格","不及格"))))"，单击"输入" ✓ 按钮。

②拖拽J3单元格右下角填充柄，计算出所有人的等级。

第七步：在"成绩单"工作表中，利用COUNTIF函数，求等级为"优"的人数

选中E36单元格，在编辑栏输入公式"=COUNTIF(J3:J32,"优")"，单击"输入" ✓ 按钮。

第八步：在"成绩单"工作表中，定义姓名列名称

选中C3:C32的区域，在"公式"选项卡中，单击"名称管理器"，如图3-76

所示，打开"名称管理器"对话框，选择"新建"，如图3-77所示，打开"新建名称"对话框，"名称"中输入"姓名"，如图3-78所示，单击"确定"按钮，返回"名称管理器"对话框，单击"关闭"按钮。

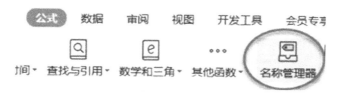

图3-76　"名称管理器"按钮

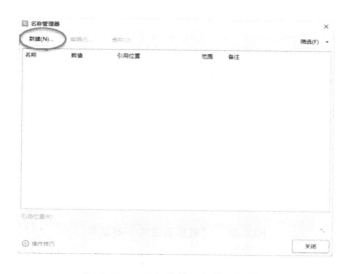

图3-77　"名称管理器"对话框

图3-78　"新建名称"对话框

第九步：在"查找个人成绩"工作表中，定义A3单元格的数据有效性

选中A3单元格，在"数据"选项卡中"有效性"下拉列表中选择"有效性"命令，如图3-79所示，打开"数据有效性"对话框，在"设置"选项卡"有效性条件"中"允许"选择"序列"，"来源"输入"=姓名"，如图3-80所示，单击

"确定"按钮。

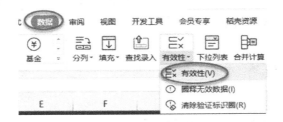

图3-79　数据有效性命令

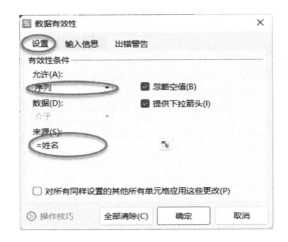

图3-80　"数据有效性"对话框

第十步：利用vlookup函数求个人的各项成绩

①选中B3单元格，在"公式"选项卡中单击"插入函数"按钮，如图3-81所示，打开"插入函数"对话框，在"选择类别"中找到"查找与引用"，在"选择函数"中选择"VLOOKUP"，如图3-82所示，单击"确定"按钮，打开"函数参数"对话框，"查找值"输入"$A$3"，"数据表"输入"成绩单!$C$2:$J$32"，"列序数"输入"2"，"匹配条件"输入"FALSE"，如图3-83所示，单击"确定"按钮。

②横向拖拽B3单元格右下角填充柄，然后将公式中的"列序数"分别进行修改，C3单元格中的公式为"=VLOOKUP($A$3,成绩单!$C$2:$J$32,3,FALSE)"，D3单元格中的公式为"=VLOOKUP($A$3,成绩单!$C$2:$J$32,4,FALSE)"，E3单元格中的公式为"=VLOOKUP($A$3,成绩单!$C$2:$J$32,5,FALSE)"，F3单元格中的公式为"=VLOOKUP($A$3,成绩单!$C$2:$J$32,6,FALSE)"，G3单元格中的公式为"=VLOOKUP($A$3,成绩单!$C$2:$J$32,7,FALSE)"，H3单元格中的公式为"=VLOOKUP($A$3,成绩单!$C$2:$J$32,8,FALSE)"。

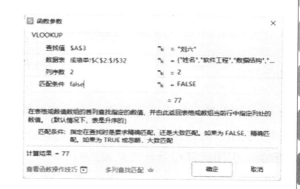

图3-81 插入函数命令

图3-82 "插入函数"对话框

图3-83 "函数参数"对话框

知识链接

1. 运算符

WPS电子表格中运算符包括算术运算符、文本运算符、比较运算符和单元格引用运算符等。

（1）算术运算符 算术运算符主要完成对数值型数据进行加、减、乘、除等数学运算，WPS电子表格算术运算符见表3-1。

表3-1 算术运算符

算术运算符	含义	举例
+	加法运算	=C2+C3
−	减法运算	=60−D6
*	乘法运算	=A3*A4
/	除法运算	=B6/20
%	百分号	=7%
^	乘方运算	=5^3

（2）文字运算符　"&"是文字运算符，它可以将文本与文本、文本与单元格内容、单元格与单元格内容等连接起来。

例如，"=A1&A2"是将A1单元格和A2单元格的内容连接起来。

（3）比较运算符　比较运算符可以完成两个运算对象的比较，并产生逻辑值TRUE（真）或FALSE（假）。详细见表3-2。

表3-2　比较运算符

比较运算符	含义	举例
=	等于	=A2=A3
<	小于	=A2<A3
>	大于	=A3>A2
<>	不等于	=A2<>A3
<=	小于等于	=A2<=A3
>=	大于等于	=A2>=A3

（4）单元格引用运算符　在进行计算时，常常要对工作表单元格区域的数据进行引用，通过使用引用运算符可告知电子表格在哪些单元格中查找公式中要用的数值。引用运算符及含义见表3-3。

表3-3　引用运算符

引用运算符	含义	举例
:	区域运算符（引用区域内全部单元格）	=sum(A2:A8)
,	联合运算符（引用多个区域内的全部单元格）	=sum(A2:A5,D2:D5)
空格	交集运算符（只引用交叉区域内的单元格）	=sum(A2:D4 C1:C5)

2. 函数

所有函数都包含3个部分，即函数名、参数和圆括号。以求和函数SUM来说明：

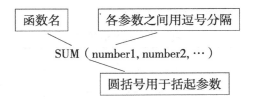

①SUM是函数名称，从名称大略可知该函数的功能及用途是求和。

②圆括号用来括起参数，在函数中圆括号是不可以省略的。

③参数是函数在计算时所使用的数据。函数的参数可以是数值、字符、逻辑值或是单元格引用，如：SUM(6,9)，SUM(B5:F5)等。

3. 函数常见出错原因（见图3-84）

错误值	出错原因
#VALUE!	1.公式语法错误
	2.引用公式带有空字符单元格
	3.运算时带有文本单元格
	4.数组计算未使用正确格式，
#DIV/0!	1.除法运算，分母为0
#N/A	1.查找区域不存在查找值
	2.数据类型不匹配
	3.查找数据源引用错误
	4.数引用了返回值为#N/A的函数或公式
#NUM!	1.公式生成的数字太大或太小
	2.公式中引用了无效的参数
	3.使用迭代计算RATE和RR函数
#NAME?	1.公式名称拼写错误
	2.公式中的文本值未添加双引号
	3.区域引用缺少冒号
	4.引用未定义的名称或已定义名称出现拼写错误
#REF!	1.表格计算中误删了数据行列
	2.引用的数据中剪切粘贴了其他公式计算出来的单元格
	3.公式中引用了无效区域或参数
#NULL!	1.公式中引用连续单元格区域，未加正确的区域运算符
	2.公式中引用不相交的单元格区域，未加正确的区域运算符
######	1.列宽不够，或者使用了负的日期、负的时间

图3-84 函数常见出错原因

4. 单元格引用和公式的复制

公式复制可避免大量重复输入公式的工作，复制公式时，在公式中使用单元格或区域，则在复制的过程中根据不同的情况使用不同的单元格引用。包括相对引用、绝对引用和混合引用

（1）相对引用（默认情况）

例：C1输入公式 "=A1+B1"

用复制/粘贴命令将公式复制到C2，则C2单元格的公式将是 "=A2+B2"。

相对引用：公式中引用的单元格地址在公式复制时自行调整

（2）绝对引用

在行号和列号前加上 "$"。

例：在上例中C1中输入公式改为 "=$A$1+$B$1"

用复制/粘贴命令将公式复制到C2，则C2单元格的公式也是 "=$A$1+$B$1"。

绝对引用：公式中引用的单元格地址在公式复制时不会改变

（3）混合引用

在行号或列号前加上 "$"。

混合引用：公式单元复制或插入而引起行列变化时，公式相对地址部分随位置变化，绝对地址部分仍不变化。

（4）相互转换

选定单元格的引用部分——反复按F4键。

（5）同一工作簿中不同工作表单元格的引用

形式：在A5单元格输入公式"=Sheet2!B6+Sheet1!A4"。

拓展视频

拓展1

拓展2

任务4　订单表数据分析

任务导航

【任务清单】

任务内容	能力要求			
	理解原理	掌握要领	熟练操作	灵活运用
数据的排序	√		√	√
数据的筛选	√		√	√
数据分类汇总	√		√	√
数据透视表	√		√	√

【任务描述】

数字化时代每天都产生大量的数据，单个数据看起来平淡无奇，当我们运用一些分析工具将数据进行重新排列、组合、计算后会给我们很大的启发。在本次任务中以订单表为例，通过排序、筛选、分类汇总、生成数据透视表等方法对原始数据进行分析，订单表原始数据如图3-85所示，经过处理后的数据如图3-86~图3-94所示。

	A	B	C	D	E	F	G	H
1	订购日期	销售部门	销售人员	工单号	所属区域	产品类别	数量	金额
2	2023/6/13	四部	张三	A12-090	杭州	电器	15	10,015.07
3	2023/7/16	四部	张三	A12-091	杭州	化妆品	100	50,014.00
4	2023/9/14	三部	杨惠	A12-092	杭州	化妆品	120	31,423.90
5	2023/10/19	四部	张三	A12-093	苏州	化妆品	300	50,014.12
6	2023/11/20	二部	刘明	A12-094	苏州	电器	400	84,271.00
7	2023/3/21	二部	刘明	A12-095	北京	化妆品	212	48,705.00
8	2023/4/28	三部	杨惠	A12-096	北京	电器	269	49,192.00
9	2023/4/28	二部	刘明	A12-097	北京	电器	92	21,136.40
10	2023/1/19	三部	杨惠	A12-083	北京	化妆品	32	30,449.30
11	2023/11/20	三部	杨惠	A12-084	南京	化妆品	12	12,125.30
12	2023/3/23	三部	杨惠	A12-085	苏州	化妆品	20	22,920.90
13	2023/9/24	三部	杨惠	A12-178	苏州	服装	60	17,794.00
14	2023/3/23	四部	赵哲	A12-179	北京	化妆品	24	8,325.07
15	2023/4/28	一部	崔久	D01-119	苏州	化妆品	4000	97,654.50
16	2023/5/31	一部	李强	A03-077	苏州	电器	50	10,199.93
17	2023/10/19	一部	李强	C12-048	南京	化妆品	60	5,470.20
18	2023/11/20	四部	张三	C12-049	苏州	化妆品	30	3,108.80
19	2023/9/24	四部	张三	C12-061	北京	服装	150	12,373.66
20	2023/11/30	三部	杨惠	Z11-014	苏州	文具	40	982.17
21	2023/1/30	四部	张三	A12-132	杭州	帐篷	240	32,776.86
22	2023/11/30	三部	杨惠	A12-133	杭州	电器	120	17,883.90
23	2023/11/30	四部	赵哲	A12-134	杭州	帐篷	30	7,150.40
24	2023/12/12	三部	杨惠	A12-137	苏州	帐篷	240	34,201.16
25	2023/4/28	三部	杨惠	C12-050	苏州	帐篷	80	8,213.00
26	2023/4/28	一部	李强	C12-051	北京	化妆品	80	8,943.40
27	2023/5/31	一部	李强	C12-052	上海	化妆品	240	46,040.00
28	2023/6/13	一部	崔久	C12-053	上海	化妆品	30	2,325.62
29	2023/7/16	一部	李强	C12-054	上海	化妆品	260	24,070.00
30	2023/1/14	一部	崔久	C12-055	北京	化妆品	150	16,824.00
31	2023/10/19	三部	王五	C12-056	北京	化妆品	60	6,894.00
32	2023/11/20	三部	王五	C12-057	北京	化妆品	60	7,415.29
33	2023/5/31	三部	杨惠	C12-058	苏州	化妆品	180	13,673.34
34	2023/12/4	三部	王五	C12-062	上海	文具	200	8,071.07
35	2023/12/4	三部	王五	C12-063	上海	文具	160	6,456.00
36	2023/12/4	四部	赵哲	C12-064	上海	电器	100	4,035.50
37	2023/12/12	四部	赵哲	C12-065	上海	文具	120	3,169.08
38	2023/11/30	四部	赵哲	C12-066	北京	文具	96	3,646.20
39	2023/11/30	四部	赵哲	C12-067	北京	文具	210	14,020.50
40	2023/11/30	四部	赵哲	C12-068	北京	文具	90	7,083.70
41	2023/12/12	四部	赵哲	A12-142	北京	帐篷	60	14,478.90
42	2023/5/31	二部	零六	A12-143	苏州	帐篷	420	98,735.62
43	2023/6/13	二部	零六	A12-144	苏州	电器	150	38,589.80
44	2023/7/16	二部	零六	A12-145	苏州	帐篷	42	7,686.36
45	2023/9/14	二部	零六	A12-146	南京	帐篷	30	5,959.80
46	2023/10/19	二部	零六	A12-147	南京	帐篷	48	21,553.30
47	2023/11/20	一部	李强	A12-148	苏州	帐篷	48	23,023.90
48	2023/4/28	一部	崔久	A12-149	北京	帐篷	72	26,112.80
49	2023/5/31	一部	李强	A12-150	北京	化妆品	180	70,449.00
50	2023/3/23	三部	王五	A12-151	苏州	化妆品	150	41,749.90
51	2023/3/21	三部	王五	A12-152	苏州	化妆品	60	18,898.00

图3-85 订单表原始数据

4	A	B	C	D	E	F	G	H
1	订购日期	销售部门	销售人员	工单号	所属区域	产品类别	数量	金额
2	2023/1/14	一部	崔久	C12-055	北京	化妆品	150	16,824.00
3	2023/1/19	三部	杨惠	A12-083	北京	化妆品	32	30,449.30
4	2023/1/30	四部	张三	A12-132	杭州	帐篷	240	32,776.86
5	2023/3/21	二部	刘明	A12-095	北京	化妆品	212	48,705.00
6	2023/3/21	三部	王五	A12-152	苏州	化妆品	60	18,898.00
7	2023/3/23	三部	杨惠	A12-085	苏州	化妆品	20	22,920.90
8	2023/3/23	四部	赵哲	A12-179	北京	化妆品	24	8,325.07
9	2023/3/23	三部	王五	A12-151	苏州	化妆品	150	41,749.90
10	2023/4/28	三部	杨惠	A12-096	北京	电器	269	49,192.00
11	2023/4/28	二部	刘明	A12-097	北京	电器	92	21,136.40
12	2023/4/28	一部	崔久	D01-119	苏州	化妆品	4000	97,654.50
13	2023/4/28	三部	杨惠	C12-050	苏州	帐篷	80	8,213.00
14	2023/4/28	一部	李强	C12-051	北京	化妆品	80	8,943.40
15	2023/4/28	一部	崔久	A12-149	北京	帐篷	72	26,112.80
16	2023/5/31	一部	李强	A03-077	苏州	电器	50	10,199.93
17	2023/5/31	一部	李强	C12-052	上海	化妆品	240	46,040.00
18	2023/5/31	三部	杨惠	C12-058	苏州	化妆品	180	13,673.34
19	2023/5/31	二部	谭六	A12-143	苏州	帐篷	420	98,735.62
20	2023/5/31	一部	李强	A12-150	北京	化妆品	180	70,449.00
21	2023/6/13	四部	张三	A12-090	杭州	电器	15	10,015.07
22	2023/6/13	一部	崔久	C12-053	上海	化妆品	30	2,325.62
23	2023/6/13	二部	谭六	A12-144	苏州	电器	150	38,589.80
24	2023/7/16	四部	张三	A12-091	杭州	化妆品	100	50,014.00
25	2023/7/16	一部	李强	C12-054	上海	化妆品	260	24,070.00
26	2023/7/16	二部	谭六	A12-145	苏州	帐篷	42	7,686.36
27	2023/9/14	三部	杨惠	A12-092	杭州	化妆品	120	31,423.90
28	2023/9/14	二部	谭六	A12-146	南京	帐篷	30	5,959.80
29	2023/9/24	三部	杨惠	A12-178	苏州	服装	60	17,794.00
30	2023/9/24	四部	张三	C12-061	北京	服装	150	12,373.66
31	2023/10/19	四部	张三	A12-093	苏州	化妆品	300	50,014.12
32	2023/10/19	一部	李强	C12-048	南京	化妆品	60	5,470.20
33	2023/10/19	三部	王五	C12-056	北京	化妆品	60	6,894.00
34	2023/10/19	二部	谭六	A12-147	南京	帐篷	48	21,553.30
35	2023/11/20	二部	刘明	A12-094	苏州	电器	400	84,271.00
36	2023/11/20	三部	杨惠	A12-084	南京	化妆品	12	12,125.30
37	2023/11/20	四部	张三	C12-049	苏州	化妆品	30	3,108.90
38	2023/11/20	三部	王五	C12-057	北京	化妆品	60	7,415.29
39	2023/11/20	一部	李强	A12-148	苏州	帐篷	48	23,023.90
40	2023/11/30	三部	杨惠	Z11-014	苏州	文具	40	982.17
41	2023/11/30	三部	杨惠	A12-133	杭州	电器	120	17,883.90
42	2023/11/30	四部	赵哲	A12-134	杭州	帐篷	30	7,150.40
43	2023/11/30	四部	赵哲	C12-066	北京	文具	96	3,646.20
44	2023/11/30	四部	赵哲	C12-067	北京	文具	210	14,020.50
45	2023/11/30	四部	赵哲	C12-068	北京	文具	90	7,083.70
46	2023/12/4	三部	王五	C12-062	上海	文具	200	8,071.07
47	2023/12/4	三部	王五	C12-063	上海	文具	160	6,456.00
48	2023/12/4	四部	赵哲	C12-064	上海	电器	100	4,035.50
49	2023/12/12	三部	杨惠	A12-137	苏州	帐篷	240	34,201.16
50	2023/12/12	四部	赵哲	C12-065	上海	文具	120	3,169.08
51	2023/12/12	四部	赵哲	A12-142	北京	帐篷	60	14,478.90
52								

图3-86 "按订购日期排序"效果

	A	B	C	D	E	F	G	H
1	订购日期	销售部门	销售人员	工单号	所属区域	产品类别	数量	金额
2	2023/4/28	一部	崔久	D01-119	苏州	化妆品	4000	97,654.50
3	2023/6/13	一部	崔久	C12-053	上海	化妆品	30	2,325.62
4	2023/1/14	一部	崔久	C12-055	北京	化妆品	150	16,824.00
5	2023/4/28	一部	崔久	A12-149	北京	帐篷	72	26,112.80
6	2023/5/31	一部	李强	A03-077	苏州	电器	50	10,199.93
7	2023/10/19	一部	李强	C12-048	南京	化妆品	60	5,470.20
8	2023/4/28	一部	李强	C12-051	北京	化妆品	80	8,943.40
9	2023/5/31	一部	李强	C12-052	上海	化妆品	240	46,040.00
10	2023/7/16	一部	李强	C12-054	上海	化妆品	260	24,070.00
11	2023/11/20	一部	李强	A12-148	苏州	帐篷	48	23,023.90
12	2023/5/31	一部	李强	A12-150	北京	化妆品	180	70,449.00
13	2023/11/20	二部	刘明	A12-094	苏州	电器	400	84,271.00
14	2023/3/21	二部	刘明	A12-095	北京	化妆品	212	48,705.00
15	2023/4/28	二部	刘明	A12-097	北京	电器	92	21,136.40
16	2023/5/31	二部	雷六	A12-143	苏州	帐篷	420	98,735.62
17	2023/6/13	二部	雷六	A12-144	苏州	电器	150	38,589.80
18	2023/7/16	二部	雷六	A12-145	苏州	帐篷	42	7,686.36
19	2023/9/14	二部	雷六	A12-146	南京	帐篷	30	5,959.80
20	2023/10/19	二部	雷六	A12-147	南京	帐篷	48	21,553.30
21	2023/10/19	三部	王五	C12-056	北京	化妆品	60	6,894.00
22	2023/11/20	三部	王五	C12-057	北京	化妆品	60	7,415.29
23	2023/12/4	三部	王五	C12-062	上海	文具	200	8,071.07
24	2023/12/4	三部	王五	C12-063	上海	文具	160	6,456.00
25	2023/3/23	三部	王五	A12-151	苏州	化妆品	150	41,749.90
26	2023/3/21	三部	王五	A12-152	苏州	化妆品	60	18,898.00
27	2023/9/14	三部	杨惠	A12-092	杭州	化妆品	120	31,423.90
28	2023/4/28	三部	杨惠	A12-096	北京	电器	269	49,192.00
29	2023/1/19	三部	杨惠	A12-083	北京	化妆品	32	30,449.30
30	2023/11/20	三部	杨惠	A12-084	南京	化妆品	12	12,125.30
31	2023/3/23	三部	杨惠	A12-085	苏州	化妆品	20	22,920.90
32	2023/9/24	三部	杨惠	A12-178	苏州	服装	60	17,794.00
33	2023/11/30	三部	杨惠	Z11-014	苏州	文具	40	982.17
34	2023/11/30	三部	杨惠	A12-133	杭州	电器	120	17,883.90
35	2023/12/12	三部	杨惠	A12-137	苏州	帐篷	240	34,201.16
36	2023/4/28	三部	杨惠	C12-050	苏州	帐篷	80	8,213.00
37	2023/5/31	三部	杨惠	C12-058	苏州	化妆品	180	13,673.34
38	2023/6/13	四部	张三	A12-090	杭州	电器	15	10,015.07
39	2023/7/16	四部	张三	A12-091	杭州	化妆品	100	50,014.00
40	2023/10/19	四部	张三	A12-093	苏州	化妆品	300	50,014.12
41	2023/11/20	四部	张三	C12-049	苏州	化妆品	30	3,108.90
42	2023/9/24	四部	张三	C12-061	北京	服装	150	12,373.66
43	2023/1/30	四部	张三	A12-132	杭州	帐篷	240	32,776.86
44	2023/3/23	四部	赵哲	A12-179	北京	化妆品	24	8,325.07
45	2023/11/30	四部	赵哲	A12-134	杭州	帐篷	30	7,150.40
46	2023/12/4	四部	赵哲	C12-064	上海	电器	100	4,035.50
47	2023/12/12	四部	赵哲	C12-065	上海	文具	120	3,169.08
48	2023/11/30	四部	赵哲	C12-066	北京	文具	96	3,646.20
49	2023/11/30	四部	赵哲	C12-067	北京	文具	210	14,020.50
50	2023/11/30	四部	赵哲	C12-068	北京	文具	90	7,083.70
51	2023/12/12	四部	赵哲	A12-142	北京	帐篷	60	14,478.90
52								

图3-87 "按销售部门及部门内销售人员排序"效果

	A	B	C	D	E	F	G	H
1	订购日期	销售部门	销售人	工单号	所属区域	产品类别	数量	金额
4	2023/9/14	三部	杨惠	A12-092	杭州	化妆品	120	31,423.90
8	2023/4/28	三部	杨惠	A12-096	北京	电器	269	49,192.00
10	2023/1/19	三部	杨惠	A12-083	北京	化妆品	32	30,449.30
24	2023/12/12	三部	杨惠	A12-137	苏州	帐篷	240	34,201.16
50	2023/3/23	三部	王五	A12-151	苏州	化妆品	150	41,749.90

图3-88　"筛选三部金额>30000的订单"效果

	A	B	C	D	E	F	G	H
1	订购日期	销售部门	销售人	工单号	所属区域	产品类别	数量	金额
18	2023/11/20	四部	张三	C12-049	苏州	化妆品	30	3,108.90
20	2023/11/30	三部	杨惠	Z11-014	苏州	文具	40	982.17
28	2023/6/13	一部	崔久	C12-053	上海	化妆品	30	2,325.62
37	2023/12/12	四部	赵哲	C12-065	上海	文具	120	3,169.08
38	2023/11/30	四部	赵哲	C12-066	北京	文具	96	3,646.20

图3-89　"筛选金额最小的5笔订单"效果

57	订购日期	销售部门	销售人员	工单号	所属区域	产品类别	数量	金额
58	2023/11/20	二部	刘明	A12-094	苏州	电器	400	84,271.00
59	2023/4/28	一部	李强	C12-051	北京	化妆品	80	8,943.40
60	2023/1/14	一部	崔久	C12-055	北京	化妆品	150	16,824.00
61	2023/5/31	二部	谭六	A12-143	苏州	帐篷	420	98,735.62
62	2023/6/13	二部	谭六	A12-144	苏州	电器	150	38,589.80
63	2023/7/16	二部	谭六	A12-145	苏州	帐篷	42	7,686.36
64	2023/4/28	一部	崔久	A12-149	北京	帐篷	72	26,112.80
65	2023/5/31	一部	李强	A12-150	北京	化妆品	180	70,449.00

图3-90　"筛选一部在北京和二部在苏州的销售情况"效果

	A	B	C	D	E	F	G	H
1	订购日期	销售部门	销售人员	工单号	所属区域	产品类别	数量	金额
18					北京 汇总			346,049.22
25					杭州 汇总			149,264.13
30					南京 汇总			45,108.60
38					上海 汇总			94,167.27
56					苏州 汇总			571,716.60
57					总计			1,206,305.82

图3-91　"汇总各地区销售金额的和"效果

		A	B	C	D	E	F	G	H
	1	订购日期	销售部门	销售人员	工单号	所属区域	产品类别	数量	金额
＋	6			崔久 汇总					142,916.92
＋	14			李强 汇总					188,196.43
−	15		一部 汇总						331,113.35
＋	19			刘明 汇总					154,112.40
＋	25			谭六 汇总					172,524.88
−	26		二部 汇总						326,637.28
＋	33			王五 汇总					89,484.26
＋	45			杨惠 汇总					238,858.97
−	46		三部 汇总						328,343.23
＋	53			张三 汇总					158,302.61
＋	62			赵哲 汇总					61,909.35
	63		四部 汇总						220,211.96
−	64		总计						1,206,305.82

图3-92　　"汇总各部门及部门内销售人员金额的和"效果

	A	B	C	D	E	F	G
1							
2							
3	求和项:金额	产品类别 ▼					
4	订购日期 ▼	电器	服装	化妆品	文具	帐篷	总计
5	第一季			187872.17		32776.86	220649.03
6	第二季	129133.2		239085.86		133061.42	501280.48
7	第三季		30167.66	105507.9		13646.16	149321.72
8	第四季	106190.4		85027.81	43428.72	100407.66	335054.59
9	总计	235323.6	30167.66	617493.7	43428.72	279892.1	1206305.8

图3-93　　"各季度不同产品销售金额的和"数据透视表

	A	B	C	D	E	F	G	H
1								
2								
3	求和项:金额		产品类别 ▼					
4	销售部门 ▼	所属区域 ▼	电器	服装	化妆品	文具	帐篷	总计
5	⊟一部		10199.93		271776.7		49136.7	331113.35
6		北京			96216.4		26112.8	122329.2
7		南京			5470.2			5470.2
8		上海			72435.62			72435.62
9		苏州	10199.93		97654.5		23023.9	130878.33
10	⊟二部		143997.2		48705		133935.1	326637.28
11		北京	21136.4		48705			69841.4
12		南京					27513.1	27513.1
13		苏州	122860.8				106421.98	229282.78
14	⊟三部		67075.9	17794	185549.9	15509.24	42414.16	328343.23
15		北京	49192		44758.59			93950.59
16		杭州	17883.9		31423.9			49307.8
17		南京			12125.3			12125.3
18		上海				14527.07		14527.07
19		苏州		17794	97242.14	982.17	42414.16	158432.47
20	⊟四部		14050.57	12373.66	111462.1	27919.48	54406.16	220211.96
21		北京		12373.66	8325.07	24750.4	14478.9	59928.03
22		杭州	10015.07		50014		39927.26	99956.33
23		上海	4035.5			3169.08		7204.58
24		苏州			53123.02			53123.02
25	总计		235323.6	30167.66	617493.7	43428.72	279892.1	1206305.8

图3-94　　"各销售部门不同所属地区各产品的销售金额的和"数据透视表

任务流程

第一步：将"数据源"工作表复制7份，分别命名为"按订购日期排序""按销售部门及部门内销售人员排序""筛选三部金额>30000的订单""筛选金额最小的5笔订单""筛选一部在北京和二部在苏州的销售情况""汇总各地区销售金额的和""汇总各部门及部门内销售人员金额的和"

第二步：打开"按订购日期排序"工作表，以"订购日期"为关键字升序排序

第三步：打开"按销售部门及部门内销售人员排序"工作表，以销售部门为第一关键字自定义排序，以销售人员为第二关键字排序

第四步：打开"筛选三部金额>30000的订单"工作表，筛选条件是"三部"和"金额>30000"

第五步：打开"筛选金额最小的5笔订单"工作表，筛选金额最小的5笔订单

第六步：打开"筛选一部在北京和二部在苏州的销售情况"工作表，筛选条件是"一部"和"北京"以及"二部"和"苏州"的销售情况

第七步：打开"汇总各地区销售金额的和"工作表，汇总各地区销售金额的和

第八步：打开"汇总各部门及部门内销售人员金额的和"工作表，汇总各部门及部门内销售人员金额的和

第九步：根据"数据源"工作表，利用数据透视表，统计各季度不同产品销售金额的和

第十步：根据"数据源"工作表，利用数据透视表，统计各销售部门不同所属地区各产品的销售金额的和

任务实施

第一步：将"数据源"工作表复制7份，分别命名为"按订购日期排序""按销售部门及部门内销售人员排序""筛选三部金额>30000的订单""筛选金额最小的5笔订单""筛选一部在北京和二部在苏州的销售情况""汇总各地区销售金额的和""汇总各部门及部门内销售人员金额的和"

任务4

①按下Ctrl键同时拖拽"数据源"工作表名称部分，可以进行工作表的复制；或者在"数据源"工作表名称部分单击右键，在弹出的快捷菜单中单击"移动或复制工作表"，如图3-95所示，打开"移动或复制工作表"对话框，"将选定工作表移至工作簿"这里选择当前工作簿，"下列选定工作表之前"单击"移至最后"，勾选"建立副本"复选框，如图3-96所示，单击"确定"按钮。生成新的工作表。

②双击新工作表名称部分，重命名新工作表。

③按照以上方法复制7个工作表，并且命名。

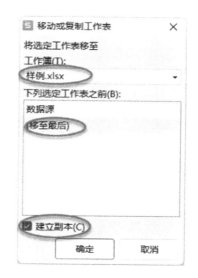

图3-95 "移动或复制工作表"命令　　图3-96 "移动或复制工作表"对话框

第二步：打开"按订购日期排序"工作表，以"订购日期"为关键字升序排序

打开"按订购日期排序"工作表，选中"订购日期"列的任意一个单元格，在"数据"选项卡中，选择"排序"下拉列表的"升序"，如图3-97所示。排序后的结果，如图3-86所示。

第三步：打开"按销售部门及部门内销售人员排序"工作表，以销售部门为第一关键字自定义排序，以销售人员为第二关键字排序

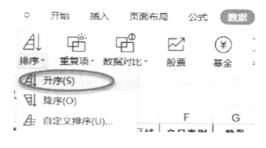

图3-97 "升序"命令

①打开"按销售部门及部门内销售人员排序"工作表，选中表格中的任意一个单元格，在"数据"选项卡中，选择"排序"下拉列表的"自定义排序"，如图3-98所示，打开"排序"对话框，"主要关键字"选择"销售部门"，"次序"选择"自定义序列"，如图3-99所示，打开"自定义序列"对话框，在"新序列"中输入序列"一部,二部,三部,四部"，如图3-100所示，单击"添加"按钮，添加后的效果如图3-101所示，单击"确定"按钮，返回"排序"对话框，效果如图3-102所示。

②"排序"对话框中单击"添加条件"按钮，在"次要关键字"中选择"销售人员"，如图3-103所示，单击"确定"按钮，完成后的效果如图3-87所示。

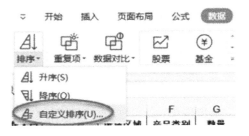

图3-98 "自定义排序"命令

图3-99 "排序"对话框

图3-100 "自定义序列"对话框

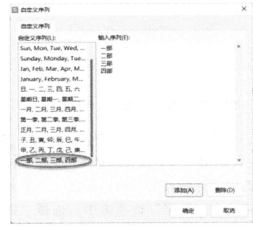

图3-101 添加自定义序列后的效果

图3-102 主要关键字设置

图3-103 次要关键字设置

第四步：打开"筛选三部金额>30000的订单"工作表，筛选条件是"三部"和"金额>30000"

①打开"筛选三部金额>30000的订单"工作表，选中表格中的任意一个单元格，在"数据"选项卡中单击"筛选" 按钮，表中的标题行出现下拉列表，如图3-104所示。

图3-104 标题行出现下拉列表

②打开"销售部门"下拉列表，在"内容筛选"中勾选"三部"，如图3-105所示，单击"确定"按钮。

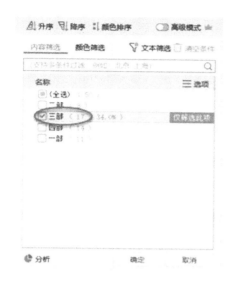

图3-105　筛选"三部"　　　　　图3-106　"数字筛选"中的"大于"命令

③打开"金额"下拉列表，在"数字筛选"中选择"大于"，如图3-106所示，打开"自定义自动筛选方式"，如图3-107所示，单击"确定"按钮。筛选后的效果，如图3-88所示。

图3-107　"自定义自动筛选方式"对话框

第五步：打开"筛选金额最小的5笔订单"工作表，筛选金额最小的5笔订单

①打开"筛选金额最小的5笔订单"工作表，选中表格中的任意一个单元格，在"数据"选项卡中单击"筛选" 🔽 按钮，表中的标题行出现下拉列表。

②打开"金额"下拉列表，单击"前十项"按钮，如图3-108所示，打开"自动筛选前10个"对话框，选择"最小"的"5"项，如图3-109所示，单击"确定"按钮，筛选后的效果，如图3-89所示。

图3-108 筛选"前十项"命令

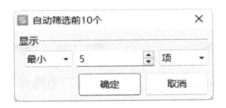

图3-109 "自动筛选前10个"对话框

第六步：打开"筛选一部在北京和二部在苏州的销售情况"工作表，筛选条件是"一部"和"北京"以及"二部"和"苏州"的销售情况

①打开"筛选一部在北京和二部在苏州的销售情况"工作表，在A53:B55的区域输入如图3-110所示的条件。

②选中数据表格中的任意一个单元格，在"数据"选项卡的"筛选"下拉列表中选择"高级筛选"命令，如图3-111所示，打开"高级筛选"对话框，"方式"选中"将筛选结果复制到其它位置"，"列表区域"为"筛选一部在北京和二部在苏州的销售情况!\$A\$1:\$H\$51"，"条件区域"为"筛选一部在北京和二部在苏州的销售情况!\$A\$53:\$B\$55"，"复制到"为"筛选一部在北京和二部在苏州的销售情况!\$A\$57"，如图3-112所示，单击"确定"按钮，筛选后的效果如图3-90所示。

	销售部门	所属区域
53		
54	一部	北京
55	二部	苏州

图3-110 筛选条件

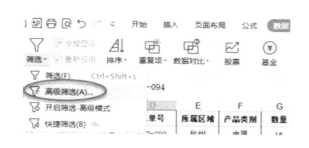

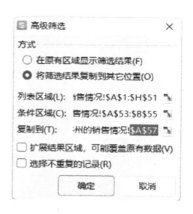

| 图3-111 | "高级筛选"命令 | 图3-112 | "高级筛选"对话框 |

第七步：打开"汇总各地区销售金额的和"工作表，汇总各地区销售金额的和

①打开"汇总各地区销售金额的和"工作表，选中"所属区域"列的任意一个单元格，在"数据"选项卡中，选择"排序"下拉列表的"升序"。

②单击"数据"选项卡中的"分类汇总" 命令，打开"分类汇总"对话框，"分类字段"为"所属区域"，"汇总方式"为"求和"，"选定汇总项"勾选"金额"，如图3-113所示，单击"确定"按钮，汇总效果如图3-114所示。

③单击汇总后表格左上角的第二个按钮 1 2 3 ，使得数据部分隐藏，得到汇总后各地区销售金额的和，效果如图3-91所示。

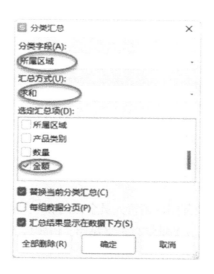

图3-113 "分类汇总"对话框

图3-114 汇总效果

第八步：打开"汇总各部门及部门内销售人员金额的和"工作表，汇总各部门及部门内销售人员金额的和

①打开"汇总各部门及部门内销售人员金额的和"工作表，首先进行第三步中的排序操作（以销售部门为第一关键字自定义排序，以销售人员为第二关键字排序）。

②单击"数据"选项卡中的"分类汇总" 分类汇总 命令，打开"分类汇总"对话框，"分类字段"为"销售部门"，"汇总方式"为"求和"，"选定汇总项"勾选"金额"，如图3-115所示，单击"确定"按钮。

③再次打开"分类汇总"对话框，"分类字段"为"销售人员"，"汇总方式"为"求和"，"选定汇总项"勾选"金额"，不要勾选"替换当前分类汇

总", 如图3-116所示, 单击"确定"按钮, 效果如图3-117所示。

④单击汇总后表格左上角的第三个按钮 , 使得数据部分隐藏, 得到汇总后各地区销售金额的和, 效果如图3-92所示。

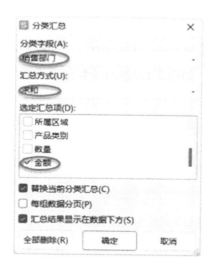

图3-115　第一次设置"分类汇总"对话框

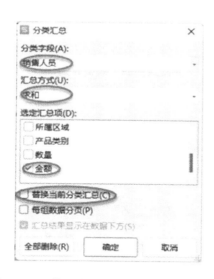

图3-116　第二次设置"分类汇总"对话框

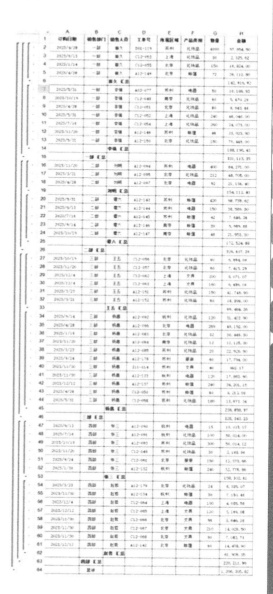

图3-117　汇总效果

第九步: 根据"数据源"工作表, 利用数据透视表, 统计各季度不同产品销售金额的和

①打开"数据源"工作表, 选中数据表中的任意一个单元格, 在"数据"选项卡中单击"数据透视表" 按钮, 打开"创建数据透视表"对话框, 如图3-118

所示，单击"确定"按钮，进入数据透视表编辑界面，如图3-119所示。

②在界面右侧，将"订购日期"拖拽到数据透视表区域"行"字段，将"产品类别"拖拽到数据透视表区域"列"字段，将"金额"拖拽到数据透视表区域"值"字段，如图3-120所示，拖拽后的数据透视表效果如图3-121所示。

③在新生成的数据透视表"订购日期"字段单击右键，选择"组合"命令，如图3-122所示，打开"组合"对话框，"起始于"设置为"2023/1/1"，"终止于"设置为"2023/12/31"，"步长"选择"季度"，如图3-123所示，数据透视表的效果如图3-93所示。

图3-118 "创建数据透视表"对话框

图3-119 "数据透视表"编辑界面

图3-120 拖拽字段列表

求和项:金额	产品类别					
订购日期	电器	服装	化妆品	文具	箱包	总计
2023/1/14			16824			16824
2023/1/19			30449.3			30449.3
2023/1/30					32776.86	32776.86
2023/3/21			67803			67803
2023/3/23			72995.87			72995.87
2023/4/28	70328.4		106597.9		34325.8	211252.1
2023/5/31	10199.93		130162.34		98735.62	239097.89
2023/6/13	48604.87		2325.62			50930.49
2023/7/16			74084		7686.36	81770.36
2023/7/31			31423.9		5659.8	37383.7
2023/9/24		30167.66				30167.66
2023/10/19			62378.32		21553.3	83931.62
2023/11/20	84271		22649.49		23023.9	129944.39
2023/11/30	17883.9			25732.57	7150.4	50766.87
2023/12/4	4035.5			14527.07		18562.57
2023/12/12				3169.08	48680.06	51849.14
总计	235323.6	30167.66	617493.7	43428.72	279892.1	1206305.8

图3-121 数据透视表效果

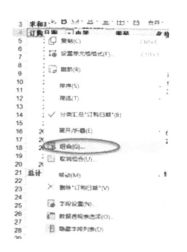

图3-122 "组合"命令

图3-123 "组合"对话框

第十步：根据"数据源"工作表，利用数据透视表，统计各销售部门不同所属地区各产品的销售金额的和

①打开"数据源"工作表，选中数据表中的任意一个单元格，在"数据"选项卡中单击"数据透视表" 按钮，打开"创建数据透视表"对话框，单击"确定"按钮，进入数据透视表编辑界面。

②在界面右侧，将"销售部门"拖拽到数据透视表区域"行"字段，将"所属区域"也拖拽到数据透视表区域"行"字段，将"产品类别"拖拽到数据透视表区域"列"字段，将"金额"拖拽到数据透视表区域"值"字段，如图3-124所示，拖拽后的数据透视表效果如图3-94所示。

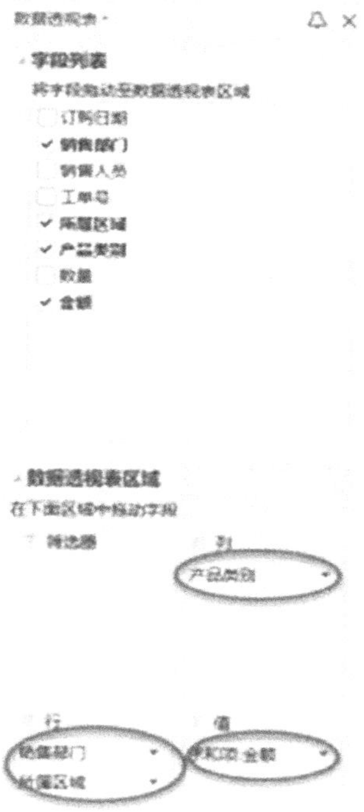

知识链接

1. 数据清单

数据清单是指工作表中包含相关数据的一系列数据行，可以理解成工作表中的一张二维表格。

图3-124 字段列表

在执行数据库操作，如排序、筛选或分类汇总等时，电子表格会自动将数据清单视为数据库，并使用下列数据清单元素来组织数据：

①数据清单中的列是数据库中的字段。

②数据清单中的列标题是数据库中的字段名称。

③数据清单中的每一行对应数据库中的一条记录。

数据清单应该尽量满足下列条件：

①每一列必须要有列名，而且每一列中的数据必须是相同类型的。

②避免在一个工作表中有多个数据清单。

③数据清单与其他数据之间至少留出一个空白列和一个空白行。

2. 排序

建立数据清单时，各记录按照输入的先后次序排列。但是，当直接从数据清单中查找需要的信息时就很不方便。为了提高查找效率需要重新整理数据，其中最有效的方法就是对数据进行排序。

3. 筛选

数据筛选是使数据清单中显示满足指定条件的数据记录，而将不满足条件的数据记录在视图中隐藏起来。电子表格同时提供了"自动筛选"和"高级筛选"两种方法来筛选数据，前者适合于简单条件，后者适合于复杂条件。

4. 分类汇总

分类汇总是指对工作表中的某一项数据进行分类，再对需要汇总的数据进行汇总计算。在分类汇总前要先对分类字段进行排序。

5. 数据透视表

数据透视表是一种交互式工作表，用于对现有工作表进行汇总和分析。创建数据透视表后，可以按不同的需要、以不同的关系来提取和组织数据。

拓展视频

拓展

任务5 制作销售数据比较图表

任务导航

【任务清单】

任务内容	能力要求			
	理解原理	掌握要领	熟练操作	灵活运用
图表的创建		√	√	√
图表中各种对象格式设置		√	√	√
图表的位置			√	√

【任务描述】

当数据经过录入、美化、计算、分析的一系列操作后，已经为我们的决策提供了比较清晰的思路，此时，如果将数据采用图表的方式展示出来，则更能增加数据的可读性，使得数据的表达更加生动直观。在本次任务中以销售数据表为例，通过图表比较数据之间的差异。销售数据表如图3-125所示，生成2019年和2023年各地区销售情况的比较图表，如图3-126所示，生成2023年各地区销售情况的比较图表，如图3-127所示。

	A	B	C	D	E	F	G	H
1	销售报表（万元）							
2	年份	北京	上海	广州	深圳	成都	杭州	南京
3	2018年	193	105	261	204	251	107	269
4	2019年	170	134	282	253	181	210	203
5	2020年	214	223	177	118	149	181	136
6	2021年	250	209	203	114	121	187	300
7	2022年	162	227	257	280	255	288	143
8	2023年	290	180	320	150	160	270	176

图3-125 销售数据表

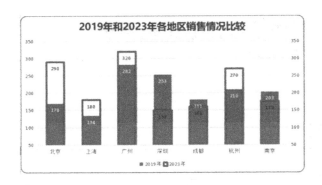

图3-126 "2019年和2023年各地区销售情况的比较图表"效果

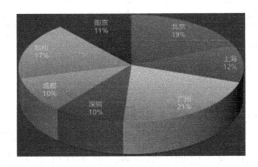

图3-127 "2023年各地区销售情况的比较图表"效果

任务流程

第一步：生成2019年和2023年各地区销售情况的比较图表

第二步：生成2023年各地区销售情况的比较图表

任务实施

任务5

第一步：生成2019年和2023年各地区销售情况的比较图表

①打开素材工作簿，选择表标题行，按下Ctrl键继续选择2019年数据所在行和2023年数据所在行，如图3-128所示。

	年份	北京	上海	广州	深圳	成都	杭州	南京
3	2018年	193	105	261	204	251	107	269
4	2019年	170	134	282	253	181	210	203
5	2020年	214	223	177	118	149	181	136
6	2021年	250	209	203	114	121	187	300
7	2022年	162	227	257	280	255	288	143
8	2023年	290	180	320	150	160	270	176

图3-128 选择不连续的行

②选择"插入"选项卡的"全部图表"  按钮，打开"图表"对话框，选择"柱形图"中"簇状柱形图"，如图3-129所示，生成的图表如图3-130所示。

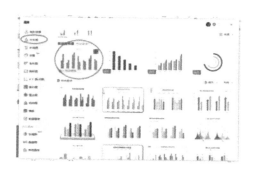

图3-129 "图表"对话框

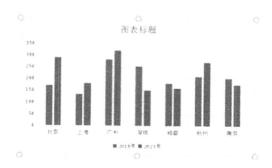

图3-130 创建图表

③将图表标题改为"2019年和2023年各地区销售情况比较"，设置"微软雅黑""加粗""16"号字。

④在"图表工具"选项卡中，选择"系列'2019年'"，单击"设置格式"命令，如图3-131所示，在右侧的任务窗格中，在"填充与线条"中选择"纯色填充"，颜色选择"浅绿，着色3，深色25%"，如图3-132所示，再选择"系列"设置"分类间距"为"100%"，如图3-133所示。

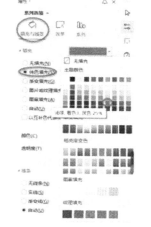

图3-131 选择系列设置格式　　图3-132 设置填充颜色　　图3-133 设置"分类间距"

⑤在"图表工具"选项卡中，选择"系列'2023年'"，单击"设置格式"命令，在右侧的任务窗格中，选择"系列"设置"系列绘制在""次坐标轴"，如图3-134所示。再选择"填充与线条"，"填充"为"无填充"，"线条"为"红色""3.25磅"实线，如图3-135所示。

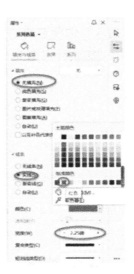

图3-134　系列绘制在次坐标轴　　　图3-135　设置填充和线条颜色

⑥在"图表工具"选项卡中，选择"垂直（值）轴"，单击"设置格式"命令，在右侧的任务窗格中，"坐标轴""边界""最小值"设置为"50"，"最大值"设置为"350"，如图3-136所示。将"次要垂直（值）轴"的边界也做同样的设置。

⑦在"图表工具"选项卡中，选择"图表区"，在"添加元素"下拉列表选择"数据标签"，单击"数据标签内"，如图3-137所示。设置"图表区"格式，线条为"红色"实线，勾选"圆角"，如图3-138所示。

图3-136　设置垂直（值）轴边界

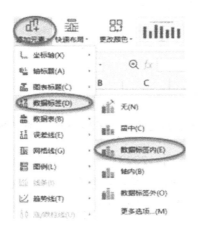

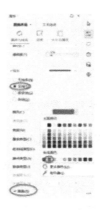

图3-137　设置数据标签　　　　　图3-138　设置图表区线条

⑧在"图表工具"选项卡中，选择"系列'2019年'数据标签"，设置字体颜色为白色。

⑨调整图表的大小和位置，完成后的效果如图3-126所示。

第二步：生成2023年各地区销售情况的比较图表

①选择表标题行，按下Ctrl键继续选择2023年数据所在行。

②选择"插入"选项卡的"全部图表" 按钮，打开"图表"对话框，选择"饼图"中"三维饼图"，如图3-139所示，生成的图表如图3-140所示。

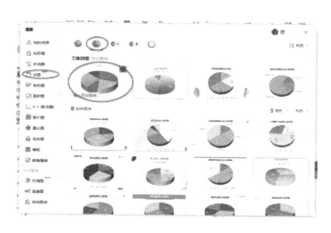

图3-139　"图表"对话框

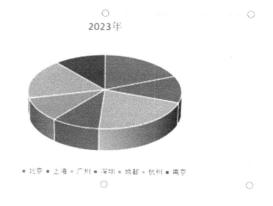

图3-140　创建图表

③在"图表工具"选项卡中，单击"移动图表" 命令，打开"移动图表"对话框，"选择放置图表的位置："为"新工作表"，如图3-141所示，单击"确定"按钮。

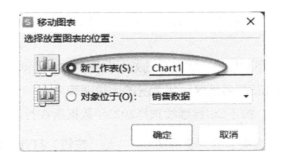

图3-141　"移动图表"对话框

④在新的工作表中，在"图表工具"选项卡中，"预设样式"选择"样式7"，如图3-142所示。

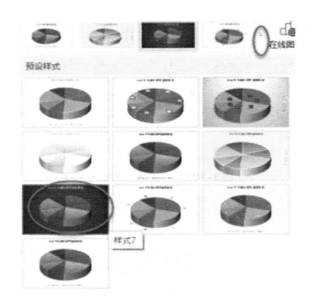

图3-142　设置预设样式

⑤将图表标题改为"2023年各地区销售情况比较"，设置"微软雅黑""加粗""26"号字。

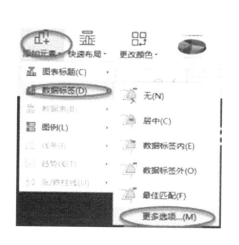

图3-143　数据标签命令　　　　图3-144　设置数据标签

⑥在"图表工具"选项卡中，选择"添加元素"下拉列表中的"数据标签"，再选择"更多选项"，如图3-143所示，在右侧"标签选项"中勾选"类别名称"和"百分比"，如图3-144所示，设置"系列'2023年"'数据标签"的字体为"微软雅黑"，字号为"14"。图表设置完成后的效果如图3-127所示。

知识链接

WPS图表类型相当丰富，不同类型的图表可适用于不同特性的数据。以下是几种常用图表的简要说明。

（1）柱形图　用来显示一段时期内数据的变化或者描述各项之间的比较。分类项水平组织、数值垂直组织，这样可以强调数据随时间的变化。

（2）条形图　用来描述各项之间的差别情况。分类项垂直组织、数值水平组织，这样可以突出数值的比较，而淡化随时间的变化。

（3）折线图　用来比较等间隔上数据的变化趋势。主要适用于显示产量、销售额或股票市场行情随时间产生的变化趋势等。

（4）饼图　能够显示数据系列中每一项占该系列数值总和的比例关系。

（5）散点图　显示不同数据点之间的关系。用来比较在不均匀时间段内的走势，或者把图案显示为一组X或Y引用。一般被用来绘制科学数据、统计数据和工程数据。

（6）面积图　在给定的时间周期内显示有效变化，突出了变化量而不是变化率。图表的上端线表示各个数据系列的和。

（7）雷达图　可以显示独立的数据系列之间，以及某个特定的系列与其他系列的整体之间的关系。

拓展视频

拓展

04

模块4

WPS演示文稿制作

WPS演示文稿是WPS办公软件套装中的一个重要组成部分,应用WPS演示文稿制作工具，可快速制作出图文并茂、富有感染力的演示文稿，并且可通过图片、视频和动画等多媒体形式展现复杂的内容，从而使表达的内容更容易理解。演示文稿被广泛地应用于汇报演讲、工作总结、产品介绍等不同主题内容的多媒体展示需要。

任务1　创建、编辑教育类演示文稿

任务导航

【任务清单】

任务内容	能力要求			
	理解原理	掌握要领	熟练操作	灵活运用
演示文稿的创建、编辑、保存			√	
录入编辑文本、应用图片		√	√	√
WPS模板应用	√	√	√	√
幻灯片版式设置	√	√	√	√
统一文字风格			√	√

【任务描述】

本次任务以制作"走进学前教育"的演示文稿为例，讲解了创建演示文稿、新建幻灯片录入编辑文字内容、添加编辑图片、应用WPS模板、设置版式、统一文字格式等制作演示文稿的基本操作。制作完成后的效果如图4-1所示。

图4-1　"走进学前教育"演示文稿

任务流程

第一步：创建空白演示文稿　　　　第四步：设置幻灯片版式
第二步：在"大纲"选项卡录入文字　第五步：统一文字风格
第三步：应用WPS模板

任务实施

第一步：创建空白演示文稿

第一步~第二步

单击Windows中的"开始"　■ 按钮，在"所有应用"中找到"WPS Office"，如图4-2所示，单击打开WPS Office。在WPS Office界面中点击左侧"新建"按钮，如图4-3所示，在显示的左侧列表中点击"新建演示"选项，在右侧点击"新建空白演示"，如图4-4所示，即可新建一个WPS演示文稿，如图4-5所示。

图4-2　Windows下的WPS Office应用

图4-3　WPS Office"新建"按钮

图4-4　新建空白演示

图4-5　空白演示文稿

第二步：在"大纲"选项卡下录入文字

单击左侧窗格"大纲"选项卡，如图4-6所示。在"大纲"选项卡下新建幻灯片并录入文字内容，如图4-7所示。本案例演示文稿一共9张幻灯片。

提示：在"大纲"选项卡录入文本，在幻灯片图标后录入的文本为该幻灯片的标题，按Enter键会自动创建一张新幻灯片，如在标题后按Ctrl+Enter会切换到标题下一行，此时可以录入正文。建议先依次录入每页幻灯片的标题，录完所有标题以后再依次录入正文内容。

图4-6 "大纲"选项卡

<< **大纲** 幻灯片

1 走进学前教育

2

3 学前教育专业介绍

　　学前教育属于教育学类专业，本专业培养具有良好的教师职业道德和先进的幼儿教育理念，掌握较系统的专业知识与专业技能，具有良好的师德践行能力、保教实践能力、教育环境创设能力、综合育人能力与自我发展能力，善于沟通，勇于创新，身心健康的学前教育工作者。

4 学前教育专业优势

　　本专业是北京市高职院校公费师范生专业，2019年入选首批北京市特色高水平骨干专业，高级职称比例约占50%，有1名市级职教名师和专业带头人、1个市级优秀教学团队、6名市级青年骨干教师；拥有一流的钢琴、舞蹈、学前教育实训室，与北京市近30家市级、区级示范幼儿园建立了合作关系，为培养合格的幼教人才奠定了基础。在校学生享受北京市公费"师范生"待遇。

5 专业基本情况

核心技能

　　幼儿保育与一日生活组织能力；幼儿园环境创设能力；开展游戏活动能力；实施教育活动能力；班级管理能力；家园合作指导能力；幼儿歌曲弹唱与歌表演能力、故事讲述能力、绘画及教育课件制作等能力。

图4-7 "大纲"选项卡下文字内容

第三步：应用WPS模板

WPS提供了不同类型的模板供用户选择，用户可以选择和主题相

第三步～第五步

近或相关的模板应用在自己的演示文稿中。

①单击"设计"选项卡，点击"智能美化"下拉列表中的"全文换肤"选项，如图4-8所示，显示"全文美化"窗口。

图4-8 "全文换肤"选项

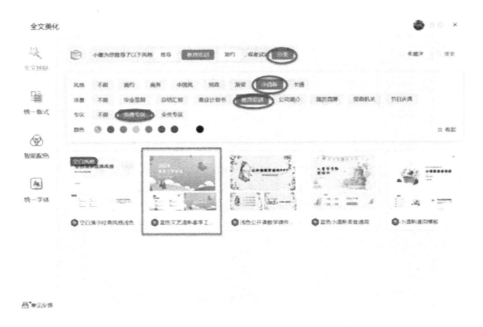

图4-9 "全文美化"窗口

②在"全文美化"窗口点击"分类"按钮，依次在中间区域的"风格"选项选择"小清新"标签、"场景"选项选择"教育培训"，"专区"选项选择"免费专区"，会显示可供选择的模板。此时最下方出现五个免费模板可供选择，选择"蓝

色文艺清新春季工作总结"模板，如图4-9所示。

③在全文美化窗口右侧会显示应用"蓝色文艺清新春季工作总结"模板后美化预览效果，如图4-10所示。单击下面的"应用美化"按钮，将美化效果应用到当前演示文稿，效果如图4-11所示。

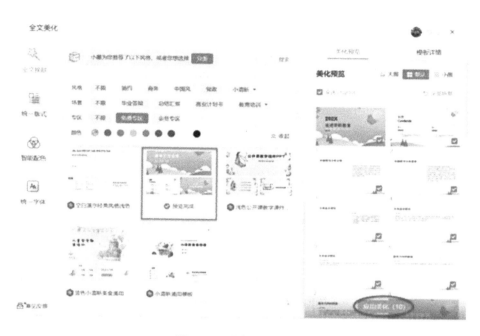

图4-10　美化预览效果

图4-11　应用全文美化后幻灯片效果

第四步：设置幻灯片版式

①单击左侧区域"幻灯片"选项卡，在"幻灯片"选项卡下选中第1张幻灯片，单击"开始"选项卡，点击"版式"下拉列表，显示版式窗口。在版式窗口"母版版式"选项卡下选择第一行第三个版式，如图4-12所示。修改第一页幻灯片的文字内容只保留主标题"走进学前教育"，如图4-13所示。

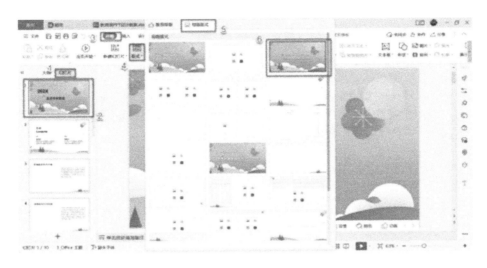

图4-12　设置第1张幻灯片版式

图4-13　第1张幻灯片标题

②在"幻灯片"选项卡中选择第2张幻灯片，点击"开始"选项卡的"版式"下拉列表，显示版式窗口。在版式窗口"推荐排版"选项卡下选择"配套排版"选项，选择下面预览图列表中的第二行第一个"目录"模板，单击插入按钮，插入新

的"目录"幻灯片，如图4-14所示。删除原来的第2张幻灯片，修改新插入的第2张"目录"幻灯片的文字内容，如图4-15所示。

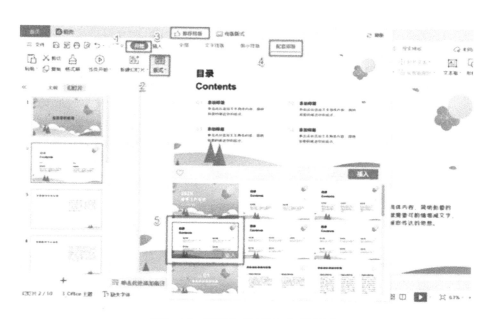

图4-14　新插入第2张幻灯片版式

图4-15　新插入第2张幻灯片

③选择第3张幻灯片，点击"开始"选项卡的"版式"下拉列表，在弹出的"母版版式"选项卡下选择第五行第三个版式，如图4-16所示。调整幻灯片标题和正文文字内容的位置，在幻灯片下方占位符中点击 🖼 图标，如图4-17所示，显

示"插入图片"对话框。在"插入图片"对话框中找到对应图片素材，选中"学前专业介绍.png"，单击"打开"按钮插入图片，如图4-18所示。插入图片后的幻灯片效果如图4-19所示。

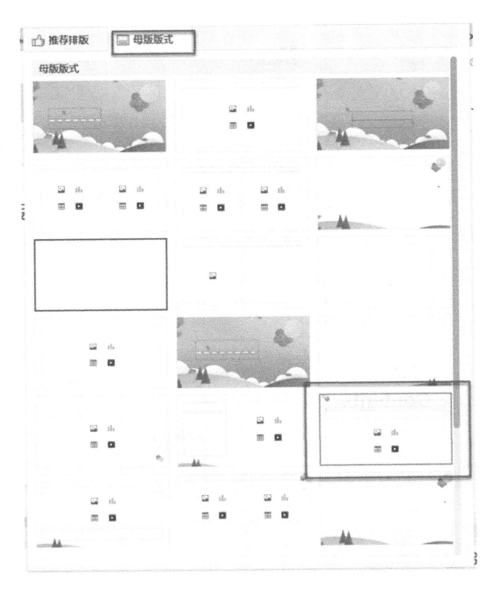

图4-16　设置第3张幻灯片的版式

学前教育专业介绍

学前教育属于教育学类专业，本专业培养具有良好的教师职业道德和先进的幼儿教育理念，掌握较系统的专业知识与专业技能，具有良好的师德践行能力、保教实践能力、教育环境创设能力、综合育人能力与自我发展能力，善于沟通、勇于创新、身心健康的学前教育工作者。

· 单击此处添加文本

图4-17　占位符插入图片的图标

图4-18　插入图片对话框

图4-19 第3张幻灯片插入图片的效果

④选择第4张幻灯片，点击"开始"选项卡的"版式"下拉列表，在弹出的"母版版式"选项卡下选择第三行第二个版式，如图4-20所示。在幻灯片左侧占位符中点击 🖼 图标，在"插入图片"对话框中选中"学前专业优势.jpg"文件，插入图片，插入图片后的效果如图4-21所示。将第5张幻灯片设置成与第4张相同的版式，插入对应的图片，效果如图4-22所示。

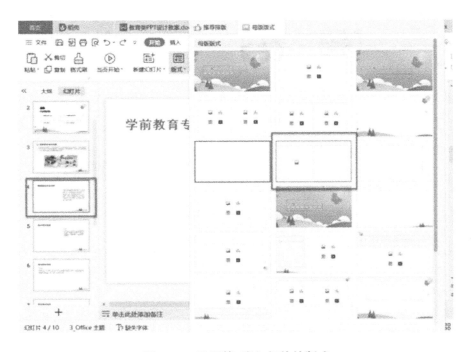

图4-20 设置第4张幻灯片的版式

图4-21 第4张幻灯片插入图片的效果

图4-22 第5张幻灯片插入图片的效果

⑤将第6张幻灯片设置成与第4张幻灯片相同的版式,调整幻灯片标题和正文文字内容的位置,删除幻灯片下方图片占位符,单击"插入"选项卡的"图片"选项,如图4-23所示,显示插入图片对话框。在插入图片对话框中依次选中文件"主修课程1.jpg""主修课程2.png""主修课程3.png""主修课程4.jpg",插入图片并调整图片大小,效果如图4-24所示。

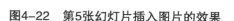

图4-23　"插入"选项卡"图片"选项

图4-24　第6张幻灯片插入图片的效果

　　⑥选择第7张幻灯片，点击"开始"选项卡的"版式"下拉列表，在弹出的"母版版式"选项卡下选择第五行第二个版式，如图4-25所示。在幻灯片右侧占位符中单击 ▣ 图标，插入对应图片，插入图片后的效果如图4-26所示。将第8张幻灯片设置成与第7张幻灯片相同的版式，插入对应的图片，效果如图4-27所示。

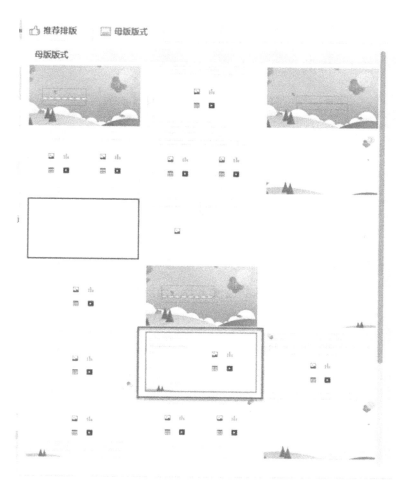

图4-25　设置第7张幻灯片的版式

图4-26　第7张幻灯片插入图片后的效果

图4-27 第8张幻灯片插入图片后的效果

第五步：统一文字风格

为每个幻灯片添加完文字和图片内容、应用模板以后，演示文稿已经具备了基本雏形，为了让演示文稿整体风格保持一致，需要对每个幻灯片标题、正文等文字内容的字体、字号、段落格式进行统一设置。

图4-28 应用"妙趣手绘"字体方案

1. 统一字体

WPS为演示文稿提供了一些免费的字体设计方案供用户使用。在"设计"选项卡点击"统一字体"下拉列表，在弹出的"统一字体"下拉列表中选择"卡通"选项，点击"妙趣手绘"字体方案，如图4-28所示。"妙趣手绘"字体方案中标题字体为"汉仪糯米团简"，正文字体为"汉仪正圆55简"。幻灯片应用字体方案后的效果如图4-29所示。

图4-29　幻灯片应用"妙趣手绘"字体方案的效果

2．统一字号

按照统一的标准对各幻灯片文字字号进行设置：第1张幻灯片标题字号72号；第2张幻灯片"目录"文字字号48号，列表文字字号20号；第3张到第8张幻灯片一级标题字号32号，二级标题字号20号，正文字号18号。选中幻灯片中的文字，单击"开始"选项卡，在"字号"选项中选择字号大小，如图4-30所示。

图4-30　字号选项

3．统一段落格式

选中第3到第8张幻灯片正文所在文本框，单击"开始"选项卡中"段落"对话框按钮，如图4-31所示，显示"段落"对话框。在"段落"对话框中设置对齐方式选项"两端对齐"，特殊格式选项"首行缩进"，度量值选项"2字符"，行距选项"1.5倍行距",如图4-32所示。统一段落格式后的效果如图4-33所示。

图4-31 "段落"对话框按钮

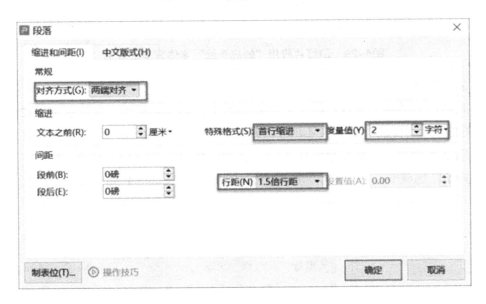

图4-32 "段落"文本框

学前教育专业介绍

　　学前教育属于教育学类专业，本专业培养具有良好的教师职业道德和先进的幼儿教育理念，掌握较系统的专业知识与专业技能，具有良好的师德践行能力、保教实践能力、教育环境创设能力、综合育人能力与自我发展能力，善于沟通，勇于创新，身心健康的学前教育工作者。

图4-33　统一段落格式后的效果

知识链接

1. "大纲"选项卡

　　"大纲"选项卡以文字大纲的形式显示幻灯片内容。用户可以在"大纲"选项卡中撰写演示文稿每一张幻灯片的文本内容，也可以拖动幻灯片图标移动幻灯片或文本。

2. "幻灯片"选项卡

　　"幻灯片"选项卡显示演示文稿中各个幻灯片的缩略图。用户可在"幻灯片"选项卡中添加或删除幻灯片，还可以拖动缩略图重新排列演示文稿中的幻灯片。

3. 模板

　　模板是已经设计好的一整套包含版式、字体、配色、效果的幻灯片的集合。用户根据要做的主题使用相应的模板可以快速创建出具有专业设计师水准的演示文稿。WPS为用户提供了丰富的模板供选择，用户可以在"设计"选项卡，"智能美化"下拉列表中的"全文换肤"选项中找到。

4. 幻灯片版式

　　幻灯片版式规定了幻灯片的结构和布局，通过占位符指明了幻灯片上要显示内容的格式、位置。占位符可以放置文本（包括标题、正文、项目符号）、图片、视频、表格、图表等元素。通过应用幻灯片版式，用户可以轻松地在幻灯片上添加布局好的文字、图片等内容。WPS包含11种基本幻灯片版式，如图4-34所示，除了基本版式，WPS还提供了更为丰富的不同的模板供用户选择。

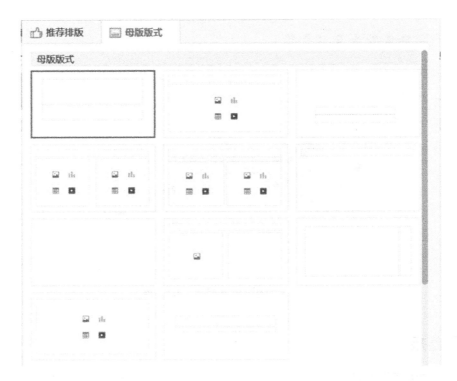

图4-34　幻灯片版式窗口

拓展视频

拓展1

拓展2

拓展3

任务2　修饰教育类演示文稿

任务导航

【任务清单】

任务内容	能力要求			
	理解原理	掌握要领	熟练操作	灵活运用
应用配色方案			√	√
添加音频、视频		√	√	

任务内容	能力要求			
	理解原理	掌握要领	熟练操作	灵活运用
使用超链接		√	√	
应用幻灯片母版	√	√	√	√
设置元素动画和幻灯片切换		√	√	√
幻灯片放映和发布		√		√

【任务描述】

本次任务在"走进学前教育"演示文稿的基础上进一步修饰美化，为演示文稿选择配色方案，加入多媒体元素（音频、视频、超链接），为演示文稿设置元素动画及幻灯片切换效果。制作完成的效果如图4-35所示。

图4-35　修饰美化后的"走进学前教育"幻灯片

任务流程

第一步：应用配色方案

第二步：在首页幻灯片添加背景音乐

第三步：在第3张幻灯片中插入视频

第四步：在第2页幻灯片中添加超链接

第五步：应用母版

第六步：设置动画及幻灯片切换

第七步：幻灯片放映和发布

任务实施

任务2

第一步：应用配色方案

单击"设计"选项卡，点击"配色方案"下拉列表，在下拉列表中"推荐方案"中选择"按风格"按钮，拖动右侧滚动条，单击"卡通"下的"新奇撞彩"配色方案，如图4-36所示。

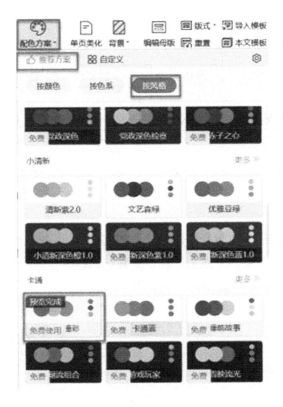

图4-36 "配色方案"下拉列表

第二步：在首页幻灯片添加背景音乐

①选中第1张幻灯片，单击"插入"选项卡，单击"音频"下拉列表中选择"嵌入音频"，如图4-37所示，显示"插入音频"窗口。

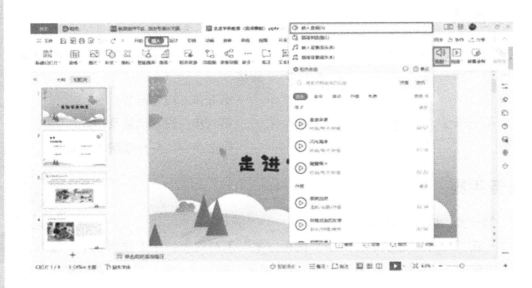

图4-37 "嵌入音频"选项

②在"插入音频"窗口中找到并选中对应的音频文件，单击"打开"按钮，如图4-38所示。

图4-38　"插入音频"窗口

③插入该音频文件后，幻灯片上会出现　图标，该图标处于选中状态，在"音频工具"选项卡，将"开始"选项设为"自动"，选中"当前页播放"单选框，选中"循环播放，直到停止"复选框，选中"放映时隐藏"复选框，如图4-39所示。

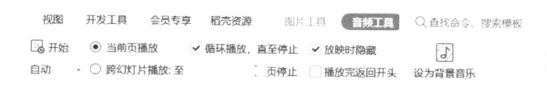

图4-39　"音频工具"选项卡

第三步：在"学前教育专业介绍"幻灯片中插入视频

①选中第3张幻灯片，删除幻灯片中的图片，单击占位符中"插入媒体"按钮，如图4-40所示，显示"插入视频"窗口。

②在"插入视频"窗口中找到并选中对应的视频文件，单击"打开"按钮，如图4-41所示。

③此时插入的视频处于选中状态，在"视频工具"选项卡中，将"开始"选项设为"单击"，选中"全屏播放"复选框，如图4-42所示。

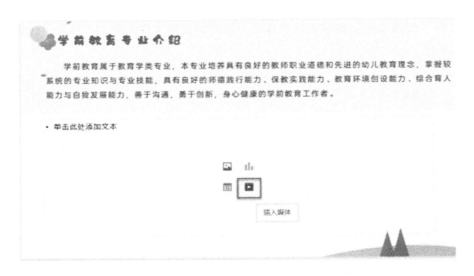

图4-40 "插入媒体"按钮

图4-41 "插入视频"窗口

图4-42 "视频工具"选项卡

第四步：在"目录"页幻灯片中添加超链接

①在第2张幻灯片中选中第一个标题文字"学前教育专业介绍"，单击"插

入"选项卡,点击"超链接"下拉列表,选中"本文档幻灯片页",如图4-43所示,显示"插入超链接"对话框。

②在"插入超链接"对话框左侧"链接到"选择"本文档中的位置",然后在"请选择文档中的位置"列表中选择"3.学前教育专业介绍"幻灯片,单击"确定"按钮,如图4-44所示。用相同的方法为"目录"页幻灯片中其他三个文本设置超链接,链接到对应幻灯片,步骤不再赘述。

图4-43 "超链接"下拉列表

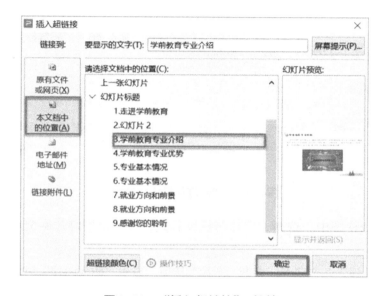

图4-44 "插入超链接"对话框

图4-45 "超链接颜色"按钮

③为超链接设置颜色。

单击"插入超链接"对话框中"超链接颜色"按钮，如图4-45所示，显示"超链接颜色"对话框。在"超链接颜色"对话框"超链接颜色"选项中选择"中板岩蓝，着色1"，"已访问超链接颜色"选项选择"中板岩蓝，着色1，浅色40%"，"下划线"选项选择"链接有下划线"，点击"应用到全部"按钮，如图4-46所示。

图4-46　"超链接颜色"对话框

第五步：应用母版

①单击"视图"选项卡，点击"幻灯片母版"选项，如图4-47所示，显示母版视图。

图4-47　"幻灯片母版"选项

②在母版视图中，选择"图片与标题版式，版式由幻灯片4-5使用"，如图4-48所示。

③单击"插入"选项卡，点击"图片"选项，显示"插入图片"对话框。在"插入图片"对话框中选中"花朵装饰.png"图片，单击"打开"按钮，如图4-49所示。

图4-48　图片与标题版式

图4-49　"插入图片"对话框

④将插入的"花朵装饰"图片调整到左上角的位置,将"单击图标添加图片"占位符和"单击此处编辑母版文本样式"占位符位置互换,调整后的效果如图4-50所示。

单击此处编辑母版标题样式

- 单击此处编辑母版文本样式　　　　　　　　　单击图标添加图片

图4-50　图片与标题版式调整后的效果

⑤单击"幻灯片母版"选项卡,点击"关闭"按钮,关闭母版视图,如图4-51所示。

图4-51 关闭"母版视图"

⑥选中应用"图片与标题版式，版式由幻灯片4-5使用"母版的第4张和第5张幻灯片，单击"设计"选项卡，点击"重置"选项，将幻灯片的占位符大小、位置和格式重置为默认设置，如图4-52所示。两张幻灯片按照修改后的母版显示，调整文字格式与其他幻灯片保持统一，效果如图4-53所示。

图4-52 "重置"选项

图4-53 幻灯片应用修改后母版版式的效果

第六步：设置动画和幻灯片切换

（1）将第1张幻灯片中的标题设置使用"进入"效果中的"飞入"动画。

①选中第1张幻灯片中的标题，在"动画"选项卡中，选择动画列表中进入效果的"飞入"动画，如图4-54所示。

②在"动画"选项卡中，单击"动画属性"下拉按钮，在效果列表中选择"自顶部"，如图4-55所示。

图4-54 动画列表"飞入"动画 　　　　图4-55 动画属性"自顶部"

③在"动画"选项卡中，单击"文本属性"下拉按钮，在下拉列表中单击"更多文本动画"，显示"飞入"对话框。在"飞入"对话框"效果"选项卡中选中"平稳结束"复选框，"动画文本"选项中选中"按字母"，如图4-56所示。

④在"飞入"对话框"计时"选项卡"开始"选项选中"上一个动画同时"，"速度"选项选中"中速（2秒）"，如图4-57所示。

图4-56　"飞入"对话框

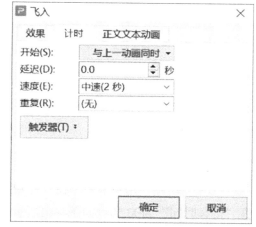

图4-57　"飞入"对话框"计时"选项卡

（2）将第2张幻灯片的4个标题文字设置为"进入"效果中的"渐变"动画。

①选中第2张幻灯片中的图片，在"动画"选项卡中，单击动画列表右侧的"其他"按钮，如图4-58所示，显示动画列表。

图4-58　动画列表"其他"按钮

②在动画列表中，单击"进入"效果右侧的"更多选项"，如图4-59所示。

图4-59　"进入"效果"更多选项"

③选择"进入"效果下"细微型"中的"渐变"动画，如图4-60所示。

图4-60　"渐变"动画

④在"动画"选项卡中，在"开始播放"选项中选择"在上一动画之后"，设置"持续时间"为00.50。如图4-61所示。

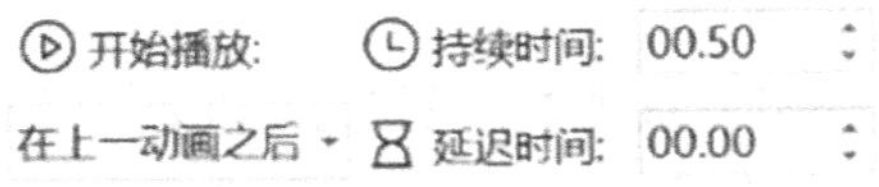

▷ 开始播放：　🕐 持续时间：　00.50

在上一动画之后 ▾　⧗ 延迟时间：　00.00

图4-61　"开始播放"选项和"持续时间"选项

⑤在"动画"选项卡中，单击"动画刷"，如图4-62所示，再点击第2个标题文字，将第1个标题的动画效果复制到第2个标题文字上。用相同的方法为其他两个标题文字设置相同的动画效果。

图4-62 动画刷

（3）将第3张幻灯片中的视频设置使用"进入"效果中的"百叶窗"动画。

①选中第3张幻灯片中的视频，在"动画"选项卡中，选择动画列表中进入效果的"百叶窗"动画，如图4-63所示。

图4-63 动画列表"百叶窗"动画

②在"动画"选项卡中，设置"开始播放"选项为"上一个动画之后"，设置"持续时间"选项为01.00。

（4）将第4张、第5张、第7张、第8张幻灯片中的图片设置使用"进入"效果中的"十字形扩展"动画。

①选中第4张幻灯片中的图片，在"动画"选项卡中，单击动画列表右侧的向下箭头，显示动画列表。单击动画列表中"进入"效果右侧的"更多选项"，选择"进入"效果下"基本型"中的"十字形扩展"动画，如图4-64所示。

图4-64 "十字形扩展"动画

②在"动画"选项卡中，在"开始播放"选项中选择"在上一动画之后"，设置"持续时间"为01.00。

③在"动画"选项卡中，单击"动画刷"，点击第5张幻灯片中的图片，将第4张幻灯片图片的动画效果复制到第5张幻灯片图片上。用相同的方法为第7张、第8

张幻灯片中图片设置相同的动画效果。

（5）将第6张幻灯片中的4张图片依次设置使用进入效果中的"飞入"动画，并将动画效果方向设置为"自左侧"。

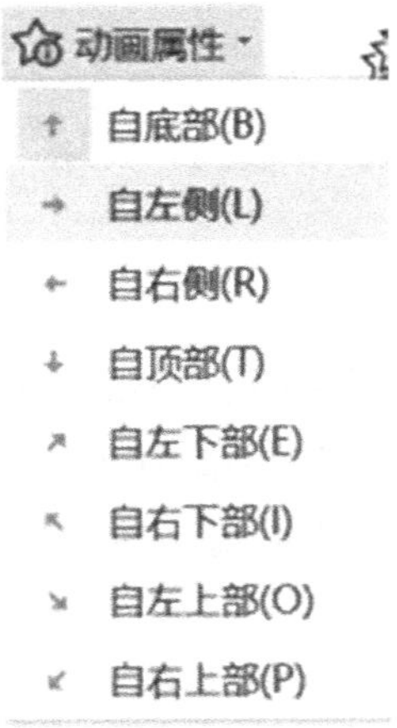

图4-65　动画属性"自左侧"

①选中第6张幻灯片中左侧的第1张图片，在"动画"选项卡中，选择动画列表中"进入"效果的"飞入"动画。

②在"动画"选项卡中，单击"动画属性"下拉按钮，在效果列表中选择"自左侧"，如图4-65所示。设置"开始播放"选项为"上一个动画之后"，设置"持续时间"为00.50。单击"动画刷"，将第1张图片的动画效果复制到后面三张图片上。

（6）将所有幻灯片的切换效果设置为"立方体"。

①在"切换"选项卡，选择切换效果列表中的"立方体"，如图4-66所示。

图4-66　"切换"效果列表

②在"切换"选项卡，单击"效果选项"下拉列表，在下拉列表中选择"左侧进入"，如图4-67所示。

③在"切换"选项卡，选中"单击鼠标时换片"复选框，单击"应用到全部"按钮，如图4-68所示。

图4-67　"效果选项"下拉列表　　　图4-68　"单击鼠标时换片"复选框

第七步：幻灯片放映与发布

（1）自定义幻灯片放映，放映名称为"学前教育介绍"。

①在"放映"选项卡中，单击"自定义放映"选项，如图4-69所示，弹出"自定义放映"对话框。

图4-69　"自定义放映"选项

②在"自定义放映"对话框中点击"新建"按钮，如图4-70所示，弹出"定义自定义放映"对话框。

③在"定义自定义放映"对话框中，"幻灯片放映名称"文本框中输入"学前教育介绍"，选中左侧"在演示文稿中的幻灯片"列表中第3张到第8张幻灯片的名称，点击"添加"按钮，将其添加到右侧"在自定义放映中的幻灯片"列表中，如图4-71所示。选中右侧"在自定义放映中的幻灯片"列表中的幻灯片，点击右侧的上下箭头，可调整幻灯片的顺序。

图4-70　"自定义放映"对话框

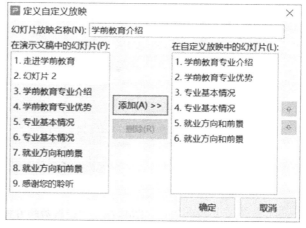

图4-71　"定义自定义放映"对话框

（2）放映类型设置为"演讲者放映（全屏幕）"，放映幻灯片设置为"自定义放映"。

①在"放映"选项卡中点击"放映设置"选项向下箭头，在下拉菜单中默认选中"手动放映"，如果选择"自动放映"在放映过程中不需人工干预，演示文稿会

自动播放，如图4-72所示。

②在"放映设置"选项下拉菜单中单击"放映设置"选项，如图4-73所示，弹出"设置放映方式"对话框。

图4-72　"放映设置"选项　　　　　　图4-73　"放映设置"选项

③在"设置放映方式"对话框中，"放映类型"选项选择"演讲者放映（全屏幕）"，"放映幻灯片"选项选中"自定义放映"，在下面列表中选中"学前教育介绍"，"换片方式"选项选择"手动"，单击"确定"按钮，如图4-74所示。

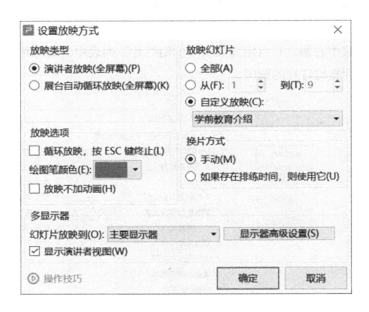

图4-74　"设置放映方式"对话框

④单击"文件"选项卡，弹出菜单中点击"文件打包"命令，在右侧点击"将演示文档打包成文件夹"命令，如图4-75所示，弹出"演示文件打包"对话框。

图4-75　"文件打包成文件夹"命令

　　⑤在"演示文件打包"对话框中确定文件夹名称和保存的位置，单击"确定"按钮，即可完成演示文稿打包，如图4-76所示。

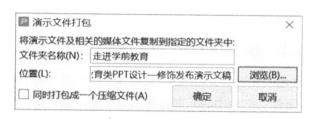

图4-76　"演示文件打包"对话框

知识链接

1. 超链接

　　"超链接"将演示文稿中的幻灯片相互连接起来，用户使用超链接可以从一张幻灯片连接到同一演示文稿中另一个幻灯片，也可以从一张幻灯片连接到不同演示文稿中另一个幻灯片、电子邮箱地址、网页或文件。

　　超链接不仅可以从文本创建，可以从其他元素，如图片、图形、形状、艺术字创建。

2. 母版

　　幻灯片母版保存了和演示文稿相关的版式和所用到的元素信息，如背景、颜色、字体、效果、占位符大小和位置等。每个演示文稿至少包含一个幻灯片母版。修改和使用幻灯片母版可以使用户对演示文稿中的每张幻灯片样式进行统一的更改。

当需要在多张幻灯片上包含相同的信息或图片时，如公司的标志，使用幻灯片母版处理特别方便，可以节省大量时间。

在"幻灯片母版"选项卡下才能创建和编辑幻灯片母版或相关幻灯片版式。左侧窗口最上的是幻灯片母版，它的下方是与幻灯片母版相关联的幻灯片版式，如图4-77所示。

图4-77　幻灯片母版

3．演示文稿动画

演示文稿动画可使幻灯片中的元素具有动态效果，使信息内容更为生动。用户也可配合添加声音来增加动画的效果。尽管动画可使演示文稿具有动态效果，有助于强调演示要点，但动画太多也会分散观众注意力。

常见的动画效果类型有进入、强调、退出、动作路径。演示文稿动画设置在"动画"选项卡"动画列表"中，如果"动画列表"不能完全显示，可单击"动画列表"右侧向下的箭头 ，以显示所有动画效果。

4．幻灯片切换

演示文稿动画是使幻灯片中的元素具有动态效果，幻灯片切换则是在演示期间，即在幻灯片放映状态下从一张幻灯片转移到下一张幻灯片时的切换动作具有动态效果。用户还可以控制切换效果的速度、添加声音，甚至对切换效果属性进行自定义。幻灯片切换效果可以在"切换"选项卡中设置。

拓展视频

拓展

05

模块5

图形图像处理

Photoshop因其强大的图像处理功能，已经成为最为流行的图像处理软件之一，备受使用者的青睐。虽然Adobe旗下媒体、图像处理软件不胜枚数，但是Photoshop依旧是 Adobe的主流产品，对于设计人员和图像处理爱好者来说，Photoshop都是不可或缺的工具，具有广阔的发展空间。本章节将使用Photoshop CC版本完成相关任务，带领大家领略其强大的图像处理功能。

任务1　制作宣传海报——毛泽东诗词赏析

任务导航

【任务清单】

任务内容	能力要求			
	理解原理	掌握要领	熟练操作	灵活运用
画布的创建、保存			√	√
图像的缩放和移动	√	√	√	√
调整图像色彩		√	√	√
图层蒙版的运用		√	√	√
选框工具的使用		√	√	√
渐变色彩的运用		√	√	√
字体的安装和使用	√		√	√
文字工具的应用		√	√	√

【任务描述】

Photoshop在广告设计方面的运用非常广泛，不但可以制作招贴式宣传广告，还可以制作手册式的宣传广告。在本次任务中以制作宣传海报为例，熟悉并掌握Photoshop的基本操作以及制作海报的基本流程。以毛泽东诗词赏析为例宣传海报制作完成后的效果如图5-1所示。

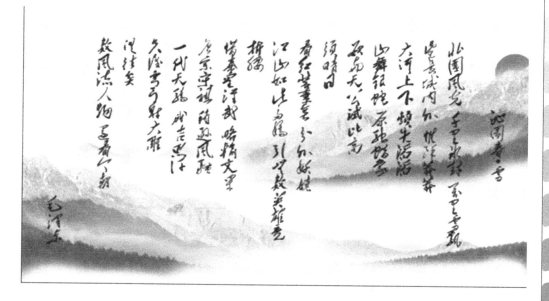

图5-1　宣传海报——毛泽东诗词的效果图

任务流程

第一步：创建画布并保存源文件

第二步：置入素材文件

第三步：调整素材图片的大小与位置

第四步：调整素材图片色彩为灰色系

第五步：设置背景层颜色

第六步：添加背景元素

第七步：为图片元素添加蒙版，使其与背景融为一体

第八步：绘制渐变红色的太阳图形元素

第九步：添加诗词文本段落

任务实施

第一步：创建画布并保存源文件

①执行"文件→新建"菜单命令（或直接按快捷键【Ctrl+N】），弹出"新建"对话框，设置"宽度"为32厘米、"高度"为18厘米、"分辨率"为120像素/英寸、"颜色模式"为RGB颜色、"背景内容"为透明，单击"确定"按钮，关闭对话框，即可创建画布，如图5-2所示。

第一步～第七步

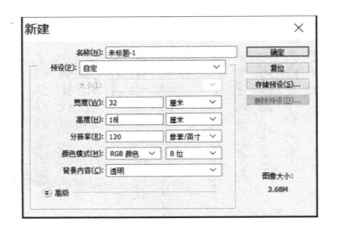

图5-2　"新建"对话框

②执行"文件→存储为"菜单命令（或直接按快捷键【Ctrl+Shift+S】），弹出"另存为"对话框，找到保存位置，以"任务1 宣传海报.psd"文件名、选择默认的"Photoshop(*.PSD，*.PDD)"保存类型，单击保存，即可生成一个PSD源文件，如图5-3所示。之后的操作只要随时按快捷键【Ctrl+S】即可随时保存源文件。

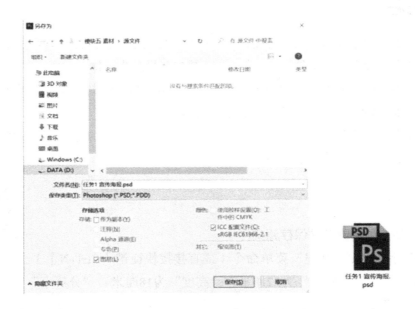

图5-3　"另存为"对话框以及源文件的图标

第二步：置入素材文件

①打开素材文件夹，拖拽"山水.jpeg"文件图标至PS运行窗口内的画布中，如图5-4所示，释放鼠标即可，如图5-5所示。

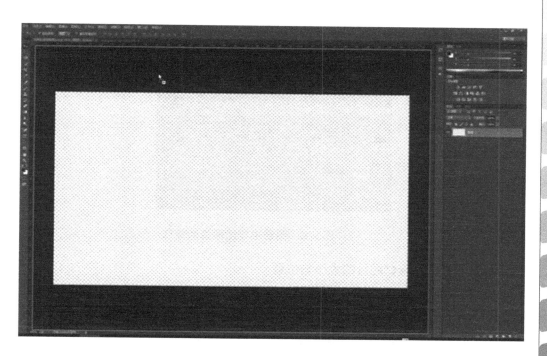

图5-4 拖放素材文件的状态

图5-5 置入素材

　　②此时图片是以智能对象呈现，只要关注到右侧图层面板中当前图层缩略图的右下角，即可看到有一个特殊标志，如图5-6所示。如果要确认当前图片，直接按

信息技术基础

下【Enter】键即可；如果此时发现拖拽文件有误，可以直接按下【Esc】键撤销当前操作，重新置入素材即可。

图5-6 图层中智能图像的标志

第三步：调整素材图片的大小与位置

将图片移动至画布右下方，按【Ctrl+T】快捷键，调出自由变换尺寸框，然后按住【Shift】键，同时鼠标移至尺寸框左上角的控制点进行拖拽，将图片等比例放大至宽度覆盖整个画布，然后调整其位置，如图5-7所示。按下【Enter】键确认自由变换操作。按下【Esc】键撤销当前操作，可以重新调整。

图5-7 调整素材大小和位置

第四步：调整素材图片色彩为灰色系

①在"图层"面板中选中"山水"图层，并在当前图层缩略图右侧任意位置右击鼠标，从弹出的快捷菜单中选择"栅格化图层"命令，即可发现当前图层缩略图右下角的智能图片标志消失，表明操作成功。

②执行"图像→调整→去色"菜单命令（或直接按快捷键【Ctrl+Shift+U】），将其调整为黑白色。

③继续执行"图像→调整→色阶"菜单命令（或直接按快捷键【Ctrl+L】），弹出"色阶"对话框，拖动滑块或者在滑块下面的文本框中直接输入数值，如图5-8所示。单击"确定"按钮，即可将图片色彩调整为浅灰色，效果如图5-9所示。

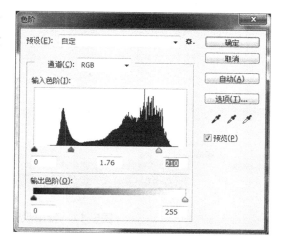

图5-8　调整色阶

图5-9　素材图片色彩调整为浅灰色的效果

第五步：设置背景层颜色

①单击"图层"面板下方的"创建新图层"按钮 （或直接按快捷键【Ctrl+Shift+Alt+N】）创建一个新的透明图层。图层面板就会增加一个默认名字为"图层1"的透明图层，如图5-10所示。

②单击选择左侧工具栏中的"吸管"按钮 ，然后鼠标移

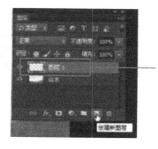

图5-10　创建新透明图层

至画布的灰色较浅的区域，如图5-11所示，单击吸取前景色，此时工具栏中的"设置前景色"按钮 呈现的颜色就是吸取后的色彩。

图5-11　使用吸管工具吸取前景色

③单击"图层1"，直接按快捷键【Alt+Delete】，为当前图层填充"浅灰色"前景色。

④此时整个画布为浅灰色，鼠标移动至图层面板，按住鼠标左键直接向下拖拽"图层1"，将其移动至最底层；然后双击"图层1"名字，将当前图层重新命名为"背景层"，如图5-12所示。

图5-12　设置背景层的效果图

第六步：添加背景元素

①直接拖拽"山水"图层至"图层"面板下方的"创建新图层" ![按钮] 按钮（或直接按快捷键【Ctrl+J】），即可实现复制当前图层，并以"山水 拷贝"为当前图层的默认名字。

图5-13   "山水 拷贝"图层调整后的效果

②按【Ctrl+T】快捷键，使当前图片处于自由变换状态，鼠标移至图片上方，右击，从快捷菜单中选择"水平翻转"命令，然后将其移动至合适位置，效果如图5-13所示。

第七步：为图片元素添加蒙版，使其与背景融为一体

①先单击选中"山水拷贝"图层，再单击"图层"面板下方的"添加图层蒙版"按钮，即可为当前图层添加"图层蒙版"，如图5-14所示。

②单击"山水 拷贝"图层的"图层蒙版"缩略图，按快捷键【D】，可以快速设置前景色和背景色为系统默认颜色：前景为黑色、背景为白色。

③在左侧工具栏中选择"笔刷"工具，接着在顶部的当前工具属性栏中调整合适的"笔刷大小和硬度"，如图5-15所示。

图5-14   添加图层蒙版

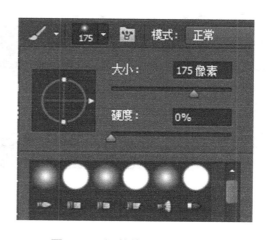

图5-15   调整笔刷大小和硬度

④单击"山水 拷贝"图层的蒙版缩略图，使用笔刷在画布上进行涂抹，黑色的区域就被隐藏起来，白色的区域为显示部分，如图5-16所示。

图5-16   "山水 拷贝"图层添加蒙版后的图像显示效果

⑤按住快捷键【Alt】不放，同时单击"山水 拷贝"图层的蒙版缩略图，画布中的图像将被隐藏，只显示蒙版图像，如图5-17所示。再次按住快捷键【Alt】不放，单击"山水 拷贝"图层的蒙版缩略图，即可恢复显示画布中的图像。

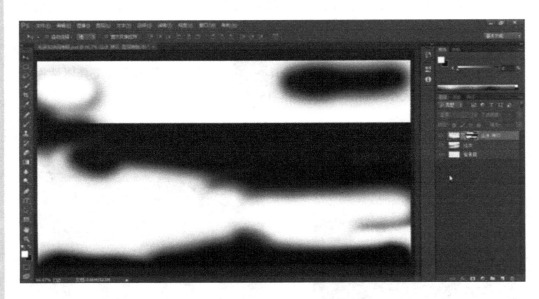

图5-17   "山水 拷贝"图层蒙版图像效果

⑥选择"山水"图层，按住快捷键【Alt】不放，同时单击图层面板中的"添加图层蒙版"按钮◉，可以创建一个遮盖图层全部的蒙版，如图5-18所示。

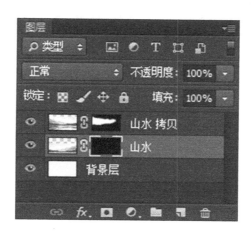

图5-18　遮盖"山水"图层全部的蒙版

⑦按快捷键【X】，调换前景色和背景色◨，将前景色更改为白色。再次使用笔刷工具，设置合适的大小和硬度。

⑧单击"山水"图层蒙版缩略图，在画布上用设置好的白色笔刷进行涂抹，可以随时根据需求调整笔刷大小、硬度与颜色，直至显示的图像满意为止，如图5-19所示。

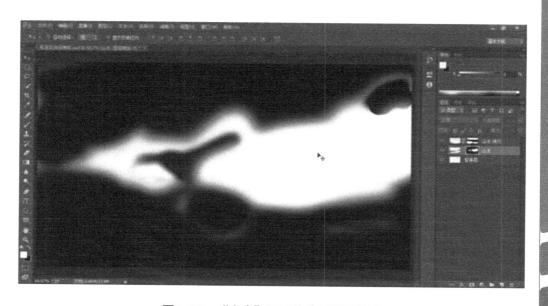

图5-19　"山水"图层的蒙版图像效果

⑨还可以继续调整这两个图层的摆放位置、不透明度以及蒙版效果，直到满足

需求为止，如图5-20所示。

图5-20　图片添加图层蒙版的显示效果

第八步：绘制渐变红色的太阳图形元素

①直接按快捷键【Ctrl+Shift+Alt+N】）创建一个新的透明图层。

②在左侧工具栏中选择"椭圆选框工具" ，同时按住【Shift】和【Alt】辅助键，即可绘制由中心点逐渐变大的正圆选区。

③在左侧工具栏中选择"渐变工具" ，然后在顶部"渐变工具"属性栏中单击"径向渐变"按钮，再单击"颜色渐变条"按钮，在弹出的"渐变编辑器"对话框中，分别设置2处色标颜色为橘红色（RGB:255、55、3）、浅橘红色（RGB:255、97、13），如图5-21所示。单击"确定"按钮，关闭对话框。

④将鼠标移动至正圆选区的中心点，并拖动鼠标至正圆边缘，如图5-22所示。释放鼠标，按快捷键【Ctrl+D】取消选区，即可得到绘制的太阳，如图5-23所示。

⑤双击当前默认的图层名字，将其重命名为"太阳"。将绘制好的太阳，移动至画布右侧的山峰处，并移动"太阳"图层至"背景层"和"山水"图层之间，如图5-24所示。

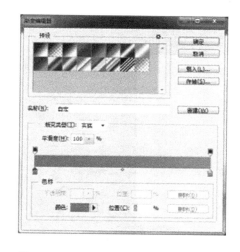

图5-21 设置"渐变编辑器"对话框

图5-22 拖动鼠标

图5-23 绘制的太阳效果

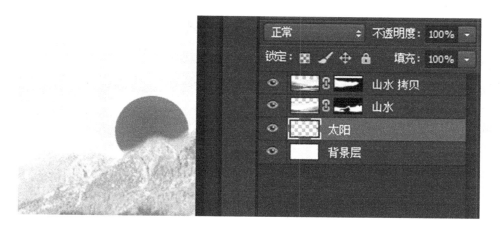

图5-24 "太阳"图层的最终效果

第九步：添加诗词文本段落

①打开素材文件夹，找到"maozedong.ttf"文件 ，右击该文件，在弹出的快捷菜单中选择执行"安装"命令，即可为后续操作做好字体准备工作。

②从左侧工具栏中单击选择"直排文字工具"按钮 ，移动鼠标至画布，在画布版心中拖拽一个文本框，如图5-25所示。

③在素材文件夹中，打开"文字.txt"文件，将其全部文本复制粘贴至画布中绘制的文本框内，再单击顶部"文字工具"属性栏右侧的"确定"按钮 （或者直接按快捷键【Ctrl+Enter】），如图5-26所示。

图5-25　绘制"直排文字工具"文本框

图5-26　输入文本内容后的效果

④双击文本图层名字，重命名图层名字为"毛泽东诗词"。

⑤双击"毛泽东诗词"文本图层的缩略图 ，直接快速全选文本框内的所有文字。在顶部"文字工具"属性栏的"字体"列表框 Adobe 黑体 Std 中选择安装好的"草檀斋毛泽东字体" 草檀斋毛泽东字体 ，在"字号"数值框 10.08 点 中设置为30点，单击"顶对齐文本"按钮 ，单击设置"文本颜色"按钮 ，在弹出的"拾色器（文本颜色）"对话框中设置深灰色（RGB:28、28、28）。

⑥单击"文字工具"属性栏的"切换字符和段落面板"按钮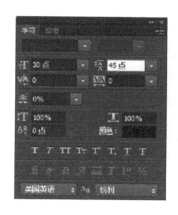，在打开的"字符"面板中设置"行距"为"45点"，如图5-27所示。

⑦把光标定位诗词标题"沁园春·雪"的任意位置，单击"文字工具"属性栏的"居中对齐文本"按钮 ，单击"文字工具"属性栏的"切换字符和段落面板"按钮 ，在打开的"段落"面板中设置"段后间距"为"32点"，如图5-28所示。

图5-27 字符面板设置"行距"　　**图5-28 设置标题段落的段后间距**　　**图5-29 设置落款段落的段前间距**

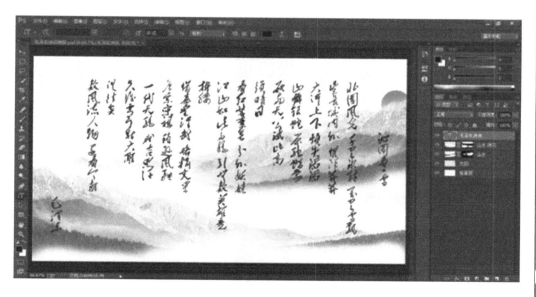

图5-30 任务1源文件的效果图

⑧在诗词末尾输入落款"毛泽东"段落，并单击"文字工具"属性栏的"底对齐文本"按钮 ，单击"切换字符和段落面板"按钮 ，在打开的"段落"面板中设置"段前间距"为"42点"，如图5-29所示。

知识链接

一、Photoshop CC的基本界面

启动Photoshop CC后，执行"文件→打开"菜单命令（或直接按快捷键【Ctrl+O】），打开一张图片，便可进入Photoshop CC的操作界面，如图5–31所示。

图5–31 Photoshop CC的操作界面

1. 工具箱

工具箱是Photoshop工作界面的重要组成部分，主要包括选择工具、绘图工具、填充工具、编辑工具等，如图5–32所示。

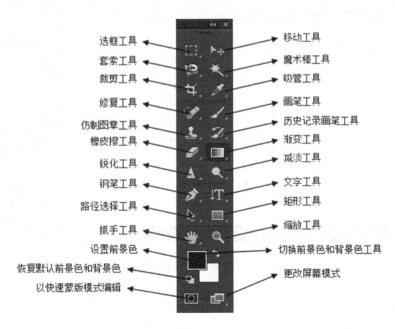

图5–32 工具箱

2. 显示并选择工具

Photoshop含有特别多的工具，但是小小的工具箱无法全部显示它们，因此在一些工具图标的右下角会看到小三角符号█，表示这里隐藏了一些类似功能的工具。只要在带有三角符号█的工具图标上右击（或按住鼠标左键停留2s），便可弹出隐藏的工具选项，如图5-33所示，将鼠标移动到隐藏的工具选项上单击选择即可。

图5-33　显示被隐藏的工具

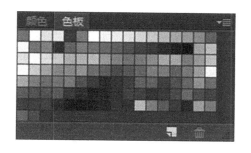

图5-34　选择面板

3. 控制面板

Photoshop界面为用户提供了多个控制面板组，分别停放在不同的面板窗口中。面板通常以选项卡的形式成组出现。对于控制面板的操作有选择、折叠/展开、移动、浮动、打开面板菜单、关闭面板以及复位。用户可以自行定义属于自己需求的面板组风格。

选择面板：直接单击面板名称即可，如图5-34所示。

图5-35　将所有面板折叠为图标

图5-36　自定义面板组进行折叠与展开

折叠/展开面板：单击面板组右上角的三角按钮███，可以快速将所有面板组折叠为图标，如图5-35所示。单击折叠后右上角的三角按钮可以展开所有面板组。双击某一个面板名称，可以折叠当前面板组或面板，如图5-36所示。

移动：在同一个面板组中，按住鼠标拖拽，可以更换选项卡的左右位置。

浮动：鼠标移动至面板名称处，按住鼠标左键向外移动，拖拽到窗口的空白处，即可将某个面板脱离面板组，可以将其放置于窗口中的任意位置，如图5-37所示。反之，也可以将其再次拖动放置在面板组中。

图5-37 浮动"图层"面板 图5-38 "图层"面板菜单 图5-39 "图层"面板快捷菜单

打开面板菜单：单击面板右上角的向下三角按钮，可以打开与当前面板相关的各种命令菜单，如图5-38所示。

关闭面板：在某个面板的标题栏上右击，显示其快捷菜单，如图5-39所示，选择执行"关闭"命令，可以关闭当前面板；选择执行"关闭选项卡组"命令，可以关闭该面板组。对于浮动面板，直接单击右上角的关闭按钮即可。

复位面板：有时经过自己的误操作，可能找不到经常使用的面板。这时可以通过单击"窗口"菜单，便可看到所有的面板名称，单击选择便可重新显示出来。还可以直接单击执行"窗口→工作区→复位基本功能"菜单命令，便可按系统默认模式重新显示面板组。

二、常用的图像格式

在Photoshop中，文件的保存格式有很多种，不同的图像格式有各自的优缺点。Photoshop CC支持多种图像格式，下面具体介绍几种经常使用的图像格式：

（1）PSD格式：这是Photoshop的默认格式，也是唯一支持所有图像模式的文件格式。它可以保存图像中的图层、通道、路径和辅助线等信息，也被称为Photoshop的源文件。

（2）BMP格式：这是DOS和Windows平台上常用的一种图像格式。BMP格式的特点是包含的图像信息比较丰富，几乎不对图像进行压缩，但其占用的磁盘空间比较大，而且不能保存Alpha通道。

（3）JPEG格式：这是一种有损压缩的网页格式，不支持Alpha通道，也不支持透明。它最大的特点是文件比较小，可以进行高倍率的压缩，因此在注重文件大小的领域应用广泛。

（4）GIF格式：这是一种通用的图像格式，它是一种有损压缩格式，而且支持透明和动画。另外，以GIF格式保存的文件不会占用太多的磁盘空间，非常适合于网络传输，是网页中常用的图像格式。

（5）PNG格式：这是一种无损压缩的网页格式，它结合了GIF格式和JPEG格式的优点，不仅无损压缩，体积更小，而且支持透明和Alpha通道。目前网页中应用也比较广泛。

（6）AI格式：这是Adobe Illustrator软件所特有的矢量图形存储格式。在Photoshop中可以将图像保存为AI格式，并且能够在Illustrator和CorelDraw等矢量图形软件中直接打开并进行修改和编辑。

（7）TIFF格式：主要用于在不同的应用程序和不同的计算机平台之间交换文件。它是一种通用的位图文件格式，几乎所有的绘画、图形编辑和页面版式应用程序均支持该文件格式。TIFF格式能够保存通道、图层和路径信息，看起来与PSD格式并没有太大区别，但实际上如果在其他程序中打开以TIFF格式所保存的图像，其所有图层将被合并。只有用Photoshop打开保存了图层的TIFF文件，才可以对其中的图层进行编辑与修改。

三、撤销操作

在绘制和编辑操作过程中，难免遇到误操作或者对效果不满意的情况。根据情况，可以应用以下撤销操作：

（1）仅撤销上一步操作　执行"编辑→还原"菜单命令（或者直接按快捷键【Ctrl+Z】），便可撤销对图像所做的最后一次修改操作。如果再次按下快捷键【Ctrl+Z】，便会取消"还原"命令。

（2）撤销或还原多步操作　逐步执行"编辑→后退一步"菜单命令（或者直接按快捷键【Ctrl+Alt+Z】），便可逐步撤销对图像的修改操作。如果想要恢复被撤销的操作，逐步执行"编辑→前进一步"菜单命令（或者直接再次按下快捷键【Shift+Alt+Z】）。

（3）撤销到操作过程中的任意步骤　"历史记录"面板可以将进行过多次修

改处理的图像恢复到未保存之前的任一操作（系统默认记录前20步）时的状态。执行"菜单→历史记录"菜单命令（或者单击右侧面板组的"历史记录"面板按钮 ），便会打开"历史记录"面板，如图5-40所示。

这时选择其中的任何一步操作，图像即刻恢复到该操作时的状态。在"历史记录"面板右下方有3个按钮 ，它们的功能分别是：

√ 从当前状态创建新文档 ：基于当前步骤中的图像状态创建一个新文件。

√ 创建新快照 ：基于当前步骤中的图像状态创建快照。

√ 删除当前状态 ：选择其中的一个操作步骤，单击该按钮便可将该步骤及后面的操作删除。

单击"历史记录"面板右上方的按钮，会弹出"历史记录"面板菜单，如图5-41所示。

图5-40 "历史记录"面板

图5-41 "历史记录"面板菜单

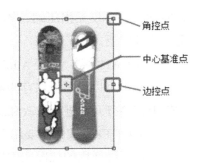

图5-42 定界框、角控点、边控点、中心基准点

四、自由变换操作

"自由变换"是集合了移动、缩放、旋转、翻转、变形、扭曲等一系列变换的命令。首先要选中需要自由变换的图层对象，再执行"编辑→自由变换"菜单命令（或者直接按快捷键【Ctrl+T】），图层对象的四周便会出现带有控点的框（一般称之为"定界框"），如图5-42所示。

（1）缩放

自由缩放：将鼠标移动至定界框边控点或角控点处，当光标变成 形状时，按住鼠标左键不放进行拖动，即可随意调整图层对象的大小，如图5-43所示。

等比例缩放：按住辅助键【Shift】不放，同时拖动定界框的角控点，即可实现等比例缩放图层对象，如图5-44所示。

基于中心点等比例缩放：按住辅助键【Shift+Alt】不放，同时拖动定界框的角控点，即可实现基于中心点等比例缩放图层对象，如图5-45所示。

图5-43　自由缩放

图5-44　等比例缩放

（2）旋转　将鼠标移动至定界框角控点处，当光标变成 ↰ 形状时，按住鼠标左键不放进行拖动，即可实现围绕中心基准点旋转，如图5-46所示。

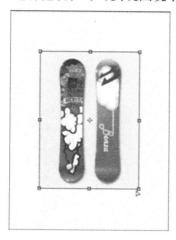

图5-45　基于中心点等比例缩放

图5-46　旋转

当然，旋转基准点的位置是可以改变的。鼠标移动至中心点位置处，当光标变成 形状时，按住鼠标左键不放进行拖动，移动至所需位置处，释放鼠标即可。运用不同的基准点位置，可以获得不同的旋转效果，如图5-47所示。

图5-47　改变基准点位置的旋转　　　图5-48　自由变换菜单列表

（3）翻转　在定界框上右击，会弹出自由变换菜单列表，如图5-48所示。经常使用"水平翻转"和"垂直翻转"命令，绘制对称图形、镜像、倒影等效果，如图5-49所示。

图5-49　水平翻转和垂直翻转

（4）变形　在自由变换菜单列表中可以看出自由变换的功能十分强大。通常将"缩放"和"旋转"统称为变换操作，将"斜切""扭曲""透视"和"变形"统称为变形操作。

斜切：在自由变换菜单列表中选择执行"斜切"命令，将鼠标移动至定界框外侧，当光标变为 ↳↔ 或 ↳↕ 形状时，按住左键不放并沿着水平或垂直方向拖动，即可实现斜切效果，如图5-50所示。

原图

水平斜切

垂直斜切

图5-50 斜切图像

扭曲： 在自由变换菜单列表中选择执行"扭曲"命令，将鼠标移动至定界框角控点或者边控点上，当光标变为 ▷ 形状时，按住左键不放并拖动，即可实现扭曲效果，如图5-51所示。

透视： 在自由变换菜单列表中选择执行"透视"命令，将鼠标移动至定界框角控点或者边控点上，当光标变为 ▷ 形状时，按住左键不放并拖动，即可实现透视效果，如图5-52所示。

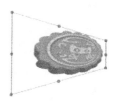

图5-51 扭曲图像　　　　　**图5-52 透视图像**

变形： 在自由变换菜单列表中选择执行"变形"命令，画面会显示网格，将鼠标放在网格内，当光标变为 ▶ 形状时，拖动控制杆或网格，可以实现变形效果，如图5-53所示。

变形之前   变形之后

图5-53　变形图像

当进入"自由变换"编辑状态时，要留意顶部"自由变换"的属性栏，如图5-54所示。

（属性栏图像：X: 249.50 型！△ Y: 353.00 型！ W: 47.80% ∞ H: 47.81% △ 0.00 度 H: 0.00 度 V: 0.00 度 插值：两次立方 ▾）

图5-54　"自由变换"的属性栏

对常用的选项解释如下：

√ （图标）：调整基准点的位置。用鼠标单击选中这9个点的某一点后，该点显示为白色，即确认该点为基准点。

√ W: 47.80%：调整图层对象的宽度，输入精确的百分比数值加以控制其宽度。

√ （链接图标）：单击选中该按钮，当前对象的缩放比例是等比例缩放，即保持长宽比。

√ H: 47.81%：调整图层对象的高度，输入精确的百分比数值加以控制其高度。

√ △ 0.00 度：调整图层对象旋转的角度，可以输入的数值范围在-180°~180°，可以通过精确的角度数值控制旋转。

√ （禁止图标）：单击该按钮，可以取消当前变换操作，或者按快捷键【Esc】。

√ （对勾图标）：单击该按钮，可以确认当前变换操作，或者按快捷键【Enter】。

五、图层的不透明度

"不透明度"用于控制图层、图层组中绘制的图像和形状的不透明程度。利用"图层"面板右上角的"不透明度"数值框，可以对当前"图层"的透明度进行调节，其设置范围为0%~100%。

小技巧：在使用除画笔、图章、橡皮擦等绘画和修饰之外的其他工具时，按下键盘中的数字键即可快速修改图层的不透明度。比如，按下"6"，不透明度会变为60%；连续按两下"6"，不透明度变为66%；按下"0"时，不透明度会恢复为100%。

打开素材图像"图层的不透明.psd"，如图5-55所示，依次将这些月饼所在的图层不透明度调整为100%、90%、80%、60%、50%。

图5-55　调整图层的不透明度

六、智能对象

智能对象是一个嵌入到当前文档中的文件，它可以包含图像，也可以包含在Adobe Illustrator中创建的矢量图形。它与普通图层的区别在于，它能够保留对象的源内容和所有的原始特征，在Photoshop中对其进行缩放与旋转时，图像不会失真。

图5-56　将多个普通图层转换为智能对象图层　　　图5-57　编辑智能对象的报错信息

在图层面板中也可以选择一个或多个普通图层，右击，在弹出的快捷菜单中执行"转换为智能对象"命令，将选中的普通图层打包到一个智能对象中，如图5-56

所示。

智能对象图层虽然有很多优势，但在某些情况下却无法直接对其进行编辑。例如，使用选区工具删除智能对象时就会报错，如图5-57所示。这时就需要将智能对象转换为普通图层。

选择智能对象所在的图层，右击，选择"栅格化图层"命令，可以将智能对象图层转换为普通图层，原图层缩略图上的智能对象图标就会消失，如图5-58所示。

图5-58　栅格化后的图层

七、椭圆选框工具

"椭圆选框"工具与"矩形选框"工具十分类似，也是最常用的选区工具之一。将鼠标指针定位在"矩形选框"工具上并右击，从弹出的选框工具组中选择"椭圆选框"工具。

选中"椭圆选框"工具后，按住鼠标左键在画布中拖动，即可创建一个椭圆选区。

小技巧：

（1）按住辅助键【Shift】，同时拖动鼠标指针，可以创建一个正圆选区。

（2）按住辅助键【Alt】，同时拖动鼠标指针，可以创建一个以单击点为中心的椭圆选区。

（3）按住辅助键【Shift+ Alt】，同时拖动鼠标指针，可以创建一个以单击点为中心的正圆选区。

（4）按快捷键【Shift+ M】，可以在"矩形选框"工具和"椭圆选框"工具之间快速切换。

仔细观察"椭圆选框"工具属性栏，不难发现，与"矩形选框"工具属性栏基本相同，只是"椭圆选框"工具可以使用"消除锯齿"功能，如图5-59所示。

图5-59　"椭圆选框"工具属性栏

这是因为像素是组成图像的最小元素，而它们都是正方形的，因此在创建圆形、多边形等不规则选区时，很容易产生锯齿，如图5-60（a）所示。而勾选"消除锯齿"后，Photoshop会在选区边缘1个像素的范围内添加与周围图像相近的颜色，使选区看上去更光滑，如图5-60（b）所示。

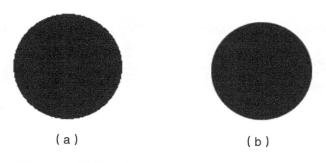

（a） （b）

图5-60 "消除锯齿"未勾选和勾选后的对比效果

八、渐变工具

使用"渐变"工具后，需要先在其属性栏中选择一种渐变类型，并设置渐变颜色等选项，然后再来创建渐变，如图5-61所示。

图5-61 "渐变"工具属性栏

为了更好地理解"渐变"工具，我们对渐变属性进行具体讲解。

图5-62 预设的渐变

√ ：渐变颜色条中显示了当前的渐变颜色，单击它右侧的按钮，可以在打开的下拉面板中选择一个预设的渐变，如图5-62所示。

√  ：用于设置渐变类型，从左到右依次为线性渐变、径向渐变、角度渐变、对称渐变和菱形渐变，如图5-63所示。

图5-63 从左到右依次为线性渐变、径向渐变、角度渐变、对称渐变、菱形渐变

√ 模式： 正常 ：用于选择渐变时的混合模式。

√ 不透明度： 100% ：用于设置渐变效果的不透明度。

√ 反向 ：勾选此项，可反转渐变中的颜色顺序，得到反方向的渐变效果。

√ ☑ 仿色 ：勾选此项，可以使渐变效果更加平滑，主要用于防止打印时出现条带化现象，在屏幕上不能明显地体现出作用，默认为勾选状态。

√ ☑ 透明区域 ：勾选此项，可以启用编辑渐变时设置的透明效果，创建包含透明像素的渐变，默认为勾选状态。

除了使用系统预设的渐变选项外，还可以通过"渐变编辑器"自定义各种渐变效果，方法如下。

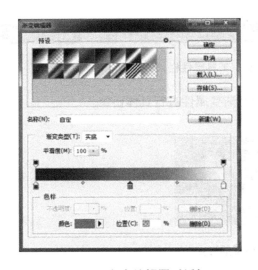

图5-64　渐变编辑器对话框　　　　　图5-65　添加色标

（1）在"渐变"工具属性栏中单击"渐变颜色条" ，弹出"渐变编辑器"对话框，如图5-64所示。

（2）将鼠标指针移至"渐变颜色条"的下方，当指针变为 形状时，单击即可增加色标，如图5-65所示。

（3）如果想删除某个色标，只需将该色标拖动出对话框或单击该色标，然后单击编辑器窗口下方的"删除"按钮即可。

（4）双击色标，将弹出"拾色器（色标颜色）"对话框，在对话框中可以更改当前色标的颜色，如图5-66所示。

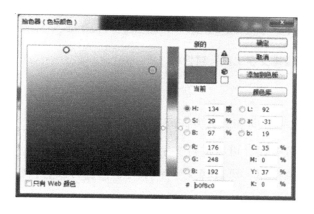

图5-66 "拾色器（色标颜色）"对话框

图5-67 吸取色标带上的颜色

（5）如果想设置某个色标的颜色与"色标"带上的颜色相同，先单击选中该色标，鼠标移动到"色标"带上变成吸管形状，如图5-67所示，单击即可变色。

（6）在"渐变颜色条"的上方单击可以添加不透明度色标，通过"色标"栏中的"不透明度"和"位置"，可以调整不透明度和不透明色标的位置；拖动两个渐变色标之间的菱形中点，可以调整该色标两侧颜色的混合位置，如图5-68所示。

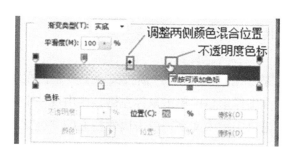

图5-68 添加不透明度色标和调整该色标两侧颜色的混合位置

九、文字工具

Photoshop CC提供了四种输入文字的工具，分别是横排文字工具、直排文字工具、横排文字蒙版工具和直排文字蒙版工具，如图5-69所示。

其中，"横排文字工具"和"直排文字工具"用于创建点文字、段落文字和路径文字。"横排文字蒙版工具"和"直排文字蒙版工具"用于创建文字形状的选区。

选择"横排文字工具"（也可以选择"直排文字工具"创建直排文字），其属性栏如图5-70所示。在该属性栏中，可以设置文字的字体、字号、颜色等。

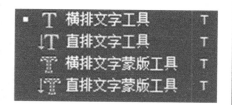

图5-69 "文字工具"组

图5-70　"横排文字工具"属性栏

其中的选项说明如下：

✓ **IT**：可将输入好的文字在水平方向和垂直方向间切换。

✓ **方正舒体**：单击下拉按钮，可以进行文字字体的选择。

✓ **T 24点**：单击下拉按钮，可选择文字字体大小，也可以直接输入数值。

✓ **aa 无**：用来设置是否消除文字的锯齿边缘，以及用什么方式消除文字的锯齿边缘。

✓ **三三三**：用来设置文字的对齐方式。

✓ **■**：单击，调出"拾色器（文本颜色）"对话框，用来设置文字颜色。

✓ **T**：单击，调出变形文字对话框。

✓ **□**：单击，可以隐藏或显示字符和段落面板。

下面以"横排文字工具"为例，具体讲解创建点文本和段落文本的区别，以及如何设置相关文字属性。

1. 输入点文本

打开素材图像"豹子.jpg"，选择"横排文字工具"，在属性栏中设置各项参数，如图5-71所示。在图像窗口中单击鼠标左键，会出现一个闪烁的光标，此时进入文本编辑状态，在窗口中输入文字，单击属性栏上的"提交当前所有编辑"按钮 ✓（或按快捷键【Ctrl+Enter】）完成文字的输入，如图5-72所示。

图5-71　输入点文本的"横排文字工具"属性栏

单击光标状态

文字编辑状态

文字输入完成状态

图5-72　输入点文本的过程

2. 输入段落文本

打开素材图像"卷轴.png",选择"横排文字工具",在属性栏中设置各项参数,如图5-73所示。在画布上按住鼠标左键并拖动,创建一个文本框,其中会出现一个闪烁的光标,在文本框内输入文字,按快捷键【Ctrl+Enter】,完成段落文本的创建,如图5-74所示。

图5-73 输入段落文字的"横排文字工具"属性栏

创建文本框　　　　　　　　输入段落文字　　　　　　　完成创建段落文字

图5-74 输入段落文本的过程

3. 设置文字属性

在Photoshop CC中提供了专门的"字符"面板和"段落"面板,用于设置文字及段落的属性,如图5-75、图5-76所示。打开它们的方法有三种:

√ 执行"窗口→字符"菜单命令。

√ 在文字编辑状态下,按快捷键【Ctrl+T】。

√ 在文字编辑状态下,单击"文字工具"属性栏的"切换字符和段落"按钮 。

(1)"字符"面板(见图5-75)

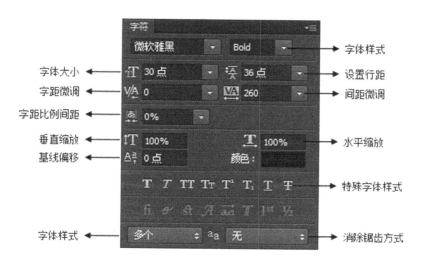

图5-75 "字符"面板

主要选项说明如下：

√ 设置行距 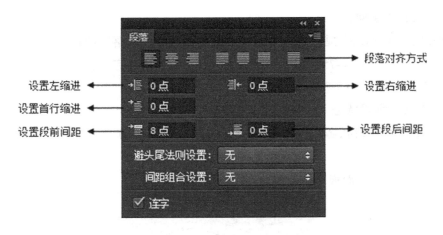：行距指文本中各个文字行之间的垂直间距，同一段落的行与行之间可以设置不同的行距。

√ 字距微调 ：用来设置两个字符之间的间距，在两个字符间单击调整参数。

√ 间距微调 ：选择部分字符时，可调整所选字符的间距。没有选择字符时，可调整所有字符的间距。

√ 字符比例间距 ：用于设置所选字符的比例间距。

√ 水平缩放 /垂直缩放 ：水平缩放用于调整字符的宽度，垂直缩放用于调整字符的高度。这两个百分比相同时，可进行等比缩放。

√ 基线偏移 ：用于控制文字与基线的距离，可以升高或降低所选文字。

√ 特殊字体样式：用于创建仿粗体、斜体等文字样式，以及为字符添加下划线、删除线等文字效果。

（2） "段落"面板（见图5-76）

图5-76　"段落"面板

主要选项说明如下：

√ 左缩进 ：横排文本从段落的左边缩进，直排文字从段落的顶端缩进。

√ 右缩进 ：横排文字从段落的右边缩进，直排文字从段落的底部缩进。

√ 首行缩进 ：用于缩进段落中的首行文字。

小技巧： 在文本编辑状态下，选中段落文字，按住快捷键【Alt】和方向键（上下左右），可以直观看到调整后的行间距以及字符间距。

十、蒙版

在墙面上喷漆或喷绘一些画作等作品时，为了避免弄脏画作之外的地方，通常都会粘贴一些纸张或挖空画作内容的挡板，然后再上色，等完成喷绘之后，再将挡板取下，这样就可以完成在墙面上干净、工整的喷绘作品了。这里的挡板就起到"蒙版"的作用。

"蒙版"就是"蒙在上面的挡板"，通过这个挡板可以保护图层对象中未被选中的区域，使其不被编辑。

在"蒙版"中，"黑色"区域为被保护、隐藏的对象，图像好似"被挖空"；"白色"区域为显示可编辑的对象，图像好似"被恢复"；"灰色"区域为部分显示区域，图像会呈现出来半透明状态。

在Photoshop CC中，主要的蒙版类型有图层蒙版、剪贴蒙版、快速蒙版和矢量蒙版，这里重点介绍前两种。

1. 图层蒙版

图层蒙版是指在图层上直接建立的蒙版，通过对蒙版进行编辑、隐藏、链接、删除等操作，完成图层对象的编辑。

（1）添加图层蒙版　在"图层"面板中单击"添加图层蒙版"按钮，即可为选中的图层添加一个图层蒙版，如图5-77所示。

（2）显示和隐藏图层蒙版　按住辅助键【Alt】，单击"图层"面板中的图层蒙版缩略图，画布中的图像将被隐藏，只显示蒙版图像，如图5-78所示。按住【Alt】键不放，再次单击图层蒙版缩略图，将恢复画布中的图像效果。

图5-77　添加图层蒙版

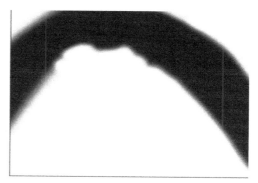

图5-78　显示图层蒙版图像

（3）图层蒙版的链接　在"图层"面板中，图层缩略图和图层蒙版缩略图之间有一个"链接图标" ，用来关联图像和蒙版，当移动图像时，蒙版会同步移动。单击"链接图标" 时，将不再显示此图标，此时可以分别对图像与蒙版进行操作。

（4）停用和恢复图层蒙版　执行"图层→图层蒙版→停用"菜单命令（或按住辅助键【Shift】不放，单击图层蒙版缩略图），可以停用被选中的图层蒙版，此时图像将全部显示，如图5-79所示。再次单击图层蒙版缩略图，将恢复图层蒙版效果。

（5）删除图层蒙版　执行"图层→图层蒙版→删除"菜单命令（或在图层蒙版缩略图上右击，从弹出的快捷菜单中选择"删除图层蒙版"命令），即可删除被选中的图层蒙版，如图5-80所示。

图5-79　停用图层蒙版　　　　　　　　图5-80　图层蒙版的快捷菜单

2. 剪贴蒙版

剪贴蒙版是通过下方图层的形状来控制上方图层的显示范围，从而达到一种剪贴画的效果。如图5-81所示中的"只此青绿"文字就是应用剪贴蒙版制作的。剪贴蒙版的最大优点是可以通过一个图层来控制多个邻近图层的显示内容。

在Photoshop中，至少需要两个图层才能创建剪贴蒙版，通常将下方的图层称为"基底形状层"，位于其上方的图层称为"内容剪贴层"，如图5-82所示，此时"基底形状"图层名字下方会出现下划线，"内容剪贴层"缩略图左侧会出现 ↓ 形状。

内容剪贴层

基底形状层

图5-81 剪贴蒙版的效果　　　　**图5-82 "基底形状层"和"内容剪贴层"**

创建剪贴蒙版之前，一定要做好准备工作，分清楚并摆放好"基底形状层"和"内容剪贴层"。先选中"内容剪贴层"，再进行以下任意操作即可：

　　√ 执行"图层→创建剪贴蒙版"菜单命令。

　　√ 按下快捷键【Ctrl+Alt+G】。

　　√ 按住辅助键【Alt】不放，将鼠标指针移动到"基底形状层"和"内容剪贴层"之间交界处，鼠标形状发生变化，单击即可创建，如图5-83所示。

对于不需要的剪贴蒙版可以将其释放掉。操作方法与上述3种方法基本相同，只是执行的是"释放剪贴蒙版"菜单命令。

图5-83 单击鼠标创建剪贴蒙版

拓展视频

拓展1

拓展2

拓展3

任务2 给女孩化妆

任务导航

【任务清单】

任务内容	能力要求			
	理解原理	掌握要领	熟练操作	灵活运用
去除皮肤斑点	√	√	√	√
锐化轮廓及五官			√	√
使眉毛变深	√		√	√
让眼睛更有神	√		√	√
使肤色更健康	√	√	√	√
涂口红	√		√	√
刷腮红	√	√	√	√
给头发染色	√	√	√	√

【任务描述】

人类对美的追求从未停息，现在很多人拍完照都会修饰美化照片。应用Photoshop的基本工具即可实现修图愿望。本次任务要为一个原始图片（如图5-84所示的女孩）实现精修图片：去除斑点、五官看起来更立体、眼睛更有神、使肤色更健康、变换口红颜色、更换头发色彩，最终效果如图5-85所示。

图5-84 女孩的原始图片

图5-85　精修后的图片效果

任务流程

第一步：去除皮肤斑点　　　　　第六步：让肤色变得更健康

第二步：锐化五官及轮廓　　　　第七步：涂口红

第三步：使眉毛变深　　　　　　第八步：刷腮红

第四步：让鼻子显得更高挺　　　第九步：染头发

第五步：让眼睛更有神

任务实施

第一步：去除皮肤斑点

①找到素材文件夹中的"人物素材.jpg"图片，将其直接拖拽至Photoshop工作区，即可使用Photoshop进行编辑图片。

②执行"文件→存储为"菜单命令（或直接按快捷键【Ctrl+Shift+S】），弹出"另存为"对话框，找到保存位置，以"任务2 精修人物.psd"文件名、选择默认的"Photoshop（*.PSD，*.PDD）"保存类型，单击保存，即可生成一个PSD源文件，之后的操作只要随时按快捷键【Ctrl+S】即可随时保存源文件。

③选中当前"背景"图层，按快捷键【Ctrl+J】，复制当前图层，并以"图层1"为默认图层名字。

④从左侧工具栏中单击选择"污点修复画笔"工具，将鼠标移动定位至斑点处，单击即可清除当前位置的斑点，如图5-86所示。

⑤使用快捷键【Ctrl+'+'】放大画布，仔细查找并单击人物素材皮肤上的斑点，使用快捷键【]】或者【[】随时根据需求放大或缩小笔尖大小，重复操作，直至清除所有斑点，使用快捷键【Ctrl+'-'】缩小画布，查看效果，如图5-87所示。

第一步~第五步

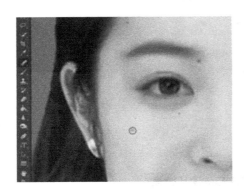

图5-86　使用"污点修复画笔"工具　　**图5-87　清除斑点的效果**

第二步：锐化五官及轮廓

①在左侧工具栏中单击选择"锐化工具" ，将鼠标移动定位至左眼上，笔尖大小调整为与眼睛一样大，按住鼠标左键，直接涂抹即可，如图5-88所示。

②使用快捷键【Ctrl+'+'】放大画布以及快捷键【Ctrl+'-'】缩小画布，使用快捷键【] 】或者【 [】随时根据需求放大或缩小笔尖大小，依次移动至左鼻翼、左鼻孔、左侧嘴唇进行涂抹，使这些部位更加清晰立体，可以和右侧未进行锐化操作的部位进行对比，如图5-89所示。

图5-88　使用"锐化工具"

图5-89　左侧锐化后和未作锐化的右侧进行比对

③如果发现有些地方涂抹过度，导致锐化后色彩分离，可以在左侧工具栏中单击选择"模糊"工具 ，使用方法和"锐化"工具雷同，调整所需笔尖大小，在需要调整的位置处进行涂抹即可。

④灵活运用"锐化"工具和"模糊"工具，依次将眉毛、眼睛、鼻孔和唇线进行调整，使五官看起来更清晰立体，效果如图5-90所示。

图5-90　对五官锐化后的效果图

第三步：使眉毛变深

①在左侧工具栏中单击选择"加深工具" ，将鼠标移动定位至左侧眉毛上，笔尖大小调整为比眉毛略小些，按住鼠标左键，直接涂抹即可，如图5-91所示。

图5-91　加深左侧眉毛

②随时根据鼠标移动所到之处调整笔尖大小，以及要调整属性栏中的"曝光度"，可以将其调整略小些，进行反复涂抹，满足所需要求，效果如图5-92所示。

图5-92　加深眉毛后的效果图

第四步：让鼻子显得更高挺

①在左侧工具栏中单击选择"减淡工具"  ，将鼠标移动至鼻梁处，调整合适的笔尖大小，直接向鼻头处拖拽，即可使鼻梁颜色变浅。

②再次使用"加深工具" ，将鼠标依次移动至鼻梁两侧，调整合适的笔尖大小，将鼻梁两侧颜色变深，使鼻子看起来更高挺，效果如图5-93所示。

第五步：让眼睛更有神

使用快捷键【Ctrl+'+'】放大画布，再次单击选择"减淡工具" ，查看顶部该工具属性栏，调整"曝光度"大小为"25%"，将鼠标移动至白眼球位置处，调整合适的笔尖大小，直接涂抹，即可使白眼球不浑浊，变白变干净。随时可以调整"曝光度"大小，来满足需求，但是切记不要调整太过度。还可以将鼠标移动至黑眼球上的白色反光点处，将"曝光度"大小为"40%"，调整合适的笔尖大小，单击，即可使反光点更白，效果如图5-94所示。

图5-93　鼻子显得更高挺的效果图

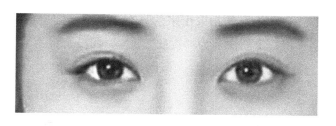

图5-94　让眼睛更有神的效果图

第六步

第六步：让肤色变得更健康

①从左侧工具栏中单击选择"快速选择"工具 ，将鼠标移动至额头上方，鼠标的形态会变成这样，如图5-95所示。按住鼠标左键轻轻在皮肤上拖拽，很快就可以选中连续区域的皮肤，会包含眉毛、眼睛和嘴唇区域，如图5-96所示。

②单击选择该工具属性栏中的"添加到选区"模式按钮 ，将鼠标移动至左侧耳朵上，灵活使用快捷键，调整合适大小的笔尖，再按住鼠标左键轻轻在左侧耳朵皮肤上拖拽，如图5-97所示。

③重复上一步骤，将右侧耳朵区域也添加到皮肤区域中。在操作过程中，很有可能会拖拽到其他区域，使选中区域范围增大。此时，只需要单击选择该工具属性栏中的"从选区减去"模式按钮 ，再将鼠标移动至想要去除的地方，轻轻拖拽，即可减去，如图5-98所示。

图5-95　"快速选择"工具的鼠标形态　　图5-96　快速选择连续区域的皮肤　　图5-97　"添加到选区"模式

④随时使用快捷键【Ctrl+'+'】放大画布以及快捷键【Ctrl+'-'】缩小画布，仔细选中所有的皮肤区域，如图5-99所示。

⑤单击选择顶部该工具属性栏中的"调整边缘"按钮 调整边缘… ，在打开的"调整边缘"对话框中进行设置，如图5-100所示。单击"确定"按钮，即可新

建一个以"图层1 拷贝"为名的扣取出来的只有皮肤的新图层，如图5-101所示。快速双击图层名字，将其重新命名为"皮肤"。

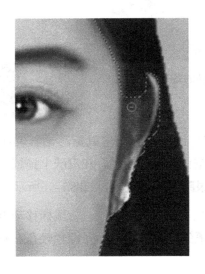

图5-98　"从选区减去"模式

图5-99　快速选中所有皮肤区域的效果

图5-100　"快速选择工具"的"调整边缘"对话框

图5-101　调整边缘后建立的新图层

⑥执行"图像→调整→曲线"菜单命令（或直接按快捷键【Ctrl+M】），打开"曲线"对话框，鼠标移动至曲线上，直接点击即可增加一个调节点，轻微调整其位置，如图5-102所示，勾选"预览"复选框，可以即时看到肤色的变化，调整到使皮肤看起来更健康的状态，单击"确定"按钮关闭对话框。

⑦执行"滤镜→模糊→高斯模糊"菜单命令，打开"高斯模糊"对话框，直接拖动"半径"下方的游标（或者直接在数值框中输入数值），勾选"预览"复选框，可以即时看到模糊后的效果，调整至还能看清五官轮廓，单击"确定"按钮关闭对话框，如图5-103所示。

⑧鼠标移动至"图层"面板，单击"正常"图层混合模式按钮 ┃正常　　　　　　┃⬍ ，从中选择"柔光"，这时"皮肤"图层的颜色效果会变浅。

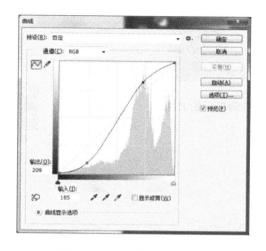

图5-102　"曲线"对话框

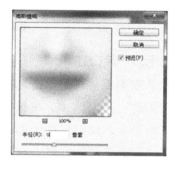

图5-103　"高斯模糊"对话框

⑨为了让皮肤的光泽看起来更真实、更立体，再次按下快捷键【Ctrl+M】，打开"曲线"对话框，进行调整设置，如图5-104所示。此时，调整完成女孩的整体皮肤，效果如图5-105所示。

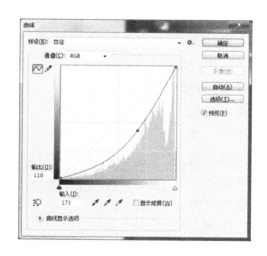

图5-104　再次调整"曲线"

图5-105　皮肤调整后的效果

第七步：涂口红

　　①从左侧工具栏中单击选择"磁性套索"工具 ，将鼠标移动至画布上，此时鼠标的形态会变成"套索工具"式样。在嘴唇与皮肤的交界处，单击一次，用于确定选取嘴唇的起点，然后直接沿着嘴唇与皮肤的交界线，轻轻移动鼠标，此时会发现系统会自动出现一些小锚点吸附在边界处，如图5-106所示。

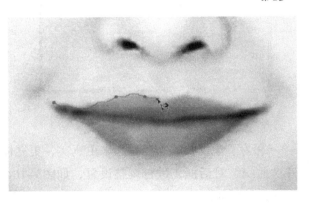

图5-106　使用"磁性套索"工具过程中

　　②慢一些移动套索工具，随时关注自动产生的小锚点。如果不满意系统自动出现小锚点的位置，每按下一次快捷键【Backspace】，可以去除前一个锚点，然后再轻轻移动鼠标，重新自动获取锚点即可。

　　③有时在需要有锚点的位置，系统并没有自动产生。此时，只需要移动鼠标至所需处直接单击鼠标左键即可获取锚点。

　　④沿着嘴唇与皮肤的交界线，耐心轻轻移动鼠标，直至与起点重合，注意要形成闭合图形，如图5-107所示。

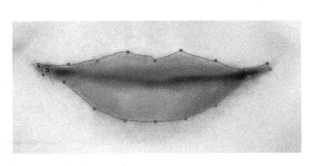

图5-107　应用"套索工具"形成闭合图形

⑤单击选择顶部该工具属性栏中的"调整边缘"按钮 调整边缘...，在打开的"调整边缘"对话框中进行参数设置，如图5-108所示。单击"确定"按钮，即可新建一个以"皮肤 拷贝"为名的扣取出来只有嘴唇的新图层。快速双击图层名字，将其重新命名为"口红"。

⑥按住辅助键【Ctrl】，同时单击"口红"图层缩略图，再次将扣取出来的嘴唇载入选区，如图5-109所示。

⑦单击左侧工具栏中的"前景"拾色器，选取想要设置的口红颜色，这里设置为玫红色（RGB：220、2、58），如图5-110所示。按下快捷键【Alt+ Delete】，快速为选区填充前景色，按快捷键【Ctrl+D】取消选区，效果如图5-111所示。

图5-108 "套索工具"的"调整边缘"对话框的参数设置

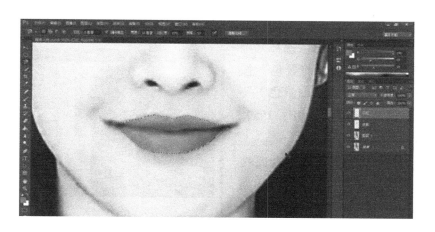

图5-109 将扣取出来的嘴唇载入选区

图5-110 设置口红色

图5-111 为嘴唇填充玫红色

⑧单击选择"口红"图层，单击"正常"打开"图层混合"模式，单击选择"正片叠底"混合模式，与下面图层更好融合。单击"不透明度"数值框，调整为"50%"，如图5-112所示。使口红色看起来更自然些，最终效果如图5-113所示。

图5-112 调整"口红"图层的混合模式以及不透明度

图5-113 完成涂口红的效果

第八步：刷腮红

第八步~第九步

①直接按快捷键【Ctrl+Shift+Alt+N】）创建一个新的透明图层，并以"腮红"命名。

②从左侧工具栏中单击选择"画笔"工具，单击"前景色"按钮，在打开的"拾色器（前景色）"对话框中设置浅粉红色（RGB：255、156、156），如图5-114所示。

③查看顶部"画笔"工具属性栏，将"不透明度"调整为20%，如图5-115所示。将鼠标移动至左脸颧骨处，使用快捷键【]】或者【[】调整笔尖大小，由颧骨向脸颊外侧拖拽鼠标即可。重复操作，为右脸颊也刷上浅粉红色。

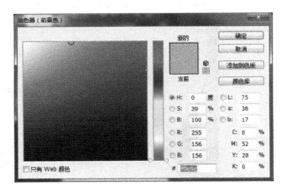

图5-114 设置浅粉红前景色

![图5-115 "画笔工具"的属性栏]

图5-115 "画笔工具"的属性栏

④单击选择"腮红"图层，单击"正常"打开"图层混合"模式，单击选择"正片叠底"混合模式，单击"不透明度"数值框，调整为"30%"，如图5-116所示。这样刷的腮红会显得脸部红润、更自然些，最终效果如图5-117所示。

图5-116 "腮红"图层的混合模式和不透明度

图5-117 完成刷腮红的效果

第九步：染头发

①单击选择"图层1"，再从左侧工具栏中单击选择"魔术棒"工具![魔术棒]，选择"添加到选区"模式、"容差"为50、勾选"连续"复选框。鼠标移动至头顶，单击一次，即可得到大部分的头发选区，如图5-118所示。

图5-118 单击一次魔术棒工具，选取的大部分头发区域

②在"魔术棒工具"属性栏中确认当前魔术棒处于"添加到选区"模式，移动至没选中的区域，随时调整"容差"，此时的容差数值不宜过大，放大画布，逐一添加并选中所有头发区域，如图5-119所示。

图5-119 应用"魔术棒"工具选中所有头发区域

③单击"魔术棒工具"属性栏中的"调整边缘"，打开"调整边缘"对话框，设置其中参数，如图5-120所示。单击"确定"按钮，即可新建一个以"图层1 拷贝"为名的扣取出来只有头发的新图层。快速双击图层名字，将其重新命名为"染头发"。

④按住辅助键【Ctrl】，同时单击"染头发"图层缩略图，再次将扣取出来的头发载入选区。

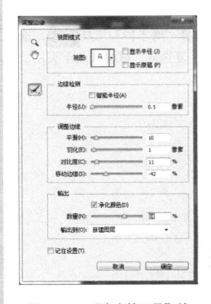

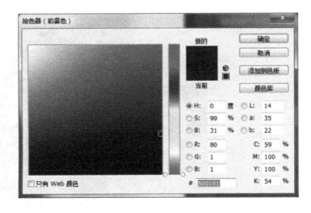

图5-120 "魔术棒工具"的
"调整边缘"对话框参数设置

图5-121 设置"深枣红色"前景色

图5-122　为头发选区填充颜色

　　⑤单击左侧工具栏中的"前景"拾色器，选取想要设置的头发颜色，这里设置为深枣红色（RGB：80、1、1），如图5-121所示。按下快捷键【Alt+ Delete】，快速为头发选区填充前景色，按快捷键【Ctrl+D】取消选区，如图5-122所示。

　　⑥单击选择"染头发"图层，单击"正常"打开"图层混合"模式，单击选择"颜色减淡"混合模式，调整"不透明度"数值框，为"80%"。

　　⑦单击"图层"面板底部的"添加图层蒙版"按钮，调整合适的画笔笔尖大小，将"不透明度"调整为"60%"，在发稍边缘等过度生硬的地方进行涂抹，如图5-123所示。使头发颜色看起来更自然些，最终效果如图5-124所示。

图5-123　"染头发"图层的混合模式、不透明度以及蒙版的设置

　　⑧执行"文件→存储为"菜单命令（或直接按快捷键【Ctrl+Shift+S】），弹出"另存为"对话框，找到保存位置，从"保存类型"列表框中选择"JPEG（*.jpg，

.jpeg，.jpe）”，以“精修人物.jpg”文件名进行保存。

图5-124　染头发的最终效果

知识链接

一、污点修复画笔工具

在左侧工具栏有一组"修复"工具。右击"污点修复画笔工具"按钮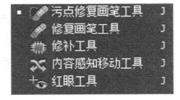，可以查看所有相关的修复工具按钮，如图5-125所示。它们的工作原理类似，这里重点介绍"污点修复画笔工具"。

图5-125　"修复"工具组

"污点修复画笔工具"其实也是画笔工具的一种，但更多的是偏向于进行图像的修复。图像修复技术是平面设计、照片处理工作中非常重要的一环。

使用污点修复画笔工具可以快速消除图像中的污点、斑点、不需要的某个对象或不理想的部分，使用该工具时不需要设置取样点，因为它可以自动从所修饰区域的周围取样进行自动修复。

污点修复画笔工具的属性栏共分为四部分：画笔选项、画笔绘画模式、修复类型、对所有图层取样，如图5-126所示。

图5-126　污点修复画笔工具的属性栏

（1）画笔选项设置：用来设置污点修复画笔工具的画笔大小、硬度等参数。

（2）画笔绘画模式：用来确定修复图像时使用的颜色混合模式，默认颜色混合模式为正常。它的颜色混合模式有正常、替换、正片叠底、滤色、变暗、变亮、颜色、明度8种方式。与图层的颜色混合方式一样，污点或不要的图像像素颜色要去掉，在修复时，肯定要进行一种颜色的混合处理，才能保证处理后看不到痕迹。

（3）修复类型选择

√ 通过内容填充识别：为默认的污点修复类型。使用选区周围像素的颜色来替换修补污点像素的颜色。多次单击或拖动，会进行随机取样。

√ 通过纹理修复：使用选区内所有像素的颜色来创建一个纹理去替换修复污点像素的颜色。

√ 通过近似匹配修复：使用选区周围像素的颜色来替换修补污点像素的颜色，修补的过程中与原污点像素进行颜色匹配。近似意为随机性的。

（4）对所有图层取样：默认为未勾选状态。如果激活该选项，使用污点修复画笔工具在当前图层的边缘进行不断单击或涂抹，会在当前图层涂抹处增加像素，并与下面所有图层达到一种颜色上的融合。

在实际的工作中，修复图像或素材的污点时，要先分析污点周围的颜色情况，再根据情况设置画笔选项、画笔绘画模式、修复类型、复合图层取样的参数，就可以完美地修复了。

打开素材文件，可以灵活使用污点修复画笔工具，放大画布，仔细去除人物的各种斑点以及抬头纹，如图5-127所示。

图5-127　使用"污点修复画笔工具"前后对比

二、轨迹型工具

这里介绍的几种工具都属于绘制型操作方式，都可以使用Photoshop的各种笔刷。通常将能够使用笔刷的工具称为绘制型工具或绘图工具，它们的另一个共同特点是都依赖于鼠标移动的轨迹产生作用，因此也被称为轨迹型工具。

1. 加深与减淡工具

在左侧工具栏上，右击"减淡工具"图标 ，会看到这里包含3个相关工具，即减淡工具、加深工具和海绵工具，如图5-128所示。

图5-128 "减淡"工具组

这三个工具都是用画笔进行涂抹，简单来说，选择"减淡"工具时，画笔涂抹的地方会变亮；选择"加深"工具时，画笔涂抹的地方会进行压暗；选择"海绵"工具，可以用画笔局部增加或者减少饱和度。

选择"加深"或者"减淡"工具后，其属性栏就会显示出相应的调整选项，主要是3个：画笔、范围、曝光度。这里以"减淡"工具属性栏为例，如图5-129所示。

图5-129 "减淡"工具属性栏

√ 画笔：笔尖大小要根据涂抹物体的大小随时调整，它决定了涂抹时每一笔的形状、大小和硬度。

√ 范围：默认是中间值，也可以改变成高光或者阴影。"高光"选项用于处理图像的高亮色调、"阴影"选项用于处理图像的偏暗色调。这是"减淡"工具非常核心的一个功能，可以让涂抹时更加精确。

√ 曝光度：可以决定减淡的强度，一般设置为20%以下，甚至在3%~8%之间，慢慢进行调整，这样效果会比较自然。

√ 保护色调：默认勾上此选项，用以保护操作后的图像色调不发生变化。

灵活使用"加深"和"减淡"工具，可以塑造立体感和质感，如图5-130所示。对一个灰色的圆形，用"减淡工具"提亮圆形的右上角，用"加深工具"压暗圆形的左下角，反复多次操作，用"加深"和"减淡"工具强化明暗对比，画面的立体感就更明显了。

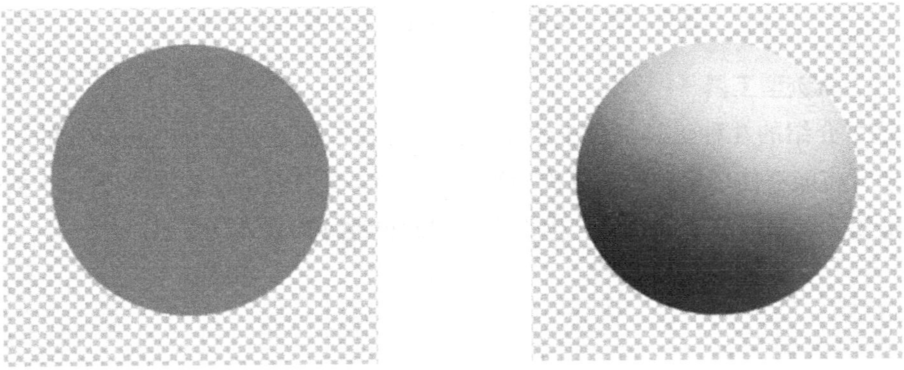

图5-130 使用"加深"和"减淡"工具前后对比

2. 模糊与锐化工具

在左侧工具栏上，右击"模糊工具"图标 ，这里也包含3个相关工具：模糊工具、锐化工具和涂抹工具，如图5-131所示。

选择"模糊"或"锐化"工具后，可以在其属性栏进行设置画笔和强度，以"模糊"工具为例，如图5-132所示。

图5-131　"模糊"工具组

图5-132　"模糊工具"属性栏

其中，"画笔"的设置与前面工具的讲解一样，不再赘述。"强度"用于设定压力的大小，压力越大，模糊程度越明显。

注意：模糊工具的操作类似于喷枪的可持续作用，也就是说鼠标在一个地方停留时间越久，这个地方被模糊的程度就越大。

"模糊"工具是将涂抹的区域变得模糊。有时候模糊是一种表现手法，将画面中其余部分模糊处理，这样可以凸现主体，如图5-133所示。

图5-133　使用"模糊工具"的前后对比

"锐化"工具的作用和模糊工具正好相反，它是将画面中模糊的部分变得清晰。它在使用中不带有类似喷枪的可持续作用性，在一个地方停留并不会加大锐化程度，但是在一次绘制中反复经过同一区域则会加大锐化效果。

注意：锐化工具的"将模糊部分变得清晰"，这里的清晰是相对的。它并不能使拍摄模糊的照片变得清晰。切记不能将"模糊工具"和"锐化工具"当作互补工具来使用。比如"模糊"太多了，就"锐化"一些。这种操作是不可取的，不仅不能达到所想要的效果，反而会加倍地破坏图像。

在实际操作中，如果一种操作的效果过分了，就应该撤销该操作，而不是用互

模块 5
图形图像处理

为相反的操作去抵消。

三、选区的运算模式

选区的运算模式，也可以称为选区的布尔运算，是指在画布中存在选区的情况下，使用选框、套索或者魔棒等工具创建选区时，新选区与现有选区之间的运算。通过布尔运算，可使选区与选区之间进行相加、相减或相交，从而形成新的选区。

"布尔运算"是通过选区工具属性栏上的4个按钮 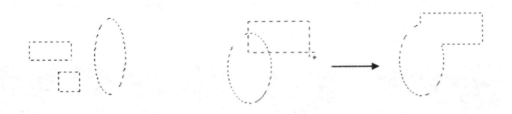 实现的，从左至右依次为"新选区""添加到选区""从选区减去"和"与选区交叉"。

√ 新选区：此按钮是所有选区工具的默认选区编辑状态。选择"新选区"按钮后，如果画布中没有选区，则会创建一个新的选区；如果画布中已经存在选区，则新创建的选区会替换原有的选区。

√ 添加到选区：选择此按钮，可以在原有选区的基础上添加新的选区。单击"添加到选区"按钮后（或按住辅助键【Shift】），当绘制一个选区后，再绘制另一个选区，则两个选区同时保留，如图5-134所示。如果两个选区之间有交叉区域，则会形成叠加在一起的选区，如图5-135所示。

图5-134　同时保留多个选区　　　　　　　　　图5-135　叠加选区

√ 从选区减去：选择此按钮，可在原有选区的基础上减去新的选区。单击"从选区减去"按钮后（或按住辅助键【Alt】），可在原有选区的基础上减去新创建的选区部分，如图5-136所示。

√ 与选区交叉：选择此按钮，可以用来保留两个选区相交的区域。单击"与选区交叉"按钮后（或按住辅助键【Shift+Alt】），画面中只保留原有选区与新创建的选区相交的部分，如图5-137所示。

图5-136　从选区减去　　　　　　　　　图5-137　与选区交叉

四、魔棒工具组

魔棒工具组主要用于快速选择相似的区域，包括"快速选择"工具和"魔棒"工具。在左侧工具栏上，右击"魔棒工具"图标，即可看到，如图5-138所示。

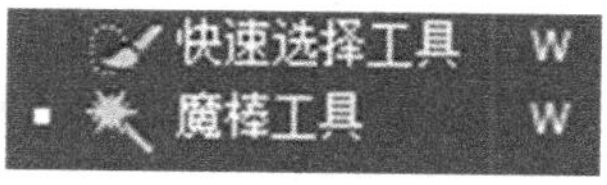

图5-138　魔棒工具组

1．快速选择工具

"快速选择工具"是利用可调整的圆形画笔笔尖快速"绘制"或者编辑选区。在拖动鼠标光标时，选区会自动向外扩展，并自动查找跟随图像定义的边缘。它比较适合图形较不规则的选取，其属性栏的选项如图5-139所示。

图5-139　"快速选择工具"属性栏

√ 绘制选区的运算模式（用法和其他选区工具相同）："新选区"按钮、"添加到选区"按钮、"从选区减去"按钮。

√ "自动增强"复选框：勾选此选项，可以减少选区边界的粗糙度。

√ "调整边缘"按钮：当拖动鼠标完成选取并释放左键后，此按钮即可使用，单击按钮会弹出"调整边缘"对话框，如图5-100所示。

2．魔棒工具

"魔棒工具"是基于色调和颜色差异来构建选区的工具，可以用来选择和光标单击处颜色一致或者相似的区域，而不必跟踪其轮廓。比较适合选择色彩变化不大而且色调相近的区域。

"魔棒工具"的属性栏如图5-140所示，通过其中的"容差"和"连续"选项可以控制选区的精确度和范围。

图5-140　"魔棒工具"的属性栏

√ 容差：用来确定选择范围的大小，数值介于 0 到 255 之间，系统默认为32。在选择相似的颜色区域时，容差值越小，则选取的相似程度就越低；容差值越大，允许选取相似的程度就越大。如图5-141所示，左图设置的容差值为30，右图的容差值为80。

√ 连续：勾选此项，只选择使用相同颜色的邻近区域。否则，将会选择整个图像中使用相同颜色的所有像素，包括没有连接的区域。如图5-142所示，左图是取消勾选"连续"的效果，右图是勾选"连续"选项的效果。

图5-141　设置不同容差选取范围的变化

图5-142　"连续"选项未勾选和勾选后的效果对比

五、磁性套索工具

使用套索工具组，可以用来创建不规则的选区。右击工具栏的"套索工具"图标，会看到这里包含3个相关工具：套索工具、多边形套索工具和磁性套索工具，如图5-143所示。

图5-143　"套索"工具组

这里重点介绍磁性套索工具，其他套索工具的使用方法可以参看拓展视频中的案例讲解。"磁性套索工具"能通过图像像素的颜色差异自动识别边界，特别适合快速选择与背景对比强烈且边缘复杂的图像。

图5-144　"磁性套索"工具的属性栏

图5-145   "中央带十字圆环"形状的"磁性套索工具"

磁性套索工具的属性栏如图5-144所示。其中的选项介绍如下。

√ 羽化：用来设置选区边缘的虚化程度。可设置0~100像素的羽化值，数值越大，虚化范围越宽、虚化程度越高；数值越小，虚化范围越窄、虚化程度越低。

√ 消除锯齿：勾选此选项，选区边缘会变得平滑、没有锯齿感。

√ 宽度："宽度"数值决定了以光标中心为基准，光标周围有多少个像素能够被"磁性套索工具"检测到。如果对象的边缘比较清晰，可以设置较大的值；如果对象边缘比较模糊，可以设置较小的值。

√ 对比度：此数值主要用来感应图像边缘的灵敏度。如果对象的边缘比较清晰，可以设置较大的值；如果对象的边缘比较模糊，可以设置较小的值。

√ 频率：此数值用来设置锚点的数量。数值越高，生成锚点越多，铺捉到的边缘就越准确，但可能会造成选区不够平滑。

√ "钢笔压力"按钮：如果读者的电脑接入了数位板和压感笔，就可以激活该按钮，Photoshop会根据压感笔的压力自动调节"磁性套索工具"的检测范围。

技巧：在使用"磁性套索工具"勾选区时，按一下辅助键【Caps Lock】，光标会变成一个"中央带十字圆环"形状，该圆环的大小就是该工具能够检测到的边缘宽度。此外，按【[】键和【]】键可以调整检测宽度。如图5-145所示。

六、曲线

"曲线"命令用来调节图像的整个色调范围。执行"图像→调整→曲线"菜单命令（或按快捷键【Ctrl+M】），弹出"曲线"对话框，如图5-146所示。

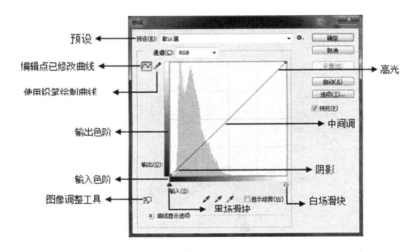

预设 ◄—

编辑点已修改曲线 ◄—

使用铅笔绘制曲线 ◄—

输出色阶 ◄—

输入色阶 ◄—

图像调整工具 ◄—

—► 高光

—► 中间调

—► 阴影

—► 白场滑块

黑场滑块

图5-146　"曲线"对话框

"曲线"对话框中各选项的解释如下：

√ 预设：包含了Photoshop中提供的各种预设调整文件，可用于调整图像。

√ "编辑点已修改曲线"按钮：默认为按下状态。在曲线中添加控制点可以改变曲线形状，从而调节图像。

√ "使用铅笔绘制曲线"按钮：按此按钮后，可以通过手绘效果的自由曲线来调节图像。

√ "图像调整工具"按钮：按下此按钮后，将光标放在图像上，曲线上会出现一个空的图形，它代表了光标处的色调在曲线上的位置，单击并拖动鼠标可添加控制点并调整相应的色调。

√ "自动"按钮：单击该按钮，可以对图像应用自动颜色、自动对比度或自动色调矫正。

√ "选项"按钮：单击该按钮，可以打开自动颜色矫正选项对话框。

使用曲线进行调节时，可以添加多个控制点，从而对图像的色彩进行精确的控制。

注意：在RGB模式下，曲线向上弯曲可以将图像的色调调亮，反之色调变暗。

打开素材图片"小鸟.jpg"，曝光严重不足，按快捷键【Ctrl+M】，弹出"曲线"对话框，在曲线上单击，添加控制点，拖动控制点调节曲线的形状，如图5-147所示，单击"确定"按钮即可完成图像色调及颜色的调节，效果如图5-148所示。

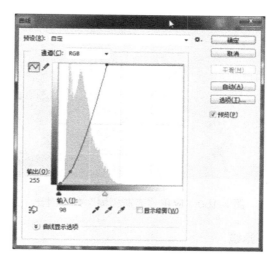

图5-147 调整曲线形状

图5-148 应用"曲线"命令调整曝光不足的照片前后对比效果

七、"高斯模糊"滤镜

Photoshop"模糊"滤镜组中包含14种滤镜，它们可以柔化图像，降低相邻像素之间的对比度，使图像产生柔和平滑的过渡效果。这里主要介绍常用的三种模糊滤镜。

1."高斯模糊"滤镜

"高斯模糊"滤镜可以使图像产生更细致的朦胧雾化效果，是经常使用的滤镜之一。

打开素材"荷花.jpg"，执行"滤镜→模糊→高斯模糊"菜单命令，弹出"高斯模糊"对话框，如图5-149所示。在对话框中，"半径"用于设置模糊的范围，数值精确到小数点后一位，数值越大，模糊效果越强烈。应用"高斯模糊"后的画面效果如图5-150所示。

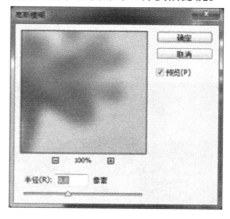

图5-149 "高斯模糊"对话框

图5-150 应用"高斯模糊"效果对比

2. "动感模糊"滤镜

　　"动感模糊"滤镜可以使图像产生速度感效果，类似于给一个移动的对象拍照。

　　打开素材"汽车.jpg"，执行"滤镜→模糊→动感模糊"菜单命令，弹出"动感模糊"对话框，如图5-151所示。在对话框中，"角度"用于设置模糊的方向，可拖动指针进行调整；"距离"用于设置像素移动的距离。应用动感模糊后的画面效果，如图5-152所示。

图5-151 "动感模糊"对话框

图5-152 应用"动感模糊"效果对比

3. "径向模糊"滤镜

"径向模糊"滤镜可以模拟缩放或旋转的相机所产生的效果。

打开素材"星空.jpg",执行"滤镜→模糊→径向模糊"菜单命令,弹出"径向模糊"对话框,如图5-153所示。在对话框中,"数量"用于设置模糊的强度,数值越大,模糊效果越强烈;"模糊方法"有"旋转"和"缩放"两种。其中"旋转"是围绕一个中心形成旋转的模糊效果,如图5-154所示;"缩放"是以模糊中心向四周发射的模糊效果,如图5-155所示。

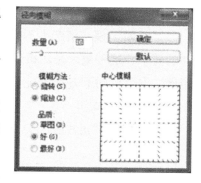

图5-153 "径向模糊"对话框

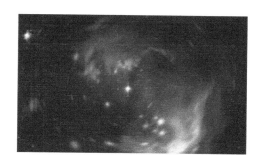

图5-154 "旋转"径向模糊效果

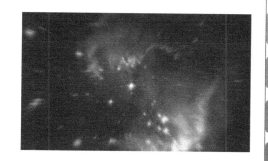

图5-155 "缩放"径向模糊效果

八、图层混合模式

图层混合模式是Photoshop中非常强大、实用,也比较高级的工具,往往在进行图像合成时会产生很多意想不到的效果。

图层混合模式的算法比较复杂,不易理解,原理是用Photoshop的程序算法,提取一个图层中的像素,与其他图层的像素混合,以得到全新的效果。简单来说,其实就是选定的图层与下方图层进行色彩叠加的过程。

注意:只有在对两个以上的图层时,才可以使用图层混合模式。要记住这两个图层的顺序,下方的图层是"基色",上方的图层是"混合色",两者混合过后产生的效果是"结果色"。

根据"结果色"的效果,将25种图层混合模式可以划分为五组,如图5-156所示。这里重点介绍经常使用的"正片叠底"模式、"滤色"模式、"叠加"模式。其他图层混合模式建议自行了解。

√ 不依赖其他图层

"正常"和"溶解"模式是不依赖其他图层的。

　　"正常"模式是默认模式,在此模式下形成的结果色或者着色作品不会用到颜色的相减属性。

　　"溶解"模式将产生不可知的结果,同底层的基色交替以创建一种类似扩散抖动的效果,这种效果是随机生成的。通常在"溶解"模式中混合色的"不透明度"越低,混合色同下方基色抖动的频率就越高。

　　√ 变暗模式组

　　"变暗""正片叠底""颜色加深""线性加深"模式只能使下面图像变暗。

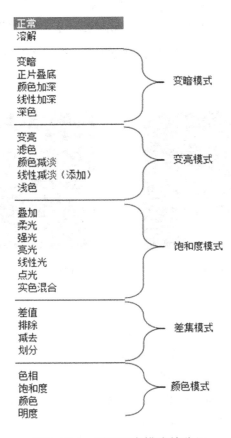

图5-156　图层混合模式的分组

图5-157　"正常模式"与"正片叠底"模式对比

其中，经常使用"正片叠底"模式来添加阴影或保留图像中深色部分，也可以免抠主体图像，直接去除白背景，如图5-157所示。

"正片叠底"模式：Photoshop将自动检测红、绿、蓝三种通道的颜色信息并将基色与混合色复合，结果色也是选择较暗的颜色，任何颜色与黑色混合将产生黑色，与白色混合保持不变，用黑色或白色以外的颜色绘画时，绘画工具绘制的连续描边产生逐渐变暗的颜色。

√ 变亮模式组

使用"变亮"模式、"滤色"模式、"颜色减淡"模式和"线性减淡"模式时，黑色完全消失，任何比黑色亮的区域都可能加亮下面的图像。

其中，经常使用"滤色"模式加亮图像或去掉图像中的暗调色部分，也可以免抠主体图像，直接去除黑色背景。如图5-158所示。

"滤色"模式：Photoshop将自动检测红、绿、蓝三个通道的颜色信息，并将混合色的互补色与基色复合，结果色总是较亮的颜色，用黑色过滤时颜色将保持不变。

图5-158　"正常模式"与"滤色"模式对比

√ 饱和度模式组

对于"叠加"模式、"柔光"模式、"强光"模式、"亮光"模式、"线性光"模式、"点光"模式和"实色混合"模式，任何暗于50%灰色的区域都可能使下面的图像变暗，而亮于50%的区域则可能加亮下面的图像。

其中，经常使用"叠加"模式来制作图像中的高光、亮色部分，如图5-159所示。

"叠加"模式用于复合或过滤颜色，具体取决于基色，图案或者颜色在现有的像素上叠加，同时保留基色的明暗对比，不替换基色，但基色与混合色相混，以反映原色的亮度或者暗度。

图5-159 "正常模式"与"叠加"模式对比

√ 差集模式组

"差值"模式和"排除"模式是将上层的图像和下层的图像进行比较，寻找二者完全相同的区域。

√ 颜色模式组

"色相"模式、"饱和度"模式、"颜色"模式和"亮度"模式只将上层图像中的一种或两种特性应用到下层图像中，它们是最实用、最显著的几种模式。

拓展视频

拓展1

拓展2

任务3 一张生活照变一联证件照

任务导航

【任务清单】

任务内容	能力要求			
	理解原理	掌握要领	熟练操作	灵活运用
证件照的标准		√	√	√
选取固定尺寸区域	√	√	√	√
扣取人物主体		√	√	√
设置渐变背景色	√	√	√	√
创建图案图层	√	√	√	√

【任务描述】

现在处于信息时代、低碳环保时代，我们经常获取的各种证书等均以电子版为主。本任务会继续沿用上一个任务的最终效果图作为素材，为这个女孩由这张生活照转变成渐变红色底1寸证件照，当然也可以实现冲洗纸质照片功能，产生一联8张1寸证件照的效果，如图5-160所示。

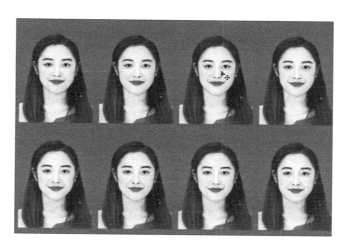

图5-160　一联8张1寸证件照

任务流程

第一步：新建一张一寸照（普通）画布并保存源文件

第二步：从生活照中选取固定尺寸区域

第三步：扣取人物主体

第四步：设置背景渐变色

第五步：创建5寸照片大小的画布

第六步：应用图案图层，产生一联证件照

任务实施

第一步：新建一张一寸照（普通）画布并保存源文件

①执行"文件→新建"菜单命令（或直接按快捷键【Ctrl+N】），弹出"新建"对话框，设置"宽度"为2.5厘米、"高度"为3.5厘米、"分辨率"为300像素/英寸、"颜色模式"为RGB颜色、"背景内容"为透明，如图5-161所示。单击"确定"按钮，关闭对话框，即可创建画布。

②执行"文件→存储为"菜单命令（或直接按快捷键【Ctrl+Shift+S】），弹出"另存为"对话框，找到保存位置，以"任务3 1寸照.psd"文件名、选择默认

第一步～第四步

的"Photoshop(*.PSD，*.PDD)"保存类型，单击保存，即可生成一个PSD源文件，之后的操作只要随时按快捷键【Ctrl+S】即可随时保存源文件。

第二步：从生活照中选取固定尺寸区域

①找到素材文件夹中的"精修人物.jpg"图片，将其直接拖拽至Photoshop工作区，即可使用Photoshop进行编辑图片。

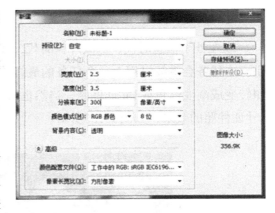

图5-161 新建1寸照的画布

②从左侧工具栏中单击选择"矩形选框工具" [ ]，查看顶部该工具属性栏，调整"样式"参数为"固定比例"，宽度为"2.5"、高度为"3.5"，如图5-162所示。

图5-162 "矩形选框工具"属性栏的设置

③鼠标移动至图片上，直接拖拽至合适大小的矩形区域。同时可以借助辅助键【Space】（空格键），调整矩形区域的位置，如图5-163所示。

图5-163 选取固定比例的矩形区域

④从左侧工具栏中单击选择"移动工具" [ ]，鼠标移动至矩形选区上方，按住左键拖拽至"任务3 1寸照.psd"文件窗口标题栏处，直至出现画布再释放鼠

标。由于两个文件的分辨率不同，就会看到拖拽进来的人物会变得特别大，以至于超出当前画布，如图5-164所示。

⑤按下快捷键【Ctrl+T】，进入"自由变换"编辑状态，按住辅助键【Shift】不放，鼠标移动至任意一个尺寸控制角点，进行拖拽调整其尺寸大小，直至和画布一样大，先释放鼠标、再释放键盘，调整其位置即可，如图5-165所示。

图5-164　将选取的对象拖拽至新画布中

图5-165　调整1寸照的大小和位置

第三步：扣取人物主体（或去除背景）

①单击选择"图层2"，再从左侧工具栏中单击选择"魔术棒"工具 ，查看顶部"魔术棒"工具属性栏，单击选择"添加到选区"模式、"容差"设置为30、勾选"连续"复选框，如图5-166所示。鼠标移动至背景任意位置，单击一次，即可得到大部分的背景选区，如图5-167所示。

图5-166　当前"魔术棒工具"的属性栏设置

②确认当前"魔术棒"工具处于"添加到选区"模式，鼠标移动至未被选中的背景区域任意位置，继续单击，重复此操作，直至选中所有背景区域，如图5-168所示。

③执行"选择→反向"菜单命令（或直接按快捷键【Ctrl+Shift+I】），即可反向选择为"人物"，如图5-169所示。

④执行"选择→修改→羽化"菜单命令（或直接按快捷键【Shift+F6】），打开"羽化选区"对话框，设置"羽化半径"为2像素，如图5-170所示，可以柔化所选区域的边界。

图5-167　单击一次魔术棒，　　　图5-168　选中背景　　　图5-169　选择人物
　　　　选取大部分背景区域

图5-170　"羽化半径"对话框

⑤按下快捷键【Ctrl+J】），即可将选中的选区复制到新图层"图层3"之中，如图5-171所示，单击取消"图层2"缩略图左侧的小眼睛，可以隐藏当前图层，此时画布只能看到"图层3"中扣取出来的人物照，如图5-172所示。

图5-171　扣取人物的图层效果　　　图5-172　仅显示扣取人物的画布

第四步：设置背景渐变色

①在左侧工具栏中选择"渐变工具" ，然后在顶部"渐变工具"属性栏中单击"径向渐变"按钮 ，再单击"颜色渐变条"按钮 ，在弹出的"渐变编辑器"对话框中，分别设置2处色标颜色为红色（RGB:255、27、52）、略深一些的红色（RGB:255、0、25），如图5-173所示。单击"确定"按钮，关闭对话框。

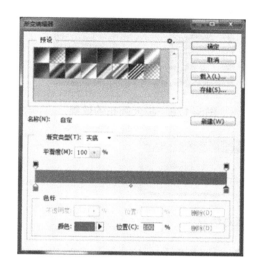

图5-173　设置背景的"渐变编辑器"

图5-174　红色渐变的背景

②单击选择"图层1"，鼠标移至画布中心，按住鼠标左键不放，向画布边缘拖拽出一条线段，再释放鼠标。双击"图层1"的图层名字，将其重新命名为"背景"，如图5-174所示。

第五步：创建5寸照片大小的画布

①单击选择"图层3"，执行"调整→画布大小"菜单命令（或直接按快捷键【Ctrl+Alt+C】），打开"画布大小"对话框，单击选择"定位"基准点为"中心点"，勾选"相对"复选框，设置"宽度"为0.2厘米、"高度"为0.2厘米，如图5-175所示，单击"确定"按钮，关闭对话框，当前画布就会以中心点为基准，向四周均扩大当前0.1厘米，如图5-176所示。

②单击选中"图层3"，按下快捷键【Ctrl+A】，选中整个画布，执行"编辑→定义图案"菜单命令，打开"图案名称"对话框，在"名称"文本框中为当前图案进行命名（如：1寸照），如图5-177所示，单击"确定"按钮，关闭对话框。

第五步

图5-175 "画布大小"对话框   图5-176 扩大画布的效果

图5-177 定义图案对话框

③执行"文件→新建"菜单命令（或直接按快捷键【Ctrl+N】），弹出"新建"对话框，设置"宽度"为12.7厘米、"高度"为8.9厘米、"分辨率"为300像素/英寸、"颜色模式"为RGB颜色、"背景内容"为透明，单击"确定"按钮，关闭对话框，即可创建5寸照的画布，如图5-178所示。

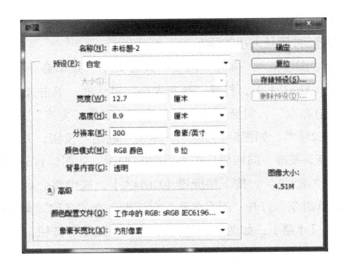

图5-178 创建5寸照的画布

④执行"文件→存储为"菜单命令（或直接按快捷键【Ctrl+Shift+S】），弹出"另存为"对话框，找到保存位置，以"任务3 一联1寸照.psd"文件名、选择默认的"Photoshop(*.PSD，*.PDD)"保存类型，单击保存，即可生成一个PSD源文件，之后的操作只要随时按快捷键【Ctrl+S】即可随时保存源文件。

⑤单击图层面板下方的"创建新的填充或调整图层"按钮，在弹出的菜单中单击执行"图案"命令，打开"图案填充"对话框，通过调整"缩放"比例，在当前画布中可以填充不同张数的1寸照片，如将"缩放"比例设置为119%，1张5寸照片即可排版8张1寸照片，如图5-179所示。

图5-179 图案填充图层的缩放比例

知识链接

一、证件照的标准

证件照有很多不同的尺寸，也有不同的用处，而且还要注意背景颜色的要求。

"寸"本身是很老旧的单位，目前在实际生活中已经很少使用了，所以"1寸照片"只是国内习惯的说法，更多是一种指代，并不能直接表示照片的尺寸。

注意：国内标准和国际标准是不同的。国内标准指的是照片的对角线长度，以英寸为计量单位，通常所说照片的"一寸"和"二寸"即指这个标准；国际标准是以照片的底边（也就是最短边）的长度作为衡量标准，也是以英寸为计量单位。

像素是组成屏幕图像的最小独立单位，在现实印刷中不用像素这个概念，只在电脑、手机等显示屏中使用。在显示屏上看到的图像，都是由无数个单独颜色的像素点组成的阵列，如图5-180所示。

照片的分辨率（Resolution）单位为dpi，表示的是1英寸面积里容纳像素点的数量，例如：300dpi是指1英寸里包含300个像素点、96dpi是指1英寸里包含96个像素点；而1英寸等于2.54厘米，假设在一个电脑显示器上显示的照片为300dpi，即显示器上一个2.54厘米宽×2.54厘米高的正方形区域内，需包含300个像素点。同样是1英寸区域内，分辨率300dpi的图像清晰度明显优于

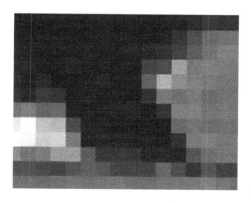

图5-180 像素点阵列

分辨率96dpi，如图5-181所示。因此，单位面积里的像素点越多，照片看起来就越清晰。

图5-181　300dpi与96dpi图像清晰度的对比

表5-1　常用证件照的标准

照片规格（英寸）	厘米（宽×高）	像素（宽×高）	经常使用的场合
1寸	2.5×3.5	295×413	多用于毕业证、健康证，各类资格证等
小1寸	2.2×3.2	260×378	多用于驾驶证
大1寸	3.3×4.8	390×567	多用于签证、英语四六级考试、港澳台湾通行证等
小2寸	3.5×4.5	413×531	多用于部分公务员和部分国家的签证
2寸	3.5×5	413×590	多用于部分公务员和部分国家的签证

下面结合1寸照片的尺寸，来看看如何换算成以像素为单位的尺寸：

1英寸=2.54厘米　　1寸照片的宽25毫米=2.5厘米=0.98425197英寸

假设分辨率是300dpi，则1寸照片的像素宽=300×0.98425197=295.275591。

四舍五入去掉小数位，即300dpi的1寸照片宽为295像素，英文单位表示为px（是单词pixel的缩写），因此，300dpi分辨率下的1寸照片换算为像素单位，大小是宽为295px、高为413px。

目前证件照最通用的分辨率就是300dpi。这里整理了经常使用的证件照尺寸、像素以及应用场合，如表5-1所示。

二、矩形选框工具

"矩形选框工具"作为最常用的选区工具，常用来绘制一些形状规则的矩形选区。小技巧：

　　√ 按住辅助键【Shift】的同时，拖动鼠标指针可创建一个正方形选区。

　　√ 按住辅助键【Alt】的同时，拖动鼠标指针可创建一个以单击点为中心的矩形选区。

　　√ 按住辅助键【Alt+ Shift】的同时，拖动鼠标指针，可以创建一个以单击点为中心的正方形选区。

　　选择"矩形选框工具"后，可以在其顶部的属性栏"样式"列表框中选择选框尺寸和比例的方式，如图5-182所示，可以将"样式"设置为"正常""固定比例"和"固定大小"三种样式。

图5-182　"矩形选框工具"的属性栏

　　√ 正常：默认方式，拖动鼠标可创建任意大小的选框固定比例。

　　√ 固定比例：选择该选项后，可以在后面的"宽度"和"高度"文本框中输入具体的宽高比。绘制选框时，选框将自动符合该宽高比。

　　√ 固定大小：选择该选项后，可以在后面的"宽度"和"高度"文本框中输入具体的宽高数值，以创建指定尺寸的选框。

　　三、定义图案

　　使用"定义图案"命令，可以将图层或选区中的图像定义为图案。定义图案后，可以用"填充"命令将图案填充到整个图层区域或选区中。

　　打开素材文件"定义图案.psd"，如图5-183所示，执行"编辑→定义图案"菜单命令，即可将当前画布中的图像或选区预设成为图案，可以自行命名。

　　在左侧工具栏中单击选择"油漆桶"工具 ，在其顶部属性栏中设置"填充区域的源"为图案，在图案下拉面板中选择预设的图案，如图5-184所示，然后在新建画面中单击即可填充预设图案，如图5-185所示。

图5-183　"定义图案"素材

图5-184　"油漆桶"工具属性栏

图5-185　"油漆桶"工具填充预设图案的效果

拓展视频

拓展1　　　　　拓展2

06

模块6

信息检索

面对海量的网络信息，如何快速高效地检索和获取信息，如何获取免费电子图书、电影、音乐，如何在网上甄别谣言，得到最新资讯，不信谣不传谣？通过本模块的学习与反复练习，重点培养信息素养、提高利用信息检索解决生活、学习、工作各方面问题的能力。信息检索不只是一种技能，更是一种素养，主要在于如何规范、合理地获取、评价、管理和利用信息，增强终生学习的能力和创新创业的能力。

任务1　网络信息检索基本常识

任务导航

【任务清单】

任务内容	能力要求			
	理解原理	掌握要领	熟练操作	灵活运用
收集信息			√	√
信息检索的意义	√	√		
信息检索的要素	√	√		
信息检索在生活中的应用		√	√	√

【任务描述】

面对信息爆炸的时代，我们几乎每天都会从网络上收到应接不暇的各种海量信息。需求是最好的老师，把信息检索练习跟学习、思考与生活结合起来，就能达到事半功倍的效果。信息检索是一门技术，实践性很强，信息素养的提高与检索能力的培养均需在实践中逐步完善。下面大家需要借助熟知的"百度"以及"中国知网"收集我国袁隆平院士的相关事迹；收集与自己专业相关的招聘信息、了解需要掌握的核心技能；收集自己感兴趣的书籍、音乐、电影、美食等主题的相关信息，并与大家进行分享。

任务实施

第一步：借助"百度"，收集袁隆平院士的相关事迹

第二步：借助"中国知网"，再次收集袁隆平院士的相关事迹

第三步：收集与自己专业相关的招聘信息，了解核心技能

第四步：收集自己感兴趣的书籍、音乐、电影、美食等主题的相关信息

知识链接

一、信息、知识、情报与文献

生活中信息无处不在。它们是知识产生的原料，这些原料经过处理后，成为系统化的信息，知识由此产生。从知识管理的层面上看，知识是指可直接用于行动的信息，它使人们可以随时随地做出正确决策。

目前我国图书情报学界对信息、知识、文献和情报的看法是：知识是对信息加工、吸收、提取、评价的结果，系统化的信息成为知识，知识记录下来成为文献，文献经传递并且加以应用成为情报，情报体现了人们运用知识的能力。

1. 信息

信息的拉丁文词源Information，意思是"通知、报道、消息"，在《现代汉语词典》中将"信息"一词解释为"一切音信和消息"。信息的定义经历了百年演绎、与时俱进。不同学科从不同角度对信息这个概念有不同的理解：

美国数学家、信息论的创始人克劳德·艾尔伍德·香农（Claude Elwood Shannon）在《通信的数学理论》一文中指出："信息是用来消除随机不定性的东西"。

控制论创始人维纳（Norbert Wiener）认为："信息是人们用于适应外部世界，并且在使这种适应为外部世界所感知的过程中，和外部世界进行交换的内容名称。"

从哲学角度来说，信息是事物运动的存在或表达形式，是一切物质的普遍属性，实际上包括了一切物质运动的表征。

我国情报学家严怡民对信息的定义为：生物以及具有自动控制系统的机器，通过感观器官和相应的设备与外界进行交换的一切内容。

在《科学技术信息系统标准与使用指南术语标准》中指出："信息是物质存在的一种方式、形态或运动状态，是事物的一种普遍属性。"

本书认为信息是自然界、人类社会以及思维活动中普遍存在的现象，是一切事物自身存在方式以及它们之间相互关系、相互作用等运动状态的表达。

信息可以分为四大类，即自然信息、社会信息、生物信息、机器信息。它们是重要的资源，与材料、能源一起构成了现代社会发展的三大支柱。

信息具有时效性、共享性、客观性、传递性、价值型、可存储性、多态性等基本特征。

2. 知识

《现代汉语词典》中的"知识"是指人们在改造世界的实践中获得的认识和经验的总和。

信息被人脑感受，经理性加工后，成为系统化的信息，这种信息就是知识。知识源于表征事物属性和事物间关系的各种信息，成于各种信息的集合或有序化。因此，从外延上看，知识包含在信息之中。信息也不等同于一般的知识，而是知识的原料与矿藏，是知识之源。知识是信息和文献的内核，是信息中的精华部分。

依据获取知识的来源，可将知识分为3大类：第一类知识存在于人脑之中，即主观意识，只有当以一定的形式，通过一定的载体表达时，才能为其他人所感知；第二类知识存在于实物之中，如古文物、样品、样机、物品等，人们可以通过研究实物而获得某种知识；第三类知识用文字、图形、代码、符号、声频、视频等技术手段记录在一定的载体之上，例如刻在甲骨上、印在纸张上等，这就是文献。

知识一般具备实践性、科学性、继承性、非损耗性等特征。

3. 情报

情报的概念起源于战争，《现代汉语词典》中的"情报"，特指"战时关于敌情之报告"。

知识必须经过传递才能成为情报，是传递者有特定效用的知识。情报是知识的有序化与激活，是动态的知识，是一切最新的、经过加工和传递的信息。

情报是指运用一定的载体传递给特定用户，用以解决科研、生产、经营中的具体问题的特定知识和信息。竞争情报实质是组织（企业、团体乃至国家）为赢得竞争优势所需要的，具有对抗性的重要信息。

情报具有知识性、传递性、效用性特征。

4. 文献

文献一词在我国最早见于《论语·八佾》，宋代朱熹解释为"文，典籍也；献，贤也。"，即记载知识的书籍和有学问的人是"文"和"献"。

《现代汉语词典》中的"文献"是泛指"有历史价值或参考价值的图书资料"。《文献著录总则》（GB 7392.1–83）为文献下了简明的定义：文献是"记录有知识的一切载体"。文献具有三个最基本的要素：构成文献的信息和知识内容、负载信息和知识内容的物质载体、记录信息和知识内容的手段与符号。

文献可以提供信息、知识和情报，不仅是情报传递的主要物质形式，也是吸收利用情报的主要手段，是信息检索的对象。

依据不同的分类标准，可将文献分为不同类型。

（1）按记录方式和载体划分

书写型：古代各种非印刷型文献，如甲骨、简策、帛书等，以及还没有正式复印的手稿。

机读型：利用计算机进行存储和阅读的一种文献形式。

印刷型：主要是指以纸张为载体，通过印刷手段，把负载知识的文化固化在纸上。

缩微型：以感光材料为载体，以光学缩微技术为记录手段。

声像型：以磁性感光材料为载体，直接记录声音、图像的一种文献。

（2）按出版形式和内容划分　文献可以划分为图书、期刊、会议论文、学位论文、科技报告、专利文献、政府出版物、标准、技术档案、产品样品、资料、其他类型。

（3）按知识内容和加工层次划分

零次文献是指未经出版发行或未进入社会交流的最原始的文献，如私人笔记、底稿、手稿、个人通讯、新闻稿、工程图样、实验记录、调查稿、原始统计资料、技术档案、设计图纸等。

一次文献是指以作者本人的生产实践与科学研究成果为基本素材，而撰写的文献。其特点是新颖性、创造性、系统性。如专著、期刊论文和学位论文。

二次文献是指将分散无序的一次文献按一定方法进行浓缩、整理、简化、组织成为系统的、便于查找的文献。如目录、题录、文摘、索引、书目、指南等，也称为"检索工具"。

三次文献是指在合理利用二次文献的基础上，选用一次文献的内容，根据特定需要和目的进行综合、分析、选择、浓缩而编写出来的文献。如综述、述评、年鉴、手册、字典、词典、百科全书、名录、指南等。

（4）按照用户需求和使用功能划分

检索类文献：是指以检索为主要功能的文献，如书目索引、文献杂志、年鉴、手册、资料汇编、指南、名录等文献。

报道类文献：以报道为主要功能的文献，如新闻类、快报类、易报类情报刊物等。

研究类文献：以研究为主要功能的文献，包括述评、综述、动态性文献等。

5. 信息、知识、情报和文献的关系

它们之间的关系是转化关系、包含关系和交叉关系。

知识是信息的一部分，情报是知识的一部分，文献是知识的一种载体。

知识是系统化，精炼化的信息；文献不仅是情报传递的主要物质形式，还是吸收利用情报的主要手段。

文献是静态的（固态的），记录的知识；情报是动态的，传递的知识。

它们之间的关系如图6-1所示。

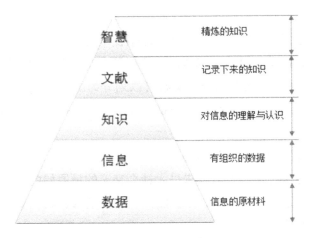

图6-1　信息、知识、情报和文献的关系

二、信息检索

1. 信息检索的概念

信息检索作为一种实践活动由来已久。美国情报学家卡尔文·穆尔斯（Calvin Northrup Mooers，1919—1994），作为情报学的先驱研究者之一，于1951年首次提出了"信息检索"（Information Retrieval）一词。从此，信息检索（Information Retrieval，简称IR）成为了一个比较规范、正式的学术术语。

信息检索有广义和狭义之分。信息检索过程如图6-2所示。

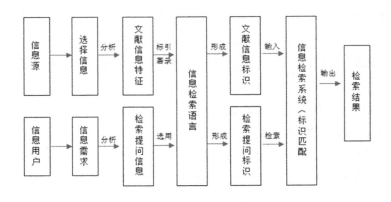

图6-2　信息检索过程

广义的信息检索包括信息存储（Information Storage）和信息检索（Information Retrieval）两个过程。

广义的信息检索是指将信息按一定的方式组织和存储起来，并根据信息用户的需要找出有关信息的过程。所以，它的全称又叫信息存储与检索（Information Storage and Retrieval），即包括信息的"存"与"取"两个环节。

广义信息检索的其他表述有：信息检索是对信息项（Information Items）进行表示（Representation）、存储（Storage）、组织（Organization）和存取（Access）。

狭义的信息检索就是信息检索过程的后半部分，不包括信息存储过程，即从检索工具中找出所需要的信息的过程，也就是我们常说的信息查寻（Information Search 或 Information Seek）。

信息检索的含义很广，但作为一个学术研究领域，可界定为：信息检索是从文档集合（通常存储在计算机中）查找满足某种信息需求的具有非结构化性质（通常指文本）的资料（通常是文献）。可见，这也是从狭义的角度界定的。在通常情况下，人们所讲的"信息检索"即是从狭义的角度而言。

2. 信息检索的类型

根据检索手段的不同，信息检索可分为手工检索、光盘检索、联机检索和网络检索。网络检索是当前信息检索的主流和发展方向。

根据检索对象的不同，信息检索可归纳为以下3种类型：

（1）文献型信息检索　文献型信息检索（Document Retrieval）是以文献（包括题录、文摘和全文）为检索对象的检索。凡是查找某一主题、时代、地区、著者、文种的有关文献，以及这些文献的出处和收藏处所等，都属于文献型信息检索的范畴。完成文献型信息检索主要借助于各种书目型数据库。

（2）数值型信息检索　数值型信息检索（Data Retrieval）是以数值或数据为对象的一种检索，包括文献中的某一数据、公式、图表，以及某一物质的化学分子式等，数据检索分为数值型与非数值型。完成数值型信息检索主要借助于各种数值数据库和统计数据库。如查询天气、各种票价等都是数值型检索。

（3）事实型信息检索　事实型信息检索（Fact Retrieval）是以某一客观事实为检索对象，查找某一事物发生的时间、地点及过程的检索，其检索结果主要是客观事实或为说明事实而提供的相关资料。完成事实型信息检索主要借助于各种指南数据库和全文数据库。如查询北京申请"双奥之城"的经历、查询网红旅游景点的特色等是事实型检索。

三、信息检索与信息素养

《布拉格宣言：走向具有信息素质的社会》是2003年9月20至23日，由联合国教科文组织和美国图书情报学委员会联合召开的信息素质专家会议发布的。会议认为如何使人们从Internet时代的信息和通信资源及技术中受益是当今社会面临的重要挑战。会议将信息素质定义为一种能力，它能够确定、查找、评估、组织和有效地生产、使用和交流信息，并解决面临的问题。《布拉格宣言》宣称信息素质是人们有效参与信息社会的一个先决条件，是终身学习的一种基本能力。

信息素养（Information Literacy）又称信息素质。1989年，美国图书馆协会将其定义为："具备较高信息素养的人，是一个有能力觉察信息需求的时机并且有检索、评价以及高效地利用所需信息的人，是一个知道如何学习的人。他们知道了如何学习的原因在于：他们掌握了知识的组织机理，知晓如何发现信息以及利用信息。他们是有能力终身学习的人，是有能力为所有的任务与决策提供信息支持的人。"

信息素养是基于信息意识、信息能力、信息伦理，通过确定、检索、获取、评价、管理、应用信息，解决所遇到的问题并以此重构自身知识体系的综合能力和基本素质。

1. 学习信息检索的目标

（1）培养自觉敏感的信息意识　　信息意识具体表现为对信息的敏感度、选择能力和消化吸收能力。信息意识决定着人们捕捉、判断和利用信息的自觉程度，而信息意识的强烈与否对信息价值的发掘和文献获取能力的提升起着关键的作用。

（2）培养较强的信息能力　　信息能力是指人们有效获取信息、加工处理信息以及创造新信息的能力。信息能力是信息素养诸要素中的核心。大学生必须具备较强的信息能力，否则难以在信息社会中生存和发展。

社会分工越来越细，知识更新越来越快，工作变换越来越频繁，而这些都需要有很强的学习能力、环境适应能力，快速熟悉、掌握新领域。通过信息检索的锻炼，可以去培养这些意识与技能。

（3）培养良好的信息道德　　学会对媒体信息进行判断和选择，自觉地选择对学习、生活有用的内容，自觉保护他人的知识产权、隐私权等，不传递不良信息等。

2. 学习信息检索的作用

第一层次：可以较快了解所参与的工作、生活、业务、设计等基本知识。

第二层次：继承和借鉴他人的成果，避免重复或少走弯路，可以提高效率，节省科研人员的时间，减少人力或投资方面的费用。

第三层次：建立与自己密切相关的行业动态信息的获取渠道，随时收集与掌握相关信息，并做出调整。

信息检索是提高信息素养、获取新知识的有效途径。信息检索作为一种方法和技能，有利于人们适应科技和生产发展，及时补充、更新知识，改善不合理的知识结构，提高解决科技难题的能力，学习和掌握信息检索的知识和技能，提高信息意识和信息能力，有助于提高大学生的信息素养，为大学生在信息社会里更好的发展做好准备。

任务2　使用搜索引擎

任务导航

【任务清单】

任务内容	能力要求			
	理解原理	掌握要领	熟练操作	灵活运用
查询"搜索引擎"的定义			√	√
了解"搜索引擎"的种类	√	√		
应用并设置"百度"搜索引擎		√	√	√
熟练使用"中国知网"搜索引擎		√	√	

【任务描述】

搜索引擎是互联网发展最直接的产物，它可以帮助我们从海量的互联网资料中找到我们查询的内容，也是我们日常学习、工作和娱乐不可或缺的查询工具。那么，需要大家先借助自己熟悉的搜索引擎搞清楚"搜索引擎"的定义以及种类；利用"百度"搜索引擎中的"高级检索"功能，搜索近一年来有关"融媒体"的PDF格式文档；再次使用"中国知网"搜索引擎搜索近一年来有关"融媒体"的文献资料。

任务实施

第一步：借助自己熟悉的搜索引擎查找"搜索引擎"的定义以及种类

第二步：利用"百度"搜索引擎，搜索近一年来有关"融媒体"的PDF格式文档

第三步：使用"中国知网"搜索引擎搜索近一年来有关"融媒体"的文献资料

知识链接

一、搜索引擎

搜索引擎（Search Engine），就是能够在网上自动搜索并保存信息，然后按照一定的规则进行编排后提供给用户进行查询的系统，比如百度、Google等。

搜索引擎依托于多种技术，如网络爬虫技术、检索排序技术、网页处理技术、大数据处理技术、自然语言处理技术等，为信息检索用户提供快速、高相关性的信息服务。

搜索引擎技术的核心模块一般包括爬虫、索引、检索和排序等，同时可添加其他辅助模块，为用户创造更好的网络使用环境。

1. 搜索引擎的工作原理

（1）发现并搜集网页信息 搜索引擎通过高性能的"网络蜘蛛"程序（Spider）自动地在互联网中搜索信息。一个典型的"网络蜘蛛"工作方式是通过查看一个页面，从中找到与检索内容相关的信息，然后再从该页面的所有链接中继续寻找相关的信息，以此类推，直至穷尽。"网络蜘蛛"为实现快速浏览整个互联网，通常在技术上采用抢先式多线程技术实现在网上聚集信息。

（2）对信息进行提取并建立索引库 索引库的建立关系到用户能否最迅速地找到最准确、最广泛的信息。索引器对"网络蜘蛛"抓来的网页信息极快地建立索引，以保证信息的及时性。建索引时对网页采用基于网页内容分析和基于超链接分析相结合的方法进行相关度评价，能够客观地对网页进行排序，从而最大限度地保证搜索出的结果与用户的检索相一致。

（3）用户检索 搜索引擎根据用户输入的检索词，在索引库中快速检出文档，进行文档与检索的相关度评价，对将要输出的结果进行排序，并将检索结果返回给用户。

当用户以关键词查找信息时，搜索引擎会在数据库中进行搜索，如果找到与用户要求内容相符的网站，并采用特殊的算法——通常根据网页中关键词的匹配程度、出现的位置频次、链接质量等——计算出各网的相关度及排名等级，然后根据关联度高低，按顺序将这些网页链接返回给用户。

这是对前两个过程的检验，检验该搜索引擎能够给出最准确、最广泛的信息，检验该搜索引擎能否迅速地给出用户最想得到的信息。

2. 搜索引擎的分类

搜索引擎类别繁多，多种多样，根据工作方式可以分为：

（1）目录搜索引擎 目录搜索引擎虽然有搜索功能，但在严格意义上算不上是真正的搜索引擎，因为它只是按目录分类的网站链接列表而已。用户完全可以不用进行关键词（Keywords）查询，仅靠分类目录也可找到需要的信息。如果把书比作是网站，它就像是我们去图书馆逐级按区域寻找我们需要的书一样，所以很形象地被称为目录搜索引擎。

典型的目录搜索引擎有新浪（Sina）、雅虎（Yahoo）、搜狗（sogou）等。

（2）全文搜索引擎 全文搜索引擎是目前广泛应用的主流搜索引擎。它的工作原理是计算机索引程序通过扫描文章中的每一个词，对每一个词建立一个索引，指明该词在文章中出现的次数和位置，当用户查询时，检索程序就根据事先建立的索引进行查找，并将查找的结果反馈给用户。

典型的全文搜索引擎主要有百度（Baidu）、谷歌（Google）。

（3）元搜索引擎 元搜索引擎（Meta Search Engine）是一种调用其他独立搜

索引擎的引擎,也被称为"搜索引擎之母"。当它接受用户查询请求后,同时在多个搜索引擎上搜索,并将结果返回给用户。

基于中文的元搜索引擎中具代表性的是"搜星搜索引擎";在搜索结果排列方面,有的直接按来源排列搜索结果,如Dogpile;有的按自定的规则将结果重新排列组合,如Vivisimo。

（4）垂直搜索引擎 垂直搜索引擎是近年来新兴起的一种搜索引擎。它不同于通用的网页搜索引擎,最大特点是专注于特定的搜索领域和搜索需求（例如机票搜索、旅游搜索、生活搜索、小说搜索、视频搜索、购物搜索等）,在其特定的搜索领域有更好的用户体验。相比通用搜索动辄数千台检索服务器,垂直搜索需要的硬件成本低、用户需求特定、查询的方式多样。

典型的垂直搜索引擎代表有携程（旅游）、贝壳（找房）、鸠摩（找电子书）、拉钩（找工作）等。

除了上述四类搜索引擎以外,还有集合式搜索引擎、门户搜索引擎以及免费链接式搜索引擎。感兴趣的话,可自行上网搜寻相关介绍。

二、百度搜索引擎

百度以"用科技让复杂的世界更简单"为使命,不断坚持技术创新,致力于"成为最懂用户,并能帮助人们成长的全球顶级高科技公司"。作为全球最大的中文搜索引擎,百度每天响应来自 100 余个国家和地区的数十亿次搜索请求,是网民获取中文信息的最主要入口。

打开"百度"首页,单击选择"更多→查看全部百度产品"（或直接输入地址:https://www.baidu.com/more/）,即可看到百度的所有类别,图6-3所示只是其中一小部分而已。

图6-3 百度所有产品页面（仅显示一部分）

在当今信息爆炸的时代，我们仅需动动手指，就能知晓天下事。但是，也有人搜索能力很强，能快速找到别人找不到的东西，在千篇一律的信息中脱颖而出。因此，有必要学习一些搜索技巧，让搜索结果更加精准高效。这里以"百度"搜索引擎为例。

1. 选取合适的关键词

我们平时说话是口语，虽然现在搜索引擎已经比较智能，但是口语化描述会造成很多无效信息，增加筛选难度、降低搜索效率。我们需要从"口语"中提取需要搜索的"关键词"。

案例1：2018年发生震惊中国人民的一件大事：孟晚舟事件，孟晚舟在加拿大温哥华被捕，经过多年不懈努力，2021年孟晚舟乘坐中国政府包机返回祖国。

想要了解上述事件的整个起因、经过和结果，该如何提取关键词呢？

提取关键词时要注意：

①选取有代表性或有指示性的词语。上述案例1中我们提取"孟晚舟事件"作为关键词。

②尽量不选用通俗的、常见的词语。上述案例1中不选用"被捕"短语作为单独关键词。

③尽量不要采用多义词。

④可以用英文双引号，将关键词作为短语进行精准搜索。上述案例中对比搜索孟晚舟事件和"孟晚舟事件"结果数量，如图6-4所示。

图6-4　给关键词用英文双引号强制搜索对比

图6-5 利用"+"组合多个关键词搜索结果

⑤利用+号，多个关键词可以同时搜索。上述案例中，也可以这样搜索"孟晚舟事件+起因+真相"，搜索的结果数量会更精准，如图6-5所示。

组合关键词还有一些其他方法，建议读者自己上网利用搜索引擎自行学习。

2. 合理利用"搜索工具"

在搜索框的下方，有一个搜索工具，很多人都没有注意过它，但它却是一个搜索利器。借助"搜索工具"，可以划定搜索范围：时间节点、文件格式、渠道来源。

案例2：2022北京成功举办了第23届冬季奥运会，这使得北京成为历史上首个同时举办夏奥会与冬奥会的城市。学校让同学们对这个话题展开交流与讨论。

想要更快速获得更多有效的信息，该如何搜索呢？

我们可以先利用"组合关键词"方法进行搜索，得到搜索结果，如图6-6所示。

图6-6　在搜索结果中单击"搜索工具"

再单击图中标识的"搜索工具"按钮，则会显示出时间限定、文件类型以及站点内搜索的选项，如图6-7所示。

（1）设定时间范围　在案例2的搜索结果页面，单击"时间不限"列表框，从时间范围列表选项"一天内、一周内、一月内、一年内、自定义"中，可以设定搜索时间范围，比如选择"一月内"，搜索到的结果如图6-8所示。

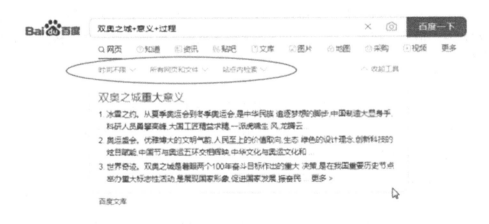

图6-7　在搜索结果中显示"更多工具"内容

图6-8 设定搜索时间范围

（2）设定搜索文件类型　在案例2的搜索结果页面，单击"所有网页和文件"列表框，从列表选项"PDF文件、Word、Excel、PowerPoint文件、RTF文件"中可以选择需要搜索的文件类型，比如选择"PowerPoint文件"，可以快速地从海量数据中搜索到只有PPT文件的搜索结果，如图6-9所示。

图6-9 设定搜索文件类型

提示：细心观察搜索结果页面中此时的搜索框，不难发现，在限定搜索文件类型时，其实就是在搜索框内使用"限定文件类型"的命令"filetype"。使用方法是"filetype：文件类型"，其中文件类型是指文件的后缀名，可以是ppt、doc、pdf、xls、rtf。

（3）设定渠道来源　一般情况下，我们会在全网范围内搜索资料。我们也可以通过单击"站点内搜索"按钮，在弹出的文本框内写清楚所指定的网址，比如指定豆瓣网（www.douban.com）范围内、知乎网（www.zhihu.com）范围内等，来限制缩小搜索范围。在案例2的搜索结果页面，限定在"www.douban.com"（豆瓣网）范围内，搜索结果如图6-10所示。

提示：限定搜寻网站，其实也可以使用在搜索框中输入命令来实现。使用方法："site：网址 关键词"，这里的网址可以不加http或者www。比如限定在知乎网中搜寻含有"苏东坡"关键词的信息，可以在搜索框中输入"site:zhihu.com 苏东坡"，搜索结果页面如图6-11所示。

图6-10　设定渠道来源

3. 限定关键词为搜索标题的条件

用于搜索标题中含有关键词的信息。

使用方法：intitle:需要限定的关键词。

效果：寻找的关键词必须出现在文章的标题中。

例如：现在搜索标题中含有"苏东坡"的信息，在搜索框中直接输入"intitle:苏东坡"，搜索结果如图6-12所示。

图6-11 使用限定网站命令

图6-12 限定关键词为搜索标题的条件

注意：搜索框中输入的符号必须是英文输入状态的标点符号。建议多尝试将上面的搜索方法组合使用，能获得更佳的搜索体验

335

三、中国知网

中国国家知识基础设施工程（China National Knowledge Infrastructure，CNKI）由清华大学、清华同方发起，始建于1999年6月。现已成为世界上全文信息量规模最大的数字图书馆，其目标是实现全社会知识资源传播共享与增值利用。

中国知网（www.cnki.net）是目前世界上最大的、连续动态更新的中国电子期刊全文数据库，是"十一五"国家重大网络出版工程的子项目，是《国家"十一五"时期文化发展规划纲要》中国家"知识资源数据库"出版工程的重要组成部分。这里收录了我国1915年至今出版的期刊，部分期刊回溯至创刊，以学术、技术、政策指导、高等科普及教育类期刊为主，内容覆盖自然科学、工程技术、农业、哲学、医学、人文社会科学等各个领域。

目前中国知网旗下产品与服务有6大板块：中国知网、知网空间、手机知网、书刊超市、学问百科、大成编客。这里重点介绍在中国知网板块中，检索文献的流程、方法与技巧。

知识发现网络平台（简称KDN）在KNS基础上进行了全新改版。

KDN不同于传统的搜索引擎，它利用知识管理的理念，实现了知识汇聚与知识发现，结合搜索引擎、全文检索、数据库等相关技术达到知识发现的目的，可在海量知识及信息中发现和获取所需信息，简洁高效、快速准确。

KDN的主要目标是更好地理解用户需求，提供更简单的用户操作，实现更准确的查询结果。

KDN着重优化页面结构，提高用户体验，实现平台的易用性和实用性。实现检索输入页面、检索结果页面的流畅操作，减少迷失度和页面噪声干扰。提供标准化的、风格统一的检索模式，提供多角度、多维度的检索方式，帮助用户快速定位文献。

1. 一框式检索

一框式检索简单易用，风格统一。用户只需要直接在首页检索文本框（如图6-13所示）中直接输入自然语言（或多个检索短语），比如：青年教育，即可检索，结果页面如图6-14所示。

图6-13　中国知网首页检索文本框

一框式的检索默认为检索"文献"。文献检索属于跨库检索，目前包含文献类数据库产品期刊、博士、硕士、国内重要会议、国际会议、报纸和年鉴七个库。可以直接点击上方的数据库标签进行切换。

主题检索是在中国知网标引出来的主题字段中进行检索，该字段内容包含一篇文章的所有主题特征，同时在检索过程中嵌入了专业词典、主题词表、中英对照词典、停用词表等工具，并采用关键词截断算法，将低相关或微相关文献进行截断。

图6-14　一框式检索

可以在检索结果页面中，利用左侧分类条目（主题、学科、发表年度、研究层次、文献类型、文献来源、期刊、作者、机构、基金），勾选需要的选项，进一步精准检索需要的文献。如在上述检索结果页面中，勾选"发表年度"类别为"2021"、勾选"文献来源"类别为"中国青年研究"，进一步得到检索页面，效果如图6-15所示。

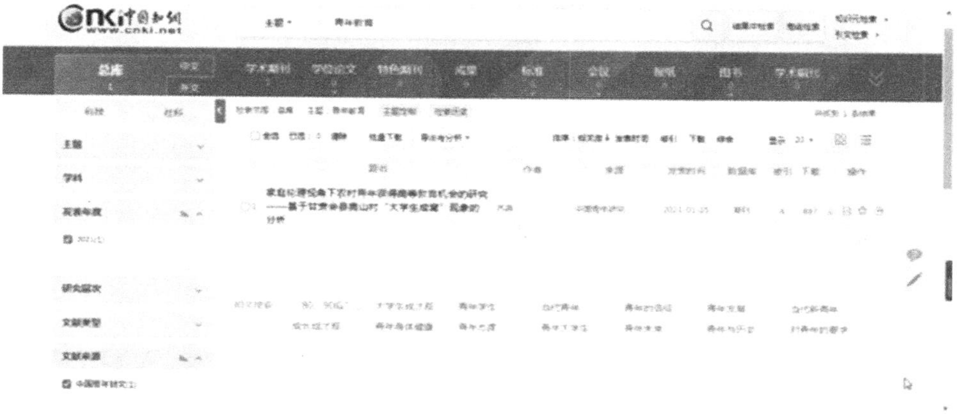

图6-15　在检索结果页面中勾选左侧选项

根据检索需要，可选取不同检索项来提高检索的查准率。单击检索文本框左侧的检索字段"主题"，从显示的列表框中更换检索字段，如图6-16所示。数据库不同检索字段不同。

图6-16　选择检索项

2. 高级检索

中国知网首页的检索框不支持or、not等逻辑检索式，推荐使用右侧"高级检索"功能，适用于大多数用户。

进入"高级检索"页面，如图6-17所示，其中 ➕ 和 ➖ 按钮用来增加和减少检索条件，"词频"表示该检索词在文中出现的频次。在高级检索中，还提供了更多的组合条件，如来源、基金、作者以及作者单位等。选择检索字段，并在相应检索输入框中输入关键词；选择字段之间的逻辑关系（AND,OR,NOT）。

案例3：检索发表的文献主题中包含"青年教育"，同时全文包含"职业教育"，但是不包含"中等职业"的文献。其高级检索页面如图6-17所示。

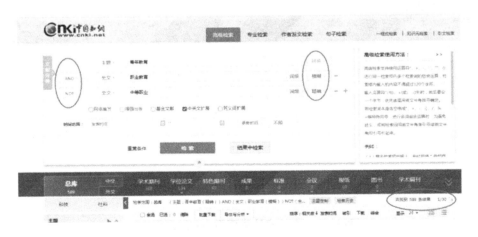

图6-17　高级检索页面

3. 查看检索结果

在"全文数据库"检索到结果后，点击"文献篇名"，可以得到文献的题录文摘信息、目录、引证文献信息，如图6-18所示；点击文献的"中文刊名"链接，可得到该期刊本期文献目录，进一步点击文献名，可以打开本期文献全文；还可以引用、收藏、分享、打印、关注等。

可以选择"手机阅读""HTML阅读"2种阅读方式以及"CAJ下载""PDF下载"2种下载方式。

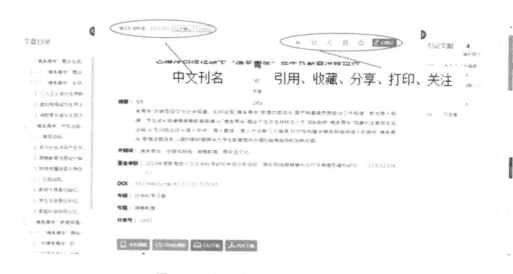

图6-18　查阅某个文献的题录等信息

07

模块7

信息素养与社会责任

　　人类最早认识和开发的是物质资源，把它转化成材料，制作出简单的工具，从事个体、家庭或小作坊式的生产，形成几千年的农业社会自给自足的自然经济。18世纪以蒸汽机发明为代表的产业革命兴起，开始了能源的开发和利用，把它转化为动力，制造出各种自动的机器作为生产工具，有效延伸了人的体能，形成以商品生产与交换为标志的市场经济。工业化为人类创造了巨大的财富，促进了社会经济的繁荣与发展，但同时也带来了非再生物质资源和能源的大量消耗与浪费。现代科学技术的进步，特别是计算机的出现，使人们在物质和能量两大战略资源外，开发和利用了"信息"这一新的战略资源，开拓了人类认识自然、改造自然的新资源。在信息时代，物质世界正在隐退到信息世界的背后，新的时空构筑起人类的基本生存和生活环境，影响着芸芸众生的日常生活方式，构成了人们日常经验的重要组成部分，对人们的素质提出了更高的要求。为了衡量人们生活在信息时代所最起码的信息知识和技能水平，"素养"概念被用来描述信息社会发展对人们知识和技能的新要求，"信息素养"的概念也由此而生。

任务1　信息素养的基本概念及主要要素

任务导航

【任务清单】

任务内容	能力要求			
	理解原理	掌握要领	熟练操作	灵活运用
信息素养的概念	√	√		
信息意识	√	√		
信息知识和能力	√	√		
信息道德	√	√		

【任务描述】

　　社会离不开信息，就像我们每天需要吃饭一样，我们的生活、工作和学习需要计算机，需要网络，需要手机。信息社会给我们带来的是一个崭新的社会形态，我们身处其中同时也不断深入思考，本次任务中探讨信息社会究竟需要具备怎样的素养，信息素养所包含的信息意识、信息知识、信息能力和信息道德具有怎样具体的含义。

任务实施

第一步：了解信息素养的概念和要素　　　第三步：了解具有信息素养的人应
第二步：了解信息意识的概念、内　掌握的信息素养通识与能力
容、特征和表现　　　　　　　　　　　第四步：了解信息道德的内涵

知识链接

一、信息素养

信息扑面而来，同时也泥沙俱下。当人们面临更丰富的信息选择时，随之而来的问题是信息的真实性、有效性、可靠性，以及人们是否有足够的能力来获取、鉴别和有效地利用信息。

信息素养的概念是从图书检索技能演变发展而来的。计算机网络的发展，是这种能力与当代信息技术结合，成为信息时代每个公民必须具备的基本素养。1974年，美国信息产业协会主席保罗·泽可斯基最早提出信息素养这个术语，并认为信息素养包括众多方面：

①传统文化素养的延续和拓展；

②受教育者达到独立学习及终身学习的水平、对信息源及信息工具的了解及运用；

③必须拥有各种信息技能，如对所需文献或信息的确定、检索，对检索到的信息的评价组织、处理并做出决策。

④知道有哪些可能有用的信息资源；

⑤能制订妥善的信息检索策略；

⑥能使用印刷方式及高科技方式存储的信息资源；

⑦能评估信息的相关及有用程度；

⑧组织信息使其能有实用性；

⑨组合新信息成为自己原有知识的一部分；

⑩能将信息应用于批判性思考及解决问题。

1989年美国信息素养总统委员会对信息素养作了如下定义：

"要具有信息素养，一个人必须能够认识何时需要信息，并有能力有效地发现、评价和利用所需要的信息。"

我国张基温教授认为，信息素养主要包括信息意识、信息知识、信息能力和信息品质等4个方面：

①信息意识。它是人们利用信息系统获取所需信息的内在动因，信息意识是可以培养的，经过教育和实践，可以由被动的接受状态转变为自觉活跃的主动状态，

而被"激活"的信息意识又可以进一步推动信息技能的学习和训练。

②信息知识。包括熟练掌握与信息技术相关的常用术语和符号，了解与信息技术相关的文化及其背景，熟知与信息获取和使用有关的法律、规范。

③信息能力。包括信息挑选、获取、传输、处理、保存与应用能力，信息技术的跟踪能力，基于现代信息技术环境的学习和工作能力，信息交流能力，信息评价和批判能力，信息免疫和信息系统安全的防范能力。

④信息品质。包括：热爱生活，有较高情商，无论面对何种情景，能够充满自信地运用各类信息解决问题，有较强的创新意识和进取精神；具有团队、服务和协作精神，善于同外界建立多种和谐的协作关系；具有强烈的社会责任心。

从根本上讲，具有信息素养的人了解知识是如何组织的，知道如何找到信息以及如何利用信息、创造知识，他们总是能找到解决特定问题、完成手头任务和作出决策所需要的信息。具有信息素养的人是已经学会如何学习的人、准备好终身学习能力的人。

信息素养是一种基本的能力素养，是信息时代的一种基本的生存技能。在学习、工作和生活中需要获取重要的和有用的信息，找到不合适的信息常常会解决不了实际问题，无法从事科学研究，无法做出正确的决策。信息素养也是一种综合的能力素养。它涉及人文的、技术的、经济法律等诸多知识背景。信息素养与信息技术息息相关，当信息素养与信息技术交织时，才凸显出它的意义和显著效果。它是一个了解、发现、评价和利用信息的智力构架，不但融入了信息技术和合理的方法，更重要的是融入了批判性的思维能力、鉴别能力和创新能力，是利用技术但又根本独立于技术的一种综合能力。

二、信息意识

在信息时代，如何获取信息、处理信息显得尤为重要。信息意识是信息素养中最为重要的部分之一，被称为信息素养的灵魂。

1. 信息意识的概念

从哲学角度来讲，认为信息意识"是人们在社会意识中反映的总和，是人们对信息的认识过程和反应能力"，"是人们在社会意识中不可缺少的一部分，是人们对于作为外部世界的信息关系和作为外部事物之一的信息与信息之间的关系的理解，是人们认识世界和改造世界中开发和利用信息的观念和自觉能力"，"是人脑对客观存在的新信息的自觉反应"，"是信息主体对信息的认识过程，也是对外界信息环境变化的一种能动的反映"。

从心理学角度来讲，强调反映的自觉性和有意识性，"是人们捕捉、判断和利用情报的自觉程度"，"是对信息的敏感性，尤其是对信息反映出的客观变化规律的敏感性"。

信息意识是信息在人脑中的集中反映，即社会成员在信息活动中产生的认识、观点和理论的总和，是人们凭借对信息与信息价值所特有的敏感性和亲和力，主动利用现代信息技术捕捉、判断、整理、利用信息的意识。

2. 信息意识的内容

通俗地讲，信息意识包括：能认识到信息在信息时代的重要作用，确立在信息时代尊重知识、终身学习、勇于创新的新概念；对信息有积极的内在需求，每个人除了自身对信息的需求外，还应善于将社会对个人的要求自觉地转化为个人内在的信息需求，这样才能适应社会发展的需求；对信息由敏感性和洞察力，能迅速有效地发现并掌握有价值的信息，善于从他人看来是微不足道、毫无价值的信息中发现信息的隐含意义和价值，善于识别信息的真伪，善于将信息现象与实际工作、生活、学习迅速联系起来，善于从信息中找出解决问题的关键。

3. 信息意识的特征

（1）信息意识的对象性。信息意识可以分为个体信息意识、群体信息意识、社会信息意识。不同层次信息意识的水平不同。根据信息内容又可将信息意识划分为不同类型，如社会科学类、科学技术类、日常生活类等。个人对信息的认识是根据自身的条件需求决定的。

（2）信息意识的内在性。人的信息意识是看不到的，只能通过人的行为、语言及对信息的应变能力反映出来。

（3）信息意识的能动性。信息意识可推动或阻碍人们对信息的认识及一切的信息活动，形成不同程度的信息意识水平。信息意识对信息的判断力具有指导作用。信息意识对实践活动具有阻碍或促进的作用，信息意识淡薄，会影响、阻碍社会实践活动，相反则有促进、推动作用。

（4）信息意识的社会历史性。社会发展的进程，社会的经济文化水平，决定了信息意识的产生和水平高低。

4. 信息意识的表现

信息意识决定人们对信息反映的程度，并影响人们对信息的需求，信息意识的强弱决定了人们利用信息能力的自觉程度。因此，只有具备了足够的信息意识，使自己始终保持对信息的积极姿态，才能及时抓住国内外发展动态，以最短的时间查找、整理、加工出有价值的实用信息。信息意识主要表现为：

（1）对信息具有特殊的敏锐的感受力。这是一种自觉的心理倾向，能敏锐地捕捉信息，并善于从他人来看是司空见惯的、微不足道的现象中发现有价值的信息。

（2）对信息具有持久的注意力。也就是说对信息关注已成为一种习惯。具有信息意识的人，对信息的关注不受时间和空间的限制，无论是工作范围以内，还是日常生活中，都习惯用信息的眼光，从信息的角度去观察周围一切事物，去思考问题，把这些信息和自己要解决的问题联系在一起。对这些信息的长久注意力是一个人事业成功的必要条件，也是科研工作突发灵感的基础。

（3）对信息价值的判断力和洞察力。一个具有强烈信息意识的人，对信息的敏感性，除了对信息的心理倾向外，更重要的是对信息价值的判断力和洞察力。在信息海洋中，能够去粗取精、去伪存真并做出正确的识别和选择。

信息意识既是信息主体对信息的认识过程，也是其对外界信息环境变化的一种能动的反映。培养人的信息素养，首先要培养信息意识，一个人的信息意识强，就能通过蛛丝马迹，捕捉到有价值的信息。这是创新人才的必备意识。

三、信息知识和能力

信息知识包括熟练掌握与信息技术相关的常用术语和符号，了解与信息技术相关的文化及其背景，熟知与信息获取和使用有关的法律、规范。信息能力包括信息挑选、获取、传输、处理、保存与应用能力，信息技术的跟踪能力，基于现代信息技术环境的学习和工作能力，信息交流能力，信息评价和批判能力，信息免疫和信息系统安全的防范能力。

具有信息素养的人应掌握以下信息素养通识与能力：

1. 具备明确的表达信息需求的能力

认识信息需求，是所有信息查找、信息使用和信息创造的起点，当你没有明确的信息需求时，你就不可能有正确的信息查找策略和行动，也不可能产生创造信息的机会。信息需求需要明确地表达，即使你的信息需求不需要对外交流，你也要设法让自己清晰和明白。

2. 掌握有效的获取信息的途径与检索信息的能力

在这里首先应明确什么是信息源。联合国教科文组织（UNESCO）出版的《文献术语》作了如下定义：个人为满足其信息需要而获得信息的来源，称为"信息源"。信息源是产生、持有和传递信息的一切人、物体和机构。信息可以来自于任何地方、任何载体，如一个人的经历、一次演讲会、一本图书、一篇期刊文章、一次展览会或者因特网。由于各种信息源具有其不同的特点，可满足不同的信息需求，因此认识信息源，鉴别信息源的特性是有效的获取信息的首要条件。明确和了解信息需求，并熟悉各类信息源后，可根据信息需求选择恰当的信息源。

许多信息源通过一定的信息组织方式，形成一个信息检索系统供人们检索和浏览，特别是信息量比较大的资源，如年代比较长的二次文献数据库、分布式的Web信息资源等，如果不提供一定的检索方式，难以快速有效地获得所需的信息。信息技术的快速发展使得信息检索系统的建立得以快速方便地实现，也使得信息检索的技术逐渐成熟。了解信息组织方式、掌握必要的信息检索技能可以使信息获取达到事半功倍的效果。

3. 能正确地评价和鉴别信息及其来源

在获得信息后、利用信息前，首先应对信息进行评价和鉴别。具有信息素养的人，应该能批判性地评价所获取的信息，创造性地利用信息。信息评价有五个基本准则：可靠性、权威性、时效性、准确性和完整性。这五项原则不仅适合于传统出版的文献，也适合于Web网络信息资源。对于网络信息资源还应包括稳定性、可访问性以及网页设计对内容的支持等评价准则。

4. 能适当地处理和管理个人信息

在信息超富裕的时代，信息获取已变成一种日常的行动。如何在网上快速方便地获取个人感兴趣的信息；如何将找到的有用信息有序地管理和存储；如何方便地交流而又能管理自己发布的信息，都是一个人信息素养能力的一种体现。

5. 掌握交流技术、了解信息交流中的法律法规

具有信息素养的人，应了解知识产权的基本知识，合理合法地使用信息。尊重隐私权，了解言论自由的限度，对自己发表的言论负责，按一般公认的网络礼节参加电子讨论，"记住人的存在"，这是网络礼节的第一条。

四、信息道德

信息道德也称为信息伦理。在这里，社会信息道德是指在信息领域中用以规范人们相互关系的思想观念与行为准则。它通过规范数字空间中的信息开发、信息传播、信息管理和利用等方面的信息行为，达到促进信息社会发展的目的。信息道德是指在信息的采集、加工、存储、传播和利用等信息活动各个环节中，用来规范其间产生的各种社会关系的道德意识、道德规范和道德行为的总和。它通过社会舆论、传统习俗等，使人们形成一定的信念、价值观和习惯，从而使人们自觉地通过自己的判断规范自己的信息行为。信息道德作为信息管理的一种手段，与信息政策、信息法律有密切的关系，它们各自从不同的角度实现对信息及信息行为的规范和管理。信息道德以其巨大的约束力在潜移默化中规范人们的信息行为，信息政策和信息法律的制定和实施必须考虑现实社会的道德基础，所以说，是信息政策和信息法律建立和发挥作用的基础；而在自觉、自发的道德约束无法涉及的领域，以法制手段调节信息活动中的各种关系的信息政策和信息法律则能够发挥充分的作用；信息政策弥补了信息法律滞后的不足，其形式较为灵活，有较强的适应性，而信息法律则将相应的信息政策、信息道德固化为成文的法律、规定、条例等形式，从而使信息政策和信息道德的实施具有一定的强制性，更加有法可依。信息道德、信息政策和信息法律三者相互补充、相辅相成，共同促进各种信息活动的正常进行。

信息道德分为两个方面，即信息道德的主观方面和信息道德的客观方面。主观方面指人类个体在信息活动中以心理活动形式表现出来的道德观念、情感、行为和

品质，如对信息劳动的价值认同。对非法窃取他人信息成果的鄙视等，即个人信息道德。客观方面指社会信息活动中人与人之间的关系以及反映这种关系的行为准则与规范，如扬善抑恶、权利义务、契约精神等，即社会信息道德。而信息道德则指个人信息道德与社会信息道德的有机统一。

任务2　信息技术发展史及信息表示

任务导航

【任务清单】

任务内容	能力要求			
	理解原理	掌握要领	熟练操作	灵活运用
计算机的发展历史	√			
计算机的基本特点和应用	√			
计算机中的信息表示	√	√		

【任务描述】

计算机是一种能够在其内部存储指令并对各种数据进行自动加工和处理的电子设备。计算机是20世纪人类最伟大的发明创造之一，对人类社会的发展有着极其深远的影响。本次任务中我们将追溯计算机发展的历史脉络，探讨计算机的基本特点和应用，了解计算机中信息的表示形式。

任务实施

第一步：了解计算机的发展历史　　　应用
第二步：了解计算机的基本特点和　　　第三步：了解计算机中的信息表示

知识链接

一、计算机的发展历史

计算工具的发明，经历了漫长的道路。从中国古代的算筹和算盘到16世纪的计算尺，从机械式计算机到电子计算机，从手动计算到自动计算，从十进制到二进制，是一个逐步发展和演化的过程。期间的人物与事件、思想和方法、理论与技术、成功和失败……无不对计算学科的现在乃至将来产生着重要的影响。

1. 早期计算工具

人类在漫长的文明进程中，为了提高计算的速度而不断地发明和改进了各种计算工具。人类最早的计算工具可以追溯到中国商周时代问世的算筹，成语"运筹帷幄"的"筹"指的就是"算筹"，如图7-1所示。我国唐代发明的算盘至今仍在使用，如图7-2所示。

图7-1　算筹

图7-2　我国古代算盘

计算尺发明于大约1620—1630年，在苏格兰数学家约翰·纳皮尔（JohnNapier）对数概念发表后不久。牛津的埃德蒙·甘特（Edmund Gunter）发明了一种使用单个对数刻度的计算工具，当和另外的测量工具配合使用时，可以用来做乘除法。1630年，剑桥的William Oughtred发明了圆算尺；1632年，他组合两把甘特式计算尺，用手合起来成为可以视为现代的计算尺的设备。

1642年，19岁的法国哲学家、数学家布莱斯·帕斯卡（Blaise Pascal）为了帮助父亲计算税款，开始研究机械计算装置。经过精心设计，最后制成了手摇驱动的齿轮进位式计算器，可完成六位数字的加减法。如图7-3所示。

图7-3　帕斯卡的加法器

图7-4　步进计算器

1673年，德国数学家戈特弗里德·莱布尼兹（Gottfried Leibniz）在对帕斯卡的发明基础上，设计制造了能进行四则运算的机械计算器。他的装置称为Stepped

Reckoner，即步进计算器。如图7-4所示。

2. 近代计算机

（1）巴贝奇的差分机和分析机　早在19世纪初，英国剑桥大学数学家、机械设计专家、经济学家和哲学家查尔斯·巴贝奇（Charles Babbage）在前人设计的基础上发明了他称之为"差分机"（Difference Engine）的机器，这种机器已经能够进行开平方运算，专门用于航海和天文计算。之后他的"分析机"（Analytical Engine）则尝试用来执行多种类的运算，然而，由于缺乏政府和企业的资助，同时又局限于当时的制造工艺，巴贝奇直到逝世，分析机仍未能被制造出来，他把全部设计图纸和已完成的部分零件送到伦敦皇家学院博物馆供人观赏。尽管这台机器在他有生之年并未完成，但其设计方案已经具备了现代电脑的特征［包括齿轮式"存储仓库"（Store）和"运算室"即"作坊"（Mill），而且还有他未给出名称的"控制器"装置，以及在"存储仓库"和"作坊"之间运输数据的输入输出部件］。巴贝奇以他天才的思想，划时代地提出了类似于现代电脑五大部件的逻辑结构。所以被公认为计算机之父。

在巴贝奇分析机艰难的研制过程中，不能不提及计算机领域著名的程序员——阿达·拉芙拉斯伯爵夫人（Ada Augusta Lovelace）。阿达1815年生于伦敦，她是英国著名诗人拜伦的女儿。阿达27岁时成为巴贝奇科学研究上的合作伙伴，她负责为分析机编写软件，写出了包括三角函数的计算程序、级数相乘程序、伯努利数计算程序等。人们公认她是世界上第一位软件工程师、第一个程序员。

美国哈佛大学的霍华德·艾肯（Howard Aiken，1900—1973）博士在图书馆里发现了巴贝奇和阿达的论文，提出了用机电方式，而不是用纯机械方法来构造新的分析机。1944年在IBM公司的资助下，研制成功了被称为计算机"史前史"里最后一台著名的Mark1计算机，将巴贝奇的梦想变为了现实。这也正是IBM走上计算机产业之路的开始。后来霍华德·艾肯继续主持了Mark2和Mark3计算机的研制工作，但它们已经属于电子计算机的范畴。

（2）图灵及图灵奖　计算机理论奠基人是英国著名数学家、逻辑学家、密码学家阿兰·麦席森·图灵（Alan Mathison Turing，1912—1954）（如图7-5所示），被称为计算机科学之父、人工智能之父。1912年6月23日生于英国帕丁顿，1931年进入剑桥大学国王学院，师从著名数学家哈代，1938年在美国普林斯顿大学取得博士学位，二战爆发后返回剑桥，曾协助军方破解德国的著名密码系统Enigma，帮助盟军取得了二战的胜利。1954年6月7日在曼彻斯特去世。他在计算机科学方面的主要贡献有两个：一是建立了图灵机（Turing Machine，TM）模型，奠定了可计算理论的基础；二是突出了图灵测试，阐述了机器智能的概念。

图灵机的概念是现代可计算性理论的基础。图灵证明，只有图灵机（TM）能解决的计算问题，实际计算机才能解决。如果TM不能解决计算问题，实际计算机也无法解决。TM的能力概括了数字计算机的计算能力，因此图灵机对计算机的一般结构、可实现性和局限性都产生了深远的影响。

1950年10月，图灵在哲学期刊*Mind*上发表了一篇著名论文Computing Machinery and Intelligence（《计算机器与智能》）。他指出：如果一台机器对质问的响应与人类所做出的响应几乎无法区别，那么这台机器就具有智能。今天人们把这一论断称为图灵测试（Turing Test），它奠定了人工智能的理论基础。

为了纪念图灵对计算机科学的贡献，美国计算机学会（Association for Computing Machinery，ACM）于1966年创立了"图灵奖"，每年颁发给在计算机科学领域的领先研究人员，业界称之为计算机界的"诺贝尔奖"，至今已有近80位在计算机科学与技术上做出卓越贡献的人士获此殊荣。

图7-5　阿兰·麦席森·图灵

（3）冯·诺依曼　约翰·冯·诺依曼（John von Neumann，1903—1957）（如图7-6所示），美籍匈牙利人，经济学家、物理学家、数学家、发明家。1945年6月，冯·诺伊曼与戈德斯坦、勃克斯等人，联名发表了一篇长达101页纸的报告，即计算机史上著名的"101页报告"，是现代计算机科学发展里程碑式的文献。明确规定用二进制替代十进制运算，并将计算机分成五大组件，这一卓越的思想为电子计算机的逻辑结构设计奠定了基础，已成为计算机设计的基本原则。1951年，EDVAC计算机宣告完成，在EDVAC中采用了存储程序、二进制等机制，这样电子计算机的五大组成部分：计算器、控制器、存储器、输入/输出设备便在EDVAC中体现出来，从此奠定了电子计算机的体系结构——冯·诺依曼体系结构。

图7-6　约翰·冯·诺依曼

图7-7　第一台电子数字计算机ENIAC

3. 电子计算机的诞生

20世纪是动荡的世纪，也是创造奇迹的世纪。在短短几十年中，人类掌握了电子技术，分裂了原子，经历了两次世界大战。终于，在第二次世界大战的枪声和战火中，人类智力解放的崭新工具——电子计算机诞生了。这项伟大的发明不是个别科学家奋斗的结果，而是在几千年文明积累的基础上，科学家、工程师、科学组织管理人员共同努力的结晶。

1946年2月14日，世界上第一台电子数字计算机ENIAC（Electronic Numerical Integrator And Computer）（如图7-7所示）在美国宾夕法尼亚大学研制成功。它含有18000个真空管，运算速度达到当时继电器式计算机的1000倍。ENIAC机采用了高速的电子器件（电子管），使计算机的运算速度得到了极大提高，它标志着科学技术的发展进入了电子计算机时代，开辟了计算机科学技术的新纪元。

4. 电子计算机的发展与演化

纵观计算机的发展历程，由于电子元器件的迅速发展，使计算机的性能得到了极大提高，其应用也越来越普及。人们通常以构成计算机的主要电子元器件来划分计算机的发展阶段。

（1）第一代电子计算机——电子管计算机（1946—1957）　第一代电子计算机的主要特点是采用电子管作为主要器件。这一带计算机体积大、价格高、耗能也大，且可靠性较差，其运算速度每秒只有数千次至几万次。在软件方面，它确定了程序设计的概念，并由代码程序发展到了符号程序。第一代电子计算机的主要应用领域局限于科学计算。

（2）第二代电子计算机——晶体管计算机（1958—1964）　第二代电子计算机的主要特点是用晶体管元件代替了电子管器件。这使得计算机的体积缩小、功耗降低、速度加快、寿命延长，而且价格不断下降，提高了计算机的运算速度和可靠性。其运算速度一般为每秒数十万次至数百万次。在软件技术方面，出现了算法语言并提出了操作系统的概念，数据可以存储在脱离计算机的磁盘或磁带上，从而大大提高了计算机的使用效率。因此，计算机的应用领域从科学计算扩展到了数据处理，并逐渐用于过程控制。

（3）第三代电子计算机——集成电路计算机（1965—1971）　第三代电子计算机的主要特点是普遍采用了集成电路。在这一时期，计算机技术得到了持续发展，计算机的体积更小，寿命更长，功耗、价格进一步降低，速度和可靠性也相应提高。运算速度已达到几十万次每秒至几百万次每秒。在此阶段电子计算机出现了向大型化和小型化两级发展的趋势，同时，系统软件和应用软件有了很大发展，出现了结构化、模块化的程序设计方法和操作系统。

（4）第四代电子计算机——大规模与超大规模集成电路计算机（1972—至

今）　第四代电子计算机的主要特点是采用大规模集成电路和超大规模集成电路作为计算机的主要器件。大规模和超大规模集成电路技术的发展，使计算机的体积进一步缩小，功耗大大降低，功能增强。这一时期出现了微处理器，从而产生了微型计算机。微型计算机的问世和大规模生产，使计算机的应用渗透到国民经济的各个领域，已成为无所不在的常用工具。数据通信、计算机网络、分布式处理有了很大发展，计算机技术与通信技术相结合改变着世界的技术、经济和面貌。由于特殊应用领域的需求，在并行处理与多处理机领域正积累着重要的经验，为未来的技术突破创造着条件。例如图像处理领域、人工智能与机器人领域、函数编程领域、超级计算领域都是人们越来越感兴趣的领域。

（5）新一代计算机　从20世纪80年代开始，美国、日本等国投入了大量的人力、物力研究新一代计算机（日本也曾称第五代计算机），目的是要使计算机像人一样具有看、说、听和思考的能力，也就是智能计算机。其涉及很多高新科技领域，如微电子学、高级信息处理、知识工程和知识库、计算机体系结构、人工智能和人机界面等。新一代计算机的发展，必将与人工智能、知识工程和专家系统等的研究紧密相连，必然引起新一代软件工程的发展，大大改善软件和软件系统的设计环境，各种智能化的支持系统，包括智能程序设计系统、知识库设计系统、智能超大规模集成电路辅助设计系统以及各种智能应用系统和集成专家系统等层出不穷。在硬件方面，已经或将出现一系列新技术，如先进的微细加工和封装测试技术、砷化镓器件、约瑟夫森器件、光学器件、光纤通信技术以及智能辅助设计系统等。

二、计算机的基本特点和应用

计算机之所以具有很强的生命力，并得以飞速的发展，是因为计算机本身具有许多特点和优势，具体体现在如下5个方面：

1. 运算速度快

运算速度是标志计算机性能的重要指标之一，衡量计算机的处理速度一般是用计算机一秒钟时间内所能执行加法运算的次数。例如，我国的神威·太湖之光超级计算机安装了40960个中国自主研发的神威26010众核处理器，该众核处理器采用64位自主神威指令系统，峰值性能3,168万亿次每秒，核心工作频率1.5GHz。

2. 计算精度高

由于计算机内部采用二进制数进行运算，数的精度主要由表示这个数的二进制码的位数或字长来决定。随着计算机字长的增加，使数值计算更加精确，一般计算机可以有十几位以上的有效数字。通常，在科学和工程计算课题中对精确度的要求特别高，如利用计算机计算圆周率，可达到小数点后数百万位。现代计算机提供多种表示数据的能力，例如单精度浮点数、双精度浮点数等，以满足对各种计算精确度的要求。

3. 存储能力

计算机的存储设备可以把原始数据、中间结果、计算结果、程序等信息存储起来以备使用。存储信息的多少取决于所配备的存储设备的容量。目前的计算机不仅提供了大容量的内存设备，存储计算机运行时的大量信息，同时还提供各种外部存储设备，以长期保存和备份信息，如硬盘、U盘和光盘等。外存是内存的延伸，用于长期保存信息。就一个存储设备来说，存储量是有限的，但配有多少个外部存储设备取决于个人的需求，从这个意义上来讲，可以说存储能力是海量的。而且，只要存储介质不被破坏，其信息就会永久保存。

4. 逻辑判断能力

计算机不仅能进行算术运算，同时也能进行各种逻辑运算，具有逻辑判断能力，并能根据判断的结果自动决定下一步执行的操作，所以能解决各种各样的问题。布尔代数是建立计算机的逻辑基础，或者说计算机就是一个逻辑机。计算机的逻辑判断能力也是计算机智能化的基本条件。

5. 自动工作的能力

由于完成任务的程序和数据存储在计算机中，一旦向计算机发出运行命令，计算机就能在程序的控制下，按事先规定的步骤一步一步地执行，直到完成指定的任务为止。这一切都是由计算机自动完成的，不需要人工干预。这也是计算机区别于其他工具的本质特点。

随着计算机技术的不断发展和功能的不断增强，计算机的应用领域越来越广泛，应用水平也越来越高，已经深入到社会的方方面面。

（1）科学计算　科学计算也称为数值计算，是指用于完成科学研究和工程技术中提出的数学问题的计算。通过计算机可以解决人工无法解决的复杂计算问题，一些现代尖端科学技术的发展，都是建立在计算机应用的基础上，如卫星轨迹计算、气象预报等。

（2）数据处理　数据处理是目前计算机应用最广泛的一个领域，是指对大量数据进行存储、加工、分类、统计、查询及报表等操作，也称为非数值处理或事务处理。一般来说，科学计算的数据量不大，但计算过程比较复杂、计算精度要求高且要绝对准确；而数据处理计算方法较简单，但数据量很大。

目前，数据处理已广泛地应用于办公自动化、企事业计算机辅助管理与决策、信息情报检索、图书管理、电影电视动画设计、会计电算化、测绘制图管理、仓库管理及嘉通运输管理等各行各业。如在地理数据方面既有大量自然环境数据（土地、水、气候、生物等各类资源数据），也有大量社会经济数据（人口、交通、工农业等），常要求进行综合性数据处理。故需建立地理数据库，系统地整理和存储地理数据减少冗余，发展数据处理软件，充分利用数据库技术进行数据管理和处理。

（3）过程控制　过程控制也称为实时控制，是指利用传感器实时采集检测数据，然后通过计算机计算出最佳值并据此迅速地对控制对象进行自动控制或自动调节，如对数控机床和生产流水线的控制。在日常生产中，有很多控制问题是人们无法亲自操作的，有了计算机就可以精确地进行控制，从而代替人来完成繁重或危险的工作。

（4）计算机辅助设计与制造　几何是数学的一个分支，它实现了人类思维方式中的数形结合。计算机图形学是使用计算机辅助产生图形并对图形进行处理的科学，由此推动了计算机辅助设计（CAD）、计算机辅助制造（CAM）、计算机辅助教学（CAI）、计算机辅助信息处理、计算机辅助测试（CAT）等方向的发展。

①计算机辅助设计（Computer Aided Design，CAD）。计算机辅助设计师利用计算机系统辅助设计人员进行工程或产品设计，以实现最佳设计效果的一种技术。它已广泛地应用于飞机、汽车、机械、电子建筑和轻工等领域。例如，在电子计算机的设计过程中，利用CAD技术进行体系结构模拟、逻辑模拟、插件划分、自动布线等，从而大大提高设计工作的自动化程度。

②计算机辅助制造（Computer Aided Manufacturing，CAM）。计算机辅助制造是利用计算机系统进行生产设备的管理、控制和操作的过程。例如，在产品的制造过程中，用计算机控制机器的运行，处理生产过程中所需的数据，控制和处理材料的流动以及对产品进行检测等。使用CAM技术可以提高产品质量、降低成本、缩短生产周期、提高生产率和改善劳动条件。

③计算机辅助教学（Computer Aided Instruction，CAI）。计算机辅助教学指利用计算机系统使用课件来进行教学。课件可以用专用工具软件或高级语言开发制作，它能引导学生循序渐进地学习，使学生轻松自如地从课件中学到所需要的知识。CAI的主要特色是交互教育、个别指导和因人施教。

（5）人工智能　人工智能（Artificial Intelligence，AI）是指用计算机模拟人类的智能活动，模拟人脑学习、推理、判断、理解、问题求解等过程，辅助人们进行决策，如专家系统。人工智能是计算机科学研究领域最前沿的学科，近几年来已应用于机器人、医疗诊断等方面。

（6）电子商务与电子政务　电子商务是指通过计算机和网络进行商务活动，是在Internet与各种资源相结合的背景下应运而生的一种网上商务活动。它是在1996年开始的，起步时间虽然不长，但因其高效率、低成本、高收益和全球性等特点，很快受到各国政府和企业的广泛重视，有着广阔的发展前景。目前，世界各地的许多公司已经开始通过Internet进行商业交易，通过网络方式与顾客、批发商和供货商联系，并在网上进行业务往来。

电子政务是近些年兴起的一种运用信息与通信技术，打破行政机关的组织界限，改进行政组织，重组公共管理，实现政府办公自动化、政务业务流程信息化，为公众和企业提供广泛、高效和个性化服务的一个过程。

（7）文化教育　利用信息高速公路实现远距离教学、辅助教学、终身教育与学习等，为教育带动经济发展创造了良好的条件。它改变了传统的以教师课堂传授为主、学生被动学习的方式，使学习内容和形式更加丰富灵活。同时也加强了信息处理、计算机、通信技术和多媒体等方面内容的教育，提高了全民族的文化素质与信息化意识。计算机信息技术使人们的工作和生活方式发生巨大的变化，人们可以在任何地方、随时随地通过计算机和网络，以多种方式浏览世界各地当天的报纸与新闻，进行网上学习与购物，收发电子邮件，聊天等。

（8）娱乐　计算机已经走进家庭，在工作之余人们可以利用计算机欣赏电影和音乐，进行游戏娱乐等活动。这一切标志着计算机的应用已经普及到人们生活的方方面面，提高了生活的趣味与娱乐范围，使人们享受更高品位的生活。

当然，随着计算机网络应用的不断发展，又产生了更多、更广泛的应用，例如，博客、微博、网络社区等。

三、计算机中的信息表示

计算机中的数据可分为两类，一类是数值数据，另一类是非数值数据。数值数据对应的是自然数、整数和实数在计算机中的表示，非数值数据对应的是文字、图形图像、音频和视频数据在计算机中的表示。对采用二进制进行编码的数据进行存储、表示和运算是计算机的基本功能，外部信息在进入计算机时需要进行某种方式的编码，对于不同编码的信息有不同的处理方法。

1. 计算机为什么采用二进制而不是十进制

现实生活中，人们往往习惯使用十进制，只有在钟表、时间等方面采用其他的进制，如十二进制、八进制、十六进制、二十四进制、六十进制等。可电子计算机所采用的却是二进制！为什么不采用十进制或别的进制呢？

要弄清楚这个问题，可以从以下几方面探讨。

（1）技术实现简单可靠　自然界存在很多两种状态的事物，例如开关的"开"与"关"，电灯的"亮"与"不亮"，继电器的"闭合"与"断开"。计算机是由逻辑电路组成的，逻辑电路通常只有两个状态，如电路中电压的高和低、晶体管的导通和截止、开关的接通与断开等，这样的两种状态正好可以用"1"和"0"表示。每位数据只有高、低两个状态，当受到一定程度的干扰时，仍能可靠地分辨出它是高还是低。

（2）运算规则简单　二进制的运算规则很简单。就加法运算而言，只有4条规则，如：

$$0+0=0$$

$$1+0=1$$
$$0+1=1$$
$$1+1=\boxed{1}0\leftarrow 方框内1表示进位$$

乘法运算也只有4条运算规则，如：
$$0*0=0$$
$$1*0=0$$
$$0*1=0$$
$$1*1=1$$

特别地，人们利用特殊的技术，把减法、乘法、除法等运算都转换成加法运算来做。这对简化CPU的设计非常有意义。如果采用十进制，CPU的设计就变得非常复杂。

（3）数据存储容易　交给计算机处理的数据及其计算机处理完的结果，多半总要永久地保存起来。采用二进制形式记录数据，物理上容易实现数据的存储。通过磁极的取向、表面的凹凸、光照有无反射等，二进制形式很容易在物理上实现数据的存储。

（4）适合逻辑运算　二进制数据在逻辑运算方面也非常方便。逻辑运算有"与（and）""或（or）""非（not）"三种，对应的运算规则如下：

0and0＝0	0or0＝0	not0＝1
1and0＝0	1or0＝1	not1＝0
0and1＝0	0or1＝1	
1and1＝1	1or1＝1	

另外，二进制只有两种状态（符号），便于逻辑判断（是或非）。因为二进制的两个数码正好与逻辑命题中的"真（True）""假（False）"相对应。

正是由于以上原因，在计算机中采用的是二进制，而不是人们熟悉的十进制，或者其他进制。

2. 进位计数制及其转换

（1）什么是进位计数制　按进位的原则进行计数，称为进位计数制。如十进制，逢十进一；二进制，逢二进一。进位计数制具有两个要素：

①基数。表示一位数所需的符号的个数。例如十进制中每一位可用0~9这十个数码来表示，共10个，则10就是该进制的基数。

②位权。一个数码在某个固定位置上所代表的值是固定的，这个固定值称为该位的位权。如十进制数234.67按权展开形式为

$$(234.67)_{10}=2\times10^2+3\times10^1+4\times10^0+6\times10^{-1}+7\times10^{-2}$$

对于任意一个进制数都可以表示为各位数字与位权乘积之和。

（2）常用进位计数制

①十进制：有十个数码，即0、1、2、3、4、5、6、7、8和9。加法原则为逢十

进一，减法原则为借一为十。

②二进制：有两个数码，即0和1。加法原则为逢二进一，减法原则为借一为二。

③八进制：有八个数码，即0、1、2、3、4、5、6和7。加法原则为逢八进一，减法原则为借一为八。

④十六进制：有十六个数码，即0、1、2、3、4、5、6、7、8、9、A、B、C、D、E和F。加法原则为逢十六进一，减法原则为借一为十六。

（3）各种进制之间的转换　计算机采用二进制表示数据，而人们习惯使用十进制，所以在现代计算机中，人们仍然依照十进制向计算机输入原始数据，计算机处理结果也以十进制形式输出。学习计算机必须理解二进制数和十六进制数，培养以"位"为基础的思考习惯。因此必须掌握二进制数和十进制数之间的相互转换。

①非十进制与十进制的转换　采用进位计数制按权展开的方法，用每一位的数码乘以该位的位权，然后相加所得的和便是十进制数。

例：将二进制数（1101.11）$_2$转换成十进制数

（1101.11）$_2=1\times2^3+1\times2^2+0\times2^1+1\times2^0+1\times2^{-1}+1\times2^{-2}=$（13.75）$_{10}$

例：将八进制数（127.11）$_8$转换成十进制数

（127.34）$_8=1\times8^2+2\times8^1+7\times8^0+1\times8^{-1}+1\times8^{-2}=$（87.14）$_{10}$

例：将十六进制数（5A7.1）$_{16}$转换成十进制数

（5A7.1）$_{16}=5\times16^2+10\times16^1+7\times16^0+1\times16^{-1}=$（1447.0625）$_{10}$

②十进制与非十进制的转换

a. 十进制转换为二进制

转换规则：整数部分采用除2取余数法；小数部分采用乘2取整数法。

例：将十进制数（58.625）$_{10}$转换为二进制数。

整数部分转换如图7-8所示。

小数部分转换如图7-9所示。

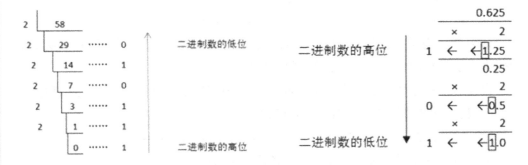

图7-8　整数部分转换　　　　图7-9　小数部分转换

结果为（58.625）$_{10}$＝（111010.101）$_2$

b. 十进制转换为八进制

转换规则：整数部分采用除8取余数法；小数部分采用乘8取整数法。

c. 十进制转换为十六进制

转换规则：整数部分采用除16取余数法；小数部分采用乘16取整数法。

③二进制与八进制、十六进制的转换　表7-1所示为二、八、十、十六进制数据对应表。

表7-1　二、八、十、十六进制数据对应表

十进制	二进制	八进制	十六进制	十进制	二进制	八进制	十六进制
0	0	0	0	8	1000	10	8
1	1	1	1	9	1001	11	9
2	10	2	2	10	1010	12	A
3	11	3	3	11	1011	13	B
4	100	4	4	12	1100	14	C
5	101	5	5	13	1101	15	D
6	110	6	6	14	1110	16	E
7	111	7	7	15	1111	17	F

十进制转换成二进制数的转换过程书写比较长，同样二进制表示的数比等值的十进制数占更多的位数，书写也长，容易出错。为了方便起见，人们借助于八进制和十六进制来进行转换或表示。每3位的二进制数可以用1位的八进制数表示，每4位的二进制数可以用1位的十六进制数表示。

a. 二进制转换为八进制

例：把（10110001.1011）$_2$转换为八进制数

$$\begin{array}{ccccccc} \underline{010} & \underline{110} & \underline{001} & . & \underline{101} & \underline{100} \\ \downarrow & \downarrow & \downarrow & & \downarrow & \downarrow \\ 2 & 6 & 1 & . & 5 & 4 \end{array}$$

结果为（10110001.1011）$_2$＝（261.54）$_8$

3位二进制数恰好是1位八进制数。转换时，整数部分从右往左3位一组，不足3位用0补充；小数部分从左往右3位一组，不足3位用0补充，并将每一组数转换为八进制数，连接起来写出即可。

b. 二进制转换为十六进制

例：把（1000110001.10111）$_2$转换为八进制数。

$$\begin{matrix} 0010 & 0011 & 0001 & . & 1011 & 1000 \\ \downarrow & \downarrow & \downarrow & . & \downarrow & \downarrow \\ 2 & 3 & 1 & . & B & 8 \end{matrix}$$

结果为（1000110001.10111）$_2$＝（231.B8）$_{16}$

4位二进制数恰好是1位十六进制数。转换时，整数部分从右往左4位一组，不足4位用0补充；小数部分从左往右4位一组，不足4位用0补充，并将每一组数转换为十六进制数，连接起来写出即可。

c．八进制、十六进制转换为二进制

例：把（145.23）$_8$转换为二进制数。

（145.23）$_8$＝（1100101.010011）$_2$

八进制转换为二进制与二进制进制转换为八进制刚好相反，将每1个八进制数展开成一组3位二进制数即可。

同理：十六进制转换为二进制与上述方法相似，将每1个十六进制数展开成一组4位二进制数即可。

3．存储数据的组织方式

早期研制计算机的目的主要是用于科学计算，而计算机发展到今天，它已经不再仅仅是一种简单用于计算的机器了，其应用范围已扩展到各行各业，计算机所处理的数据也包含了生活中的方方面面。一串二进制数既可表示数值，也可表示一个字符、汉字、图形或其他内容。每串二进制数代表的数据不同，含义也不同。那么，在进行数据处理时，计算机的存储设备是如何存储数据的呢？

（1）数据单位

①位（bit）　位是计算机存储设备的最小单位，简写为"b"，音译为"比特"，表示二进制中的1位。一个二进制位只能表示2^0种状态，即只能存放二进制数"0"或"1"。

②字节（Byte）　字节是计算机用于描述存储容量和传输容量的一种计量单位，即以字节为单位解释信息，简写为"B"，音译为"拜特"。8个二进制位编为一组成为一个字节，即1B＝8b。

通常，一个ASCII码字符占1个字节；一个汉字占2个字节；一个整数占2个字节；一个实数，即带有小数点的数，用4个字节组成浮点形式存放在计算机存储设备中。

③字长　CPU在一个指令周期内一次处理的二进制的位数称为字长。对计算机硬件来说，字长是CPU与I/O设备和存储器之间传送数据的基本单位，是数据总线的宽度，即数据总线上一次可同时传送数据的位数。不同的计算机字长是不同的，常用的字长有8位、16位、32位和64位等。字长是衡量计算机性能的一个重要指标，

字长越长，一次处理的数字位数越多，速度也就越快。

通常，一个字的每一位自右向左依次编号。例如，对于16位机，各位依次编号为b0b15；对于32位机，各位依次编号为b0b31。

位、字节和字长之间的关系，如图7-10所示。

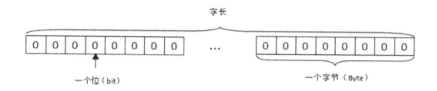

图7-10　位、字节和字长示意

（2）存储设备结构　用来存储数据的设备称为计算机的存储设备，如内存、硬盘、U盘及光盘等。不论是哪一种设备，存储设备的最小单位是"位"，存储数据单位是字节，也就是说按字节组织存放数据，具体含义如表7-2所示

表7-2　存储设备常用术语

术语	含义
存储单元	存储数据、指令等信息的单位，用字节表示
存储容量	一台存储设备所能容纳的二进制信息的总和，用字节来表示，如32MB、100GB等
编址	对存储单元以字节为单位编号的过程称为"编址"
单元地址	存储单元的编号称为地址

度量单位之间的换算对应关系如表7-3所示。

表7-3　存储单位换算关系

单位	对应关系	数量级
b（bit，位）	1b=一个二进制位	$1b=2^0$
B（byte，字节）	1B=8b	$1B=2^3$
KB（Kilobyte，千字节）	1KB=1024B	$1K=2^{10}$
MB（Megabyte，兆字节）	1MB=1024KB	$1M=2^{20}$
GB（Gigabyte，吉字节）	1GB=1024MB	$1G=2^{30}$
TB（Terabyte，太字节）	1TB=1024GB	$1T=2^{40}$

4. 数值在计算机中的表示方式

在日常生活中经常会遇到计算问题，例如，计算医药费、工资、通信费、水电费等，其计算结果为一个确切的数值，而且有正、负值之分。这些数值在数学上，通常用符号"＋"表示正值、用符号"－"表示负值，放在数值的最左边，且当数值为正值时，可以省略其"＋"号。有时，还会遇到带有小数点的数值。这些数在计算机中是如何表示的呢？

（1）机器数与真值

①数据类型　在计算机中处理的数据分为数值型和非数值型两类，数值型数据指数学中的代数值，具有量的含义，如333，−32.67等；非数值型数据是指输入到计算机中的所有其他信息，没有量的含义，如用作学号的数字09、大写字母AZ或小写字母az、汉字、图形图像、声音等。

由于计算机采用二进制，所以这些数据信息在计算机内部都必须以二进制编码的形式表示。就数值来讲是有正有负的，数学中的"＋"和"－"符号在计算机中也要由0和1来表示，即数字符号数字化。

②机器数与真值　在数学中，将"＋"或"－"符号放在数的绝对值之前来区分该数是正数还是负数，在计算机内部使用符号位，用二进制数字"0"表示正数，用二进制数字"1"表示负数，放在数的最左边。这种把符号数值化了的数称为机器数，而把原来的用正负符号和绝对值来表示的数值称为机器数的真值。

（2）数的原码、反码和补码　在计算机中，对有符号的机器数通常用原码、反码和补码3种方式表示，其主要目的是解决减法运算。任何正数的原码、反码和补码的形式完全相同，负数则各自有不同的表示形式。

①原码：正数的符号位用0表示，负数的符号位用1表示，数值部分用二进制形式表示，这种表示法称为原码。

②反码：正数的反码和原码相同，负数的反码是对该数的原码除符号位外各位取反。反码通常作为求补过程的中间结果，通过反码可以比较简单地得到补码表示形式。

例如，用4位二进制，可以表示的反码正/负数如图7-11所示。

③补码：补码主要用来简化计算机的数值运算，即将所有减法运算都用加上一个负数来实现，由此产生了补码。正数的补码和原码相同，负数的补码是反码加1。

例如，用4位二进制，可以表示的补码正/负数如图7-12所示。

（3）定点数与浮点数　实际生活中的数值除了有正、负数之外还有带小数的数值，当所要处理的数值含有小数部分时，计算机不仅要解决数值的表示，还要解决数值中小数点的表示问题。在计算机中，并不是采用某个二进制位来表示小数点，而是用隐含规定小数点的位置来表示。

根据小数点的位置是否固定，数的表示方法可分为定点数和浮点数两种类型，其中定点数又分为定点整数和定点小数。定点整数是将小数点位置固定在数值的最

-7	1	0	0	0		-8	1	0	0	0

Left table (图7-11):

-7	1	0	0	0
-6	1	0	0	1
-5	1	0	1	0
-4	1	0	1	1
-3	1	1	0	0
-2	1	1	0	1
-1	1	1	1	0
-0	1	1	1	1
+0	0	0	0	0
+1	0	0	0	1
+2	0	0	1	0
+3	0	0	1	1
+4	0	1	0	0
+5	0	1	0	1
+6	0	1	1	0
+7	0	1	1	1

Right table (图7-12):

-8	1	0	0	0
-7	1	0	0	1
-6	1	0	1	0
-5	1	0	1	1
-4	1	1	0	0
-3	1	1	0	1
-2	1	1	1	0
-1	1	1	1	1
0	0	0	0	0
+1	0	0	0	1
+2	0	0	1	0
+3	0	0	1	1
+4	0	1	0	0
+5	0	1	0	1
+6	0	1	1	0
+7	0	1	1	1

图7-11　4位二进制数表示的反码正/负数　　　**图7-12　4位二进制数表示的补码正/负数**

右端，定点小数是将小数点位置固定在数值的最左端。如果最左端定义为符号位，则定点小数的小数点位于符号位之后，数值部分之前。例如，数值0110，当默认为定点整数时，其值为+110；当默认为定点小数时，其值为+0.110。

　　由于计算机中的初始数值、中间结果或最后结果可能在很大范围内变动，如果计算机用定点整数或定点小数表示数值，则运算数据不仅容易溢出，即超出计算机能表示的数值范围，而且容易丢失精度。所以，采用浮点数表示来解决这类问题。

　　①定点整数　定点整数是指小数点隐含固定在整个数值的最后，符号位右边的所有的位数表示的是一个整数，如，数值01011，表示值为+1011。

　　②定点小数　定点小数是指小数点隐含固定在数值的某一个位置上的小数。通常将小数点固定在最高数据位的左边，最大数为0.1。

　　由此可见，定点整数和定点小数在计算机中的表示形式没有什么区别，小数点完全靠事先约定而隐含在不同位置，如图7-13所示。

图7-13　定点数格式

　　③浮点数　浮点数是指小数点位置不固定的数，它既有整数部分又有小数部

分，其最大的特点是比定点数表示的数值范围大。

在计算机中通常把浮点数分成阶码（也称为指数）和尾数两部分来表示，其中阶码用二进制定点整数表示，尾数用二进制定点小数表示，阶码的长度决定数的范围，尾数的长度决定数的精度。为保证不损失有效数字，通常还对尾数进行格式化处理，即保证尾数的最高位为1，实际数值通过阶码进行调整。

浮点数的格式多种多样，例如，用4个字节表示浮点数，阶码部分为8位补码定点整数，尾数部分为24位补码定点小数。

例：求二进制数"+110111"的浮点表示

首先，通过规格化把二进制数"+110111"化简成"2⁶×0.110111"，则阶码为6（即二进制定点整数"+110"），尾数为"+0.110111"，其浮点数表示形式如图7-14所示。

图7-14　浮点数示例

5. 信息编码

计算机编码是指对输入到计算机中的各种数值和非数值型数据用二进制数进行编码的方式。为了使信息的表示、交换、存储或加工处理方便，在计算机系统中通常采用统一的编码方式。如二-十进制编码、ASCII码、汉字编码、图形图像编码等。

（1）二-十进制编码　在计算机中，将十进制数变换为二进制数的方法很多，但是不管采用哪种方法的编码，统称为二-十进制编码，即BCD（Binary-CodedDecimal）码，亦称二进制十进数，是一种二进制的数字编码形式，即用二进制编码的十进制代码。

在二-十进制编码中最常用的一种是8521码。它采用4位二进制编码表示1位十进制数，其中4位二进制数由高位到低位的每一位权值分别是：2³、2²、2¹、2⁰，即8、4、2、1。BCD码比较直观，只要熟悉4位二进制编码表示1位十进制编码，可以很容易实现十进制与BCD码之间的转换。

（2）字符编码　字符编码指规定用什么样的二进制码来表示字母、数字以及专用符号。

计算机系统中主要有两种字符编码：ASCII码和EBCEDIC（扩展的二进制-十进制交换码）。

ASCII码用于微型机与小型机，是最常用的字符编码。ASCII码的意思是"美国标准信息交换码"（American Standard Coadfor Information Interchange），此编码被国际标准化组织ISO采纳后，作为国际通用的信息交换标准代码。

ASCII码有两个版本：7位码版本和8位码版本。国际上通用的是7位码版本，即用7位二进制数表示一个字符，由于$2^7=128$，所以有128个字符，其中包括0~9共10个数码、26个小写英文字母、26个大写英文字母以及各种标点符号和运算符号33个。在计算机中实际运用8位标识一个字符，最高位为"0"。表 7-4所示为全部128个符号的7位ASCII字符编码表。例如，数字8的ASCII码为56，字母A的ASCII码为65，字母a的ASCII码为97。

表 7-4　ASCII字符编码表

$D_3D_2D_1D_0$ \ $D_6D_5D_4$	000	001	010	011	100	101	110	111
0000	NUL	DLE	SP	0	@	P	`	p
0001	SOH	DC1	!	1	A	Q	a	q
0010	STX	DC2	"	2	B	R	b	r
0011	EXT	DC3	#	3	C	S	c	s
0100	EOT	DC4	$	4	D	T	d	t
0101	ENQ	NAK	%	5	E	U	e	u
0110	ACK	SYN	&	6	F	V	f	v
0111	BEL	ETB	'	7	G	W	g	w
1000	BS	CAN	(	8	H	X	h	x
1001	HT	EM	)	9	I	Y	i	y
1010	LF	SUB	*	:	J	Z	j	z
1011	VT	ESC	+	;	K	[	k	{
1100	FF	FS	,	<	L	\	l	|
1101	CR	GS	–	=	M	]	m	}
1110	SO	RS	.	>	N	^	n	~
1111	SI	US	/	?	O	_	o	DEL

字符又分为"图形字符"与"控制字符"两类。

ASCII字符编码表中，第000列和第001列共32个字符称为控制字符，它们在传输、打印或显示输出时起控制作用。第010列到第111列（共6列）共有94个可打印或显示的字符，称为图形字符，这些字符有确定的机构形状，可在显示器或打印机等输出设备上输出。在计算机键盘上找到相应的键，按键后就可将对应字符的二进制编码送入计算机内。此外，在图形字符集的首尾还有两个字符也可归入控制字符，即Space（空格字符）和Del（删除字符）。控制字符的含义如表7-5所示。

表7-5 控制字符的含义

NUL	空字符	VT	垂直制表符	SYN	同步空闲
SOH	标题开始	FF	换页键	ETB	传输块结束
STX	正文开始	CR	回车键	CAN	取消
EXT	正文结束	SO	不用切换	EM	介质中断
EOT	传输结束	SI	启用切换	SUB	替补
ENQ	请求	DLE	数据链路转义	ESC	换码（溢出）
ACK	收到通知	DC1	设备控制1	FS	文件分割符
BEL	响铃	DC2	设备控制2	GS	分组符
BS	退格	DC3	设备控制3	RS	记录分离符
HT	水平制表符	DC4	设备控制4	US	单元分隔符
LF	换行键	NAK	拒绝接收	DEL	删除

图形字符包括数字、字母、运算符号、商用符号等。例如，大写字母A的ASCII码，只需在ASCII字符编码表中对英语字符A的位置，找出其对应的列$D_6D_5D_4$和行$D_3D_2D_1D_0$，依次按$D_6D_5D_4D_3D_2D_1D_0$的顺序排列起来，再在最高位补以0，即得到A的ASCII码值为1000001。

为便于书写和记忆，有时，也将ASCII码写作十六进制的形式，即将某字符的ASCII码二进制数形式，转换成十六进制数的形式，再标以H表示这是一个十六进制数。例如大写字母A的ASCII码为01000001，写成十六进制数即41H。

（3）汉字编码 汉字也是字符，与西文字符相比，汉字数量大，字形复杂，同音字多，这就给汉字在计算计中的输入、输出、存储和传输带来一系列的问题。为了能直接使用西文标准键盘输入汉字，必须为汉字设计相应的编码。

①汉字信息交换码（国标码） 经过对汉字使用频度的研究，可把汉字划分为高频字（约100个）、常用字（约3000个）、次常用字（约4000个）、罕见字（约8000个）和死字（约45000个）。

在字频统计的基础上，参照有关国标标准，我国于1980年颁布了《信息交换用汉字编码字符集——基本集》，代号为GB 2312-80，是我国规定的用于汉字信息处理使用的代码依据，这种编码称为国标码。在国标码的字符集中，把高频字、常用字和次常用字归结为汉字基本集（共6763个），再按出现的频率分为一级汉字3755个（按拼音排序）和二级汉字3008个（按偏旁部首排序），字体均为简化字，这样，一、二级汉字约占累计使用频度的99.99%以上。基本集还包括西文字母、日文假名、俄文字母、数字以及一些特殊的图符记号，共对7445个图形字符作了编码。

国标GB 2312-80规定，所有的国标汉字与符合组成一个94×94的矩阵。

在此矩阵中每一行称为一个"区"（区号为1~94），每一列称为一个"位"（位号为1~94），编码表分成94个区，每区94位。每个字符采用两个字节（高位为0）来表示，区编号为第一字节，位编号为第二字节。第一字节的21H开始为第1区，7EH结束为第94区；第二字节的21H开始为第1位，7EH结束为第94位。整个编码空间达8836个字符位置，汉字从第16区开始，一个字符的区码和位码表示该字符在编码空间中的位置，两者可组合成该字符的国标区位码，简称区位码。

每一个汉字和字符与区位码是一一对应的，而两个字节均从21H开始的编码称为汉字信息交换码，简称国标码，这样就存在区位码和国标码之间的转换，方法很简单，具体是：将一个汉字的十进制区号和十进制位号分别转换成十六进制数；然后再分别加上20H，就称为此汉字的国标码，即字符的国标码＝字符的区位码＋2020H。例如：16区第1位所对应的汉字"啊"，其区位码为1001H，而其国标码为3021H。

②汉字内码　国标码实际上是由两个字节的各7位二进制数来表示的，而西文字符是使用一个字节来表示的。因此，为解决在计算机内部如何来表示汉字与西文的问题，引进了汉字内部码（或称汉字内码）。目前计算机采用的汉字内码绝大部分采用"高位为1的两个字节码"，即把某汉字的国标码的第一、二字节的最高位均置1，就是该汉字的机内码（简称内码），即汉字机内码＝汉字国标码＋8080H。例如，汉字"啊"，其国标码为3021H，则其机内码为：3021H＋8080H＝B0A1H。

由于汉字编码基本集为简体字，且字数不多，因此对于中医药管理、古籍管理和户籍管理等领域的计算机处理就显得不足。为此我国又先后推出了多个汉字编码辅助集，即第一辅助集GB 12345-90（G1）、第三辅助集GB 7589-87（G3）和第五辅助集GB 7590-87（G5）。

③汉字输入码　汉字也是字符，但它比西文字符量多且复杂，给计算机处理带来了困难。汉字处理技术首先要解决的是汉字输入、输出及计算机内部的编码问题。根据汉字处理过程中的不同要求，有多种编码形式，主要可分为四类，即汉字输入码、汉字交换码、汉字机内码和汉字字形码。

a. 汉字输入码。汉字输入码的作用是让用户能直接使用西文键盘输入汉字。

汉字输入码必须具有易学、易记、易用的特点，且编码与汉字的对应性要好。因此，汉字输入码的产生往往都结合了汉字某一方面的特点，如读音、字形等。由于产生编码时兼顾的汉字特点可以不同，所以编码方案也有多种，通常将其分为如下四类。

流水码：根据汉字的排列顺序形成汉字编码，如区位码、国标码、电报码等。

音码：根据汉字的"音"形成汉字编码，如全拼码、双拼码、简拼码等。

形码：根据汉字的"形"形成汉字编码，如王码、郑码、大众码等。

音型码：根据汉字的"音"和"形"形成汉字编码，如表形码、钱码、智能ABC等。

目前我国推出的汉字输入码编码方案已有数百种，受到用户欢迎的也有数十种，用户可以根据自己的喜好选择使用某一种汉字输入码。

b. 汉字交换码。汉字交换码是指在汉字信息处理系统之间或者信息处理系统与通信系统之间进行汉字信息交换时所使用的编码。设计汉字交换码编码体系应该考虑如下几点：被编码的字符个数尽量多，编码的长度尽可能短，编码具有唯一性，码制的转换尽可能方便。

我国已公布的汉字信息交换码标准以及与此有关的字符集标准有：GB 1988（《信息处理交换用七位编码字符集》）、GB 2311-80（《信息处理交换用七位编码字符集的扩充方法》）、GB 2312-80（《信息交换用汉字编码字符集——基本集》）、GB 13000.1/ISO 10646.1（《通用多八位编码字符集》）。

c. 汉字字形码。 汉字字形码用在显示或打印输出汉字时产生的字形，该种编码是通过点阵形式产生的。不论汉字的笔画多少，都可以在同样大小的方块中书写，从而把方块分割为许多小方块，组成一个点阵，每个小方块就是点阵中的一个点，即二进制的一个位。每个点由"0"和"1"表示"白"和"黑"两种颜色。这样就得到了字模点阵的汉字字形码，如图7-15所示。

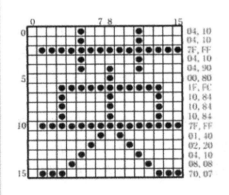

图7-15 字模点阵汉字字型码图

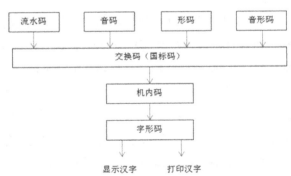

图7-16 四种编码之间的关系

目前计算机上显示使用的汉字字形大多采用16×16点阵，这样每个汉字的汉字字形码就要占32个字节（16×16÷8），书写时常用十六进制数来表示。而打印使用的汉字字形大多为24×24点阵，即一个汉字要占用72个字节，更为精确的汉字字形还有32×32点阵、48×48点阵等。显然，点阵的密度越大，汉字输出的质量也就越好。

有了汉字字形码，计算机就能够将输入的汉字编码在统一成汉字内码存储后，在输出时将它还原成汉字。一个汉字信息系统具有的所有汉字字形码的几何构成了该系统的汉字库。

④各种汉字编码之间的关系　从汉字编码转换的角度，图7-16显示了四种编码之间的关系，期间都需要各自的转换程序来实现。

（4）多媒体信息编码　多媒体是多种媒体的复合，主要是指以文字、声音、图形图像为载体的数据，对于这些数据也需要进行二进制编码。图像是物体的投射光或反射光通过人的视觉系统在人脑中形成的印象或认识，是随时间、地点变化的光波；而声音是通过空气传播的一种波，是随时间连续变化的物理量。图像和声音都是一种波，对于波的特性来说在时间和幅度上都是连续的。所以说，把在时间和幅度上都是连续的信号称为模拟信号。因为计算机里是用有限字长的单元来存储、处理数据的，无法处理模拟信号。因此，在计算机处理与存储图像和声音之前，必须将其转化为数字信号，即进行信号的数字化处理。简单地说，时间和幅度都用离散的数字表示的信号就称为数字信号。对图像和声音的数字信号进行编码后，即可实现图像和声音的计算机处理。

①音频信息的数字化　声音是随时间而连续变化的波，这种波传到人们的耳朵，引起耳膜震动，这就是人们听到的声音。模拟技术其实就是通过某种媒介物质，例如磁带，将能够听到的各种声音记载到媒介上，再通过对这个媒介上的声音信号的还原技术，恢复录制时候的原始声音技术，称为模拟音频技术。为了使计算机能够处理如声音这类的模拟信号，而与"0"、"1"这样离散的数字信号相区别，必须先将这种模拟信号转换成二进制的数字信号，即在捕捉声音（比如录音）时用固定的时间间隔对声波进行采样（离散化处理）或称数字化处理，这个过程称为模/数（A/D）转换。反之，将数字信号转换成模拟信号的过程称为数/模（D/A）转换。每秒钟的采样数称为采样频率，它类似于将声波平均分割成若干份。目前，通用的音频采样频率有3个，即44.1kHz、22.05kHz和11.025kHz。显而易见，采样的频率越高，即把声波等分得越细，经过离散数字化的声波越接近于原始的波形，也就意味着声音的保真度越高，声音的质量越好，但占用的存储空间也越多。

②视频信息的数字化　动态图像也称视频信息，人们所看到的视频信息实际上是由许多幅单一的画面所构成的。每一幅画面称为一帧，帧是构成视频信息的最小、最基本的单位。视频信息的采样用采样频率和采样深度两个指标来衡量。

采样频率：指在一定时间以一定的速度对单帧视频信号的捕获量，即以每秒所捕获的画面帧数来衡量。

采样深度：指经采样后每帧所包含的颜色位（色彩值）。如采样深度为8位，则每帧可达到256级单色灰度。

③图像编码 国际标准化组织（ISO）和国际电报电话咨询委员会（CCITT）联合成立的"联合照片专家组"（Joint Photographic Experts Group，JPEG），于1991年对静止图像编码提出JPEG标准，它是彩色、灰度、静止图像的第一个国际标准。JPEG标准支持很高的图像分辨率和量化精度，包括无损和多种类型的有损模式，通常可以压缩10~40倍，压缩比可用参数调整，在压缩比达25：1时，还原的图像与原始图像相比，人们很难区分其中的差别。常见的图像编码格式如表7-6所示。

表7-6 图像编码格式

格式	注释
BMP	这是图像最常用的表示格式，又称为位图，其文件扩展名为bmp，是一种与硬件设备无关的图像文件格式，也是Windows系统下的标准图像格式
PCX	这是最早支持彩色图像的一种文件格式，占用磁盘空间较少，最高可达24位颜色。由于该格式出现的时间较长，并且具有压缩及全彩色能力，所以现在仍比较流行
GIF	在网络中用于图形数据的在线传输，特别是应用在互联网的网页中。通过GIF提供的足够的信息，使得许多不同的输入/输出设备能方便地交换图像数据。GIF分为静态GIF和动画GIF两种，支持透明背景图像，适用于多种操作系统，它最多只能处理256种色彩，故不能用于存储真彩色的图像格式文件
JPEG	这是应用最广泛的图片格式之一，它采用一种特殊的有损压缩算法，将不易被人眼觉察的图像颜色删除，从而达到较大的压缩比。可以用最少的磁盘空间得到较好的图像质量。由于它优异的性能，广泛用在Internet上
PNG	这是一种新兴的网络图形格式，采用无损压缩的方式，与JPEG格式类似，网页中有很多图片都是这种格式，压缩比高于GIF，且支持图像透明，用Fireworks软件制作的图像默认格式就是PNG

④音频编码 所谓音频编码是为了满足人们复制、存储和传输声音的需要，采用一些特殊的编码技术对数字音频信号进行编码。一般包括有损压缩和无损压缩两种编码技术，MP3音乐格式就是一种有损的音频编码。

目前国际上比较成熟的高保真立体声音频编码标准为MPEG音频。MPEG-1Audio（ISO/IEC 11172-3）压缩算法是世界上第一个高保真声音数据压缩国际标准，并且得到了极其广泛的应用。

音频编码数据在文件中的存储形式、排列顺序等因各种应用需求不同，具有多种多样的音频文件格式，常见的声音编码格式如表7-7所示。

表7-7　声音编码格式

格式	注释
WAV	这是微软公司开发的一种声音文件格式，是录音时用的标准的Windows文件格式，文件的扩展名为"wav"，数据本身的格式为PCM或压缩型。通常，可以利用Windows的媒体播放器打开WAV文件
MP3	这是现今应用最多的文件格式，是MP3播放机所支持的最主要格式，专门用于存储MP3编码声音数据。MP3歌曲文件内不带有歌词，可以在外部配合一个文本格式的歌词文件，两个文件配合，可以使音频播放软件边播放边同步显示歌词内容，歌词文件常见的是Lrc格式

08

模块8

新一代信息技术

新一代信息技术是以大数据、云计算、区块链、物联网、人工智能、第五代通信技术等为代表的新兴技术。它既是信息技术的纵向升级，也是信息技术之间及其与相关产业的横向融合。新一代信息技术，不只是指信息领域的一些分支技术如集成电路、计算机、无线通信等的纵向升级，更主要的是指信息技术的整体平台和产业的代际变迁。

任务1　大数据

任务导航

【任务清单】

任务内容	能力要求			
	理解原理	掌握要领	熟练操作	灵活运用
大数据的基本概念	√			
大数据的定义	√			
大数据形成与发展	√			
大数据发展意义	√			

【任务描述】

大数据指无法在一定时间范围内用常规软件工具进行捕捉、管理和处理的数据集合，是需要新处理模式才能具有更强的决策力、洞察发现力和流程优化能力的海量、高增长率和多样化的信息资产。大数据的起始计量单位是PB（1024TB）、EB（1024PB，约100万TB）或ZB（1024EB，约10亿TB），未来甚至会达到YB（1024ZB）或BB（1024YB）。

计算机数据最小的基本单位是bit，按顺序给出所有单位：bit、Byte、KB、MB、GB、TB、PB、EB、ZB、YB、BB、NB、DB。bit是最小的单位，Byte是最小的存储单位。

它们按照进率1024（2的十次方）来计算：

1Byte＝8bit

1KB＝1,024Bytes＝8,192bit

1MB＝1,024KB＝1,048,576Bytes

1GB＝1,024MB＝1,048,576KB

1TB＝1,024GB＝1,048,576MB

1PB＝1,024TB＝1,048,576GB

1EB＝1,024PB＝1,048,576TB

1ZB＝1,024EB＝1,048,576PB

1YB＝1,024ZB＝1,048,576EB

1BB＝1,024YB＝1,048,576ZB

1NB＝1,024BB＝1,048,576YB

1DB＝1,024NB＝1,048,576BB

任务实施

第一步：了解大数据的基本概念　　思考并讨论大数据在生活中的应用

第二步：了解大数据的定义　　　　　第四步：了解大数据的发展意义

第三步：了解大数据的形成与发展，

知识链接

一、大数据的基本概念

大数据（bigdata），或称巨量资料，是指在承受的时间范围内无法使用通常的软件工具捕获和管理的数据集合。以容量大、类型多、存取速度快、应用价值高为主要特征的数据集合，最早应用于IT行业，目前正快速发展为对数量巨大、来源分散、格式多样的数据进行采集、存储和关联分析，从中发现新知识、创造新价值、提升新能力的新一代信息技术和服务业态。大数据必须采用分布式架构，对海量数据进行分布式数据挖掘，因此必须依托云计算的分布式处理、分布式数据库和云存储、虚拟化技术。

二、大数据的定义

引用3个比较常用的大数据定义。

（1）需要新处理模式才能具有更强的决策力、洞察发现力和流程优化能力的海量、高增长率和多样化的信息资产。——Gartner（美国高德纳咨询公司）

（2）海量的数据规模（Volume）、快速的数据流转和动态的数据体系（Velocity）、多样的数据类型（Variety）、巨大的数据价值（Value）。——IDC（美国互联网数据中心）

（3）或称巨量数据、海量数据、大资料，指所涉及的数据量规模巨大到无法通过人工，在合理时间内达到截取、管理、处理，并整理成为人类所能解读的信息。——Wiki（维基百科）

其他关于大数据的定义也大抵类似，我们可以用几个关键词对大数据做一个界定。

首先，"规模大"，这种规模可以从两个维度来衡量，一是从时间序列累积大量的数据，二是在深度上更加细化的数据。

其次，"多样化"，可以是不同的数据格式，如文字、图片、视频等，可以是不同的数据类别，如人口数据、经济数据等，还可以有不同的数据来源，如互联网、传感器等。

第三，"动态化"。数据是不停变化的，可以随着时间快速增加大量数据，也可以是在空间上不断移动变化的数据。

这三个关键词对大数据从形象上做了界定。

但还需要一个关键能力，就是"处理速度快"。如果这么大规模、多样化又动态变化的数据有了，但需要很长的时间去处理分析，那不叫大数据。从另一个角度，要实现这些数据快速处理，靠人工肯定是没办法实现的，因此，需要借助于机器实现。

最终，我们借助机器，通过对这些数据进行快速的处理分析，获取想要的信息或者应用的整套体系，才能称为大数据。

三、大数据形成和发展

2012年，《大数据时代》一书出版，作者V.迈尔-舍恩伯格被誉为"大数据商业应用第一人"。

2013年，IBM公司提出大数据的5V特征，即Volume（数据量巨大），Velocity（高速及时有效分析），Variety（种类和来源的多样化），Value（价值密度低，商业价值高），Veracity（数据的真实有效性）。

2015年8月，国务院印发《促进大数据发展行动纲要》，提出建设政府数据资源共享开放、国家大数据资源统筹发展、大数据关键技术及产品研发与产业化、大数据产业支撑能力提升、网络和大数据安全保障、政府治理、公共服务、工业和新兴产业、现代农业、万众创新等10个大数据工程，加快建设数据强国。

2016年3月，《中华人民共和国国民经济和社会发展第十三个五年规划纲要》提出，实施国家大数据战略，把大数据作为基础性战略资源，全面实施促进大数据发展行动，加快推动数据资源共享开放和开发应用，助力产业转型升级和社会治理创新。

四、发展大数据的意义

大数据技术的战略意义在于对庞大的、含有意义的数据进行专业化处理，是实时交互式的查询效率和分析能力。

任务2 云计算

任务导航

【任务清单】

任务内容	能力要求			
	理解概念	掌握要领	熟练操作	灵活运用
云计算概念	√			
云计算实现技术	√			
云计算安全威胁	√			
云计算实际应用	√			

【任务描述】

云计算作为一种新兴的资源，拥有强大实用性和交付模式，逐渐为学界和产业界所认知。云计算是分布式计算的一种，是由一群松散耦合的计算机组成的一个超级虚拟计算机，常用来执行一些大型任务，通过网络"云"将巨大的数据、处理程序分解成无数个小程序。这些资源被所有云计算的用户共享，并且可以方便地通过网络访问，进行处理和分析这些小程序，得到结果并返回给用户。现阶段的云计算通过不断进步，已经不单单是一种分布式计算，是多种计算机技术混合演进并跃升的结果。

任务实施

第一步：了解云计算的概念
第二步：了解云计算实现技术
第三步：了解云计算安全威胁

第四步：了解并讨论云计算在生活中的实际应用

知识链接

一、云计算的概念

早期，简单地说，云计算就是简单的分布式计算，解决任务分发，并进行计算结果的合并。因而，云计算又称为网格计算。通过这项技术，可以在很短的时间内（几秒钟）完成对数以万计的数据的处理，从而达到强大的网络服务。

云计算由一系列可以动态升级和被虚拟化的资源组成，这些资源被所有云计算的用户共享并且可以方便地通过网络访问，用户无需掌握云计算的技术，只需要按照个人或者团体的需要租赁云计算的资源。云计算是继1980年代大型计算机到客户端-服务器的大转变之后的又一种巨变。

云计算是分布式计算、效用计算、并行计算、网络存储、热备份冗杂和虚拟化等计算机技术混合演进并跃升的结果。

"云"实质上就是一个网络，狭义上讲，云计算就是一种提供资源的网络，使用者可以随时获取"云"上的资源，按需求量使用，并且可以看成是无限扩展的，只要按使用量付费就可以，"云"就像自来水厂一样，可以随时接水，并且不限量，按照自己家的用水量，付费给自来水厂就可以。

从广义上说，云计算是与信息技术、软件、互联网相关的一种服务，这种计算资源共享池叫做"云"，云计算把许多计算资源集合起来，通过软件实现自动化管理，只需要很少的人参与，就能让资源被快速提供。也就是说，计算能力作为一种商品，可以在互联网上流通，就像水、电、煤气一样，可以方便地取用，且价格较为低廉。

总之，云计算不是一种全新的网络技术，而是一种全新的网络应用概念，云计算的核心概念就是以互联网为中心，在网站上提供快速且安全的云计算服务与数据存储，让每一个使用互联网的人都可以使用网络上的庞大计算资源与数据中心。

云计算是继互联网、计算机后在信息时代又一种新的革新，云计算是信息时代的一个大飞跃，未来的时代可能是云计算的时代。虽然目前有关云计算的定义有很多，但总体上来说，云计算的基本含义是一致的，即云计算具有很强的扩展性和需要性，可以为用户提供一种全新的体验，云计算的核心是可以将很多的计算机资源协调在一起，因此，使用户通过网络就可以获取到无限的资源，同时获取的资源不受时间和空间的限制。

二、云计算的形成与发展

云计算被视为计算机网络领域的一次革命，因为它的出现，社会的工作方式和商业模式也在发生巨大的改变。

追溯云计算的根源，它的产生和发展与之前所提及的并行计算、分布式计算等计算机技术密切相关，都促进着云计算的成长。但追溯云计算的历史，可以追溯到1956年，ChristopherStrachey发表了一篇有关虚拟化的论文，正式提出了虚拟化的概念。虚拟化是今天云计算基础架构的核心，是云计算发展的基础。而后随着网络技术的发展，逐渐孕育了云计算的萌芽。

在20世纪90年代，计算机网络出现了大爆炸，出现了以思科为代表的一系列公司，随即网络出现泡沫时代。在2004年，Web2.0会议举行，Web2.0成为当时的热点，这也标志着互联网泡沫破灭，计算机网络发展进入了一个新的阶段。在这一阶段，让更多的用户方便快捷地使用网络服务成为互联网发展亟待解决的问题，与此同时，一些大型公司也开始致力于开发大型计算能力的技术，为用户提供了更加强大的计算处理服务。在2006年8月9日，Google首席执行官埃里克·施密特（Eric Schmidt）在搜索引擎大会（SES San Jose 2006）首次提出"云计算"（Cloud Computing）的概念。这是云计算发展史上第一次正式地提出这一概念，有着巨大的历史意义。在2008年，微软发布其公共云计算平台（Windows Azure Platform），由此拉开了微软的云计算大幕。同样，云计算在国内也掀起一场风波，许多大型网络公司纷纷加入云计算的阵列。2009年1月，阿里软件在江苏南京建立首个"电子商务云计算中心"。同年11月，中国移动云计算平台"大云"计划启动。到现阶段，云计算已经发展到较为成熟的阶段。2019年8月17日，北京互联网法院发布《互联网技术司法应用白皮书》。发布会上，北京互联网法院互联网技术司法应用中心揭牌成立。2020年我国云计算市场规模达到1781亿元，增速为33.6%。其中，公有云市场规模达到990.6亿元，同比增长43.7%，私有云市场规模达791.2亿元，同比增长22.6%。

云计算的快速发展及其广阔前景引起了众多国家政府的高度关注，美国、欧盟、日本、韩国、印度等国家和地区都纷纷通过制定战略和政策、加大研发投入、加快应用等方式加快推动云计算发展。我国政府对云计算也极为关注，积极布局发展。2010年10月，国务院发布《关于加快培育和发展战略性新兴产业的决定》，将云计算定位于"十二五"战略性新兴产业之一。随后，国家发展和改革委员会、工业和信息化部联合印发《关于做好云计算服务创新发展试点示范工作的通知》，确定在北京、上海、深圳、杭州、无锡五个城市先行开展云计算服务创新发展试点示范工作。2015年1月，国务院印发《关于促进云计算创新发展培育信息产业新业态的意见》。2017年3月，工业和信息化部印发《云计算发展三年行动计划（2017–2019年）》，指出到2019年，中国云计算产业规模将达到4300亿元，突破一批核心关键技术，云计算服务能力达到国际先进水平，云计算在制造、政务等领域的应用水平显著提升，成为信息化建设主要形态和建设网络强国、制造强国的重要支撑，推动经济社会各领域信息化水平大幅提高。

三、云计算的应用

较为简单的云计算技术已经普遍服务于现如今的互联网服务中，最为常见的就是网络搜索引擎和网络邮箱。搜索引擎大家最为熟悉的莫过于谷歌和百度了，在任何时刻，只要用过移动终端就可以在搜索引擎上搜索任何自己想要的资源，通过云端共享了数据资源。而网络邮箱也是如此，在过去，寄写一封邮件是一件比较麻烦的事情，同时也是很慢的过程，而在云计算技术和网络技术的推动下，电子邮箱成为了社会生活中的一部分，只要在网络环境下，就可以实现实时的邮件的寄发。其实，云计算技术已经融入现今的社会生活。

1. 存储云

存储云，又称云存储，是在云计算技术上发展起来的一个新的存储技术。云存储是一个以数据存储和管理为核心的云计算系统。用户可以将本地的资源上传至云端，可以在任何地方连入互联网来获取云上的资源。大家所熟知的谷歌、微软等大型网络公司均有云存储的服务，在国内，百度云和微云则是市场占有量最大的存储云。存储云向用户提供了存储容器服务、备份服务、归档服务和记录管理服务等等，大大方便了使用者对资源的管理。

2. 医疗云

医疗云，是指在云计算、移动技术、多媒体、4G通信、大数据以及物联网等新技术基础上，结合医疗技术，使用"云计算"来创建医疗健康服务云平台，实现了医疗资源的共享和医疗范围的扩大。因为云计算技术的运用与结合，医疗云提高医疗机构的效率，方便居民就医。像现在医院的预约挂号、电子病历、医保等都是云计算与医疗领域结合的产物，医疗云还具有数据安全、信息共享、动态扩展、布局全国的优势。

3. 金融云

金融云，是指利用云计算的模型，将信息、金融和服务等功能分散到庞大分支机构构成的互联网"云"中，旨在为银行、保险和基金等金融机构提供互联网处理和运行服务，同时共享互联网资源，从而解决现有问题并且达到高效、低成本的目标。在2013年11月27日，阿里云整合阿里巴巴旗下资源并推出了阿里金融云服务。其实，这就是现在基本普及了的快捷支付，因为金融与云计算的结合，现在只需要在手机上简单操作，就可以完成银行存款、购买保险和基金买卖。现在，不仅仅阿里巴巴推出了金融云服务，像苏宁金融、腾讯等企业均推出了自己的金融云服务。

4. 教育云

教育云，实质上是指教育信息化的一种发展。具体的，教育云可以将所需要的任何教育硬件资源虚拟化，然后将其传入互联网中，以向教育机构和学生、老师提供一个方便快捷的平台。现在流行的慕课就是教育云的一种应用。慕课MOOC，指的是大规模开放的在线课程。现阶段慕课的三大优秀平台为Coursera、edX以及Udacity，在国内，中国大学MOOC也是非常好的平台。在2013年10月10日，清华大学推出来MOOC平台——学堂在线，许多大学现已使用学堂在线开设了一些课程的MOOC。

四、云计算的意义和影响

云计算能够提供可靠的基础软硬件、丰富的网络资源、低成本的构建和管理能力，是信息技术发展和服务模式创新的集中体现。在云计算模式下，软件、硬件、平台等信息技术资源以服务的方式提供给使用者，有效解决政府、企事业单位面临的机房、网络等基础设施建设和信息系统运维难、成本高、能耗大等问题，改变传统信息技术服务架构，推动绿色经济发展。

云计算引发软件开发部署模式的创新，并为大数据、物联网、人工智能等新兴领域的发展提供基础支撑，催生出强大的产业链和产业生态，将重塑新一代信息技术产业格局。

任务3　区块链

任务导航

【任务清单】

任务内容	能力要求			
	理解概念	掌握要领	熟练操作	灵活运用
区块链概念	√			
区块链系统基础架构	√			
区块链发展历程及前景	√			
区块链核心技术	√			
区块链在我国发展现状	√			

【任务描述】

区块链是一种分布式、去中心化的计算机技术。那么，什么又叫分布式和去中心化呢？拿结婚登记来举例，以前两个人结婚，必须去民政局办手续，然后电脑录入信息，才算走完法律上的流程。

如果用区块链技术呢？只要两个人同意结婚，然后在朋友圈发布一条消息，就完成了结婚的流程，根本不需要去民政局。你的朋友们是共同的见证者，他们可能分布在世界各地，但他们的手机会帮你把信息记录下来，并告诉其他想要了解情况的人。

区块链不等于比特币，它只是实现比特币这种数字货币而发明的一种底层技术。区块链可以应用的范围更广，除了数字货币之外，还可以应用在P2P借款、全球支付、微金融、电子支付、汇款等金融方面，也可以在知识产权、选举、公证等民生方面，未来发展的前景巨大。

任务实施

第一步：了解区块链概念

第二步：了解区块链系统基础架构

第三步：了解并讨论区块链发展历程及前景　　　第四步：了解并讨论区块链在我国发展现状

知识链接

一、区块链的概念

什么是区块链？从科技层面来看，区块链涉及数学、密码学、互联网和计算机编程等很多科学技术问题。从应用视角来看，简单来说，区块链是一个分布式的共享账本和数据库，具有去中心化、不可篡改、全程留痕、可以追溯、集体维护、公开透明等特点。这些特点保证了区块链的"诚实"与"透明"，为区块链创造信任奠定基础。而区块链丰富的应用场景，基本上都基于区块链能够解决信息不对称问题，实现多个主体之间的协作信任与一致行动。

区块链是分布式数据存储、点对点传输、共识机制、加密算法等计算机技术的新型应用模式。区块链（Blockchain），是比特币的一个重要概念，它本质上是一个去中心化的数据库，同时作为比特币的底层技术，是一串使用密码学方法相关联产生的数据块，每一个数据块中包含了一批次比特币网络交易的信息，用于验证其信息的有效性（防伪）和生成下一个区块。

二、区块链的系统基础架构

一般说来，区块链系统由数据层、网络层、共识层、激励层、合约层和应用层组成，如图8-1所示。其中，数据层封装了底层数据区块以及相关的数据加密和时间戳等技术；网络层则包括分布式组网机制、数据传播机制和数据验证机制等；共识层主要封装网络节点的各类共识算法；激励层将经济因素集成到区块链技术体系中来，主要包括经济激励的发行机制和分配机制等；合约层主要封装各类脚本、算法和智能合约，是区块链可编程特性的基础；应用层则封装了区块链的各种应用场景和案例。该模型中，基于时间戳的链式区块结构、分布式节点的共识机制、基于共识算力的经济激励和灵活可编程的智能合约是区块链技术具有代表性的创新点。

三、区块链的发展历程及前景

2008年由中本聪第一次提出了区块链的概念，在随后的几年中，区块链成为了电子货币比特币的核心组成部分：作为所有交易的公共账簿。通过利用点对点网络和分布式时间戳服务器，区块链数据库能够进行自主管理。为比特币而发明的区块链使它成为第一个解决重复消费问题的数字货币。比特币的设计已经成为其他应用程序的灵感来源。

2014年，"区块链2.0"成为一个关于去中心化区块链数据库的术语。对这个第二代可编程区块链，经济学家们认为它是一种编程语言，可以允许用户写出更精

图8-1 区块链系统

密和智能的协议。因此，当利润达到一定程度的时候，就能够从完成的货运订单或者共享证书的分红中获得收益。区块链2.0技术跳过了交易和"价值交换中担任金钱和信息仲裁的中介机构"。它们被用来使人们远离全球化经济，使隐私得到保护，使人们"将掌握的信息兑换成货币"，并且有能力保证知识产权的所有者得到收益。第二代区块链技术使存储个人的"永久数字ID和形象"成为可能，并且对"潜在的社会财富分配"不平等提供解决方案。

2016年1月20日，中国人民银行数字货币研讨会宣布对数字货币研究取得阶段性成果。会议肯定了数字货币在降低传统货币发行等方面的价值，并表示央行在探索发行数字货币。中国人民银行数字货币研讨会的表达大大增强了数字货币行业信心。这是继2013年12月5日央行五部委发布关于防范比特币风险的通知之后，第一次对数字货币表示明确的态度。

2016年12月20日，数字货币联盟——中国FinTech数字货币联盟及FinTech研究院正式筹建。

如今，比特币仍是数字货币的绝对主流，数字货币呈现了百花齐放的状态，常见的有bitcoin、litecoin、dogecoin、dashcoin，除了货币的应用之外，还有各种衍生应用，如以太坊Ethereum、Asch等底层应用开发平台以及NXT、SIA、比特股、MaidSafe、Ripple等行业应用。

四、区块链在我国的发展现状

从实践进展来看，区块链技术在商业银行的应用大部分仍在构想和测试之中，距离在生活、生产中的运用还有很长的路，而要获得监管部门和市场的认可也面临不少困难，主要有：

受到现行观念、制度、法律制约。区块链去中心化、自我管理、集体维护的特性颠覆了人们生产生活方式，淡化了国家、监管概念，冲击了现行法律安排。对于这些，整个世界完全缺少理论准备和制度探讨。即使是区块链应用最成熟的比特币，不同国家持有态度也不相同，不可避免阻碍了区块链技术的应用与发展。解决这类问题，显然还有很长的路要走。

在技术层面，区块链尚需突破性进展。区块链应用尚在实验室初创开发阶段，没有直观可用的成熟产品。比之于互联网技术，人们可以用浏览器、APP等具体应用程序，实现信息的浏览、传递、交换和应用，但区块链明显缺乏这类突破性的应用程序，面临高技术门槛障碍。再比如，区块容量问题，由于区块链需要承载复制之前产生的全部信息，下一个区块信息量要大于之前区块信息量，这样传递下去，区块写入信息会无限增大，带来的信息存储、验证、容量问题有待解决。

竞争性技术挑战。虽然有很多人看好区块链技术，但也要看到推动人类发展的技术有很多种，哪种技术更方便更高效，人们就会应用该技术。比如，如果在通信领域应用区块链技术，通过发信息的方式是每次发给全网的所有人，但是只有那个有私钥的人才能解密打开信件，这样信息传递的安全性会大大增加。同样，量子技术也可以做到，量子通信——利用量子纠缠效应进行信息传递——同样具有高效安全的特点，近年来更是取得了不小的进展，这对于区块链技术来说，就具有很强的竞争优势。

任务4　物联网

任务导航

【任务清单】

任务内容	能力要求			
	理解概念	掌握要领	熟练操作	灵活运用
物联网发展起源	√			

任务内容	能力要求			
	理解概念	掌握要领	熟练操作	灵活运用
物联网定义	√			
物联网技术及架构	√			
物联网应用范围及案例	√			
物联网在我国发展现状	√			

【任务描述】

物联网是互联网基础上的延伸和扩展的网络，是将各种信息传感设备与互联网结合起来而形成的一个巨大网络，实现在任何时间、任何地点，人、机、物的互联互通。

物联网的基本特征可概括为整体感知、可靠传输和智能处理。物联网的应用领域涉及到方方面面，在工业、农业、环境、交通、物流、安保等基础设施领域的应用，有效推动了智能化发展，使得有限的资源更加合理地使用分配，从而提高了行业效率、效益。在家居、医疗健康、教育、金融与服务业、旅游业等与生活息息相关的领域的应用，从服务范围、服务方式到服务的质量等方面都有了极大的改进，大大提高了人们的生活质量。

任务实施

第一步：了解物联网发展起源

第二步：了解物联网定义

第三步：了解物联网技术及架构

第四步：了解并讨论物联网在我国发展现状

知识链接

一、物联网的定义

物联网（Internet of Things，缩写：IoT）是基于互联网、传统电信网等信息承载体，让所有能行使独立功能的普通物体实现互联互通的网络。

中国物联网校企联盟将物联网定义为当下几乎所有技术与计算机、互联网技术的结合，实现物体与物体之间，环境以及状态信息的实时共享以及智能化的收集、传递、处理、执行。广义上说，当下涉及到信息技术的应用，都可以纳入物联网的范畴。物联网是一个基于互联网、传统电信网等信息承载体，让所有能够被独立寻址的普通物理对象实现互联互通的网络。其具有智能、先进、互联的三个重要特征。

国际电信联盟(ITU)发布的ITU互联网报告，对物联网做了如下定义：通过二维码识读设备、射频识别(RFID)装置、红外感应器、全球定位系统和激光扫描器等信息传感设备，按约定的协议，把任何物品与互联网相连接，进行信息交换和通信，以实现智能化识别、定位、跟踪、监控和管理的一种网络。

物联网是指通过各种信息传感设备，实时采集任何需要监控、连接、互动的物体或过程等各种需要的信息，与互联网结合形成的一个巨大网络。其目的是实现物与物、物与人，所有的物品与网络的连接，方便识别、管理和控制。其在2011年的产业规模超过2600亿元人民币。构成物联网产业五个层级的支撑层、感知层、传输层、平台层，以及应用层分别占物联网产业规模的2.7%、22.0%、33.1%、37.5%和4.7%。而物联网感知层、传输层参与厂商众多，成为产业中竞争最为激烈的领域。

二、物联网的形成和发展

"物联网"一词起源于1999年的美国，麻省理工学院Auto-ID实验室最早明确提出物联网的概念，认为物联网就是将所有物品通过射频识别（RFID）等信息传感设备与互联网连接起来，实现智能化识别和管理的网络。此时，物联网技术仅限于射频识别（RFID）和互联网。随后物联网不断发展，国际电信联盟（ITU）、欧洲智能系统集成技术平台（EPoSS）、欧盟物联网研究项目组（CERP-IoT）等机构纷纷给出各自的"物联网"定义，物联网概念由萌芽走向清晰。2008年11月，国际商业机器公司（IBM）提出"智慧地球"战略，得到了美国政府的支持和认可，国际多家知名物联网研究机构进一步将"智慧地球"的内容融入其发布的物联网相关报告中。

世界各国和地区对物联网给予了高度关注，韩国、日本、美国、欧盟等纷纷发布物联网战略，将物联网作为重点发展领域，如日韩基于物联网的"U社会"战略、欧洲"物联网行动计划"及美国"智能电网""智慧地球"等计划相继实施。中国政府也积极谋划布局物联网发展，2011年11月，工业和信息化部印发《物联网"十二五"发展规划》，明确了物联网发展的方向和重点，加快培育和壮大物联网发展。2013年2月，国务院发布了《关于推进物联网有序健康发展的指导意见》，明确了发展物联网的指导思想、基本原则，提出了发展目标、主要任务和保障措施。

随着物联网不断发展，其技术体系逐渐丰富。物联网技术体系一般包括信息感知、传输、处理以及共性支撑技术。物联网产业主要涵盖物联网感知制造业、物联网通信业和物联网服务业。

三、物联网的应用

物联网有许多广泛的用途，遍及智能交通、环境保护、政府工作、公共安全、平安家居、智能消防、工业监测、老人护理、个人健康、花卉栽培、水系监测、食品溯源、敌情侦查和情报搜集等多个领域。

国际电信联盟于2005年的一份报告曾描绘"物联网"时代的图景：当司机出现操作失误时汽车会自动报警；公文包会提醒主人忘带了什么东西；衣服会"告诉"洗衣机对颜色和水温的要求等等。

物联网把新一代IT技术充分运用在各行各业之中，具体地说，就是把感应器嵌入和装备到电网、铁路、桥梁、隧道、公路、建筑、供水系统、大坝、油气管道等各种物体中，然后将"物联网"与现有的互联网整合起来，实现人类社会与物理系统的整合，在这个整合的网络中，存在能力超级强大的中心计算机群，能够对整合网络内的人员、机器、设备和基础设施实施实时的管理和控制，在此基础上，人类可以以更加精细和动态的方式管理生产和生活，达到"智慧"状态，提高资源利用率和生产力水平，改善人与自然间的关系。

毫无疑问，如果"物联网"时代来临，人们的日常生活将发生翻天覆地的变化。然而，不谈什么隐私权和辐射问题，单把所有物品都植入识别芯片这一点现在看来还不太现实。人们正走向"物联网"时代，但这个过程可能需要很长的时间。

四、物联网在我国的发展现状

2010年6月22日上海开幕的中国国际物联网大会指出：物联网将成为全球信息通信行业的万亿元级新兴产业。到2020年之前，全球接入物联网的终端将达到500亿个。中国作为全球互联网大国，未来将围绕物联网产业链，在政策市场、技术标准、商业应用等方面重点突破，打造全球产业高地。

物联网是继计算机、互联网和移动通信之后的又一次信息产业的革命性发展。物联网被正式列为国家重点发展的战略性新兴产业之一。物联网产业具有产业链长、涉及多个产业群的特点，其应用范围几乎覆盖了各行各业。现在中国已经紧紧跟上国际社会发展的步伐了。物联网热浪在中国正迅速壮大。物联网在中国迅速崛起得益于我国在物联网方面的几大优势。

第一，我国早在1999年就启动了物联网核心传感网技术研究，研发水平处于世界前列。

第二，在世界传感网领域，我国是标准主导国之一，专利拥有量高(我国拥有话语权)。

第三，我国是目前能够实现物联网完整产业链的国家之一。

第四，我国无线通信网络和宽带覆盖率高，为物联网的发展提供了坚实的基础设施支持。

第五，我国已经成为世界第二大经济体，有较为雄厚的经济实力支持物联网发展。

物联网不是科技狂想，而是又一场科技革命。

物联网使物品和服务功能都发生了质的飞跃，这些新的功能将给使用者带来进一步的效率、便利和安全，由此形成基于这些功能的新兴产业。

物联网需要信息高速公路的建立，移动互联网的高速发展以及固话宽带的普及是物联网海量信息传输交互的基础。依靠网络技术，物联网将生产要素和供应链进行深度重组，成为信息化带动工业化的现实载体。

任务5 人工智能、虚拟现实及增强现实

任务导航

【任务清单】

任务内容	能力要求			
	理解概念	掌握要领	熟练操作	灵活运用
AI、VR、AR定义	√			
人工智能研究价值	√			
人工智能实现方法	√			
AI、VR、AR发展现状	√			

【任务描述】

对于AI这个词，可能我们大家都听得比较多，AI翻译过来就是（Artificial Intelligence）人工智能技术。比如现在的大数据分析，也都是基于AI技术，通过机器对服务器用户大量数据的分析，最后总结规律，精准推送。

举个简单的例子，你打开淘宝的时候，首页就会推送一些商品给你，也许刚开始你会觉得它是后台随机推送，但是久了你就会发现，它推送的东西恰好都是自己想买，或者想要的，或者自己感兴趣的商品，这时候你仔细想想，是不是有点细思极恐。它甚至比你还了解你的喜好，你的生活规律，你的出行规律，甚至还能知道你的钱包里面还有多少钱。

但话说回来，在大数据时代，在这个动辄几亿的大数据的文件夹之中，你和身边他/她的区别，在数据看来只是多或少了0和1的不同而已。

但AI的技术应用远远不止于此，它能给我们的生活提供更多的便利，在数学上提供更快捷的算法，在工程设计上提供更加智能的解决方案。我们不应该惧怕它，反而应该对它进行开发利用，毕竟这个科技时代，AI必须发展，也必将发展。

VR是虚拟现实技术(Virtual Reality，缩写为VR)。VR的应用就是头戴式设备，比如我们去大型商场的时候，总有些人带着头盔在一个地方手舞足蹈地玩着游戏，这个就是VR技术。VR是视觉+听觉技术的结合，不仅能带来全视角的显示影像，同时也能带来身临其境的音效。带上头盔之后，配合立体音响就仿佛进入了一个虚拟世界。有部电影就是对VR技术的一个很真实的描述，叫《头号玩家》，如果不理解的同学，可以去看看这部电影。

说完了前两个AI和VR，那AR又是什么呢？可以理解成，两个技术相结合，就是人工智能+虚拟现实技术。其实AR，翻译就是增强现实技术(Augmented Reality)，也被称为扩增现实。现在也有一些公司在做这个产品，比如微软的HoloLens。它可以广泛运用于医疗、工业、教育等等。在2017年的时候，西班牙首都马德里在医院用HoloLens进行了一次成功的手术，缩减了一半的手术时间。

也许现在AR在我们的生活应用得还比较少，但是在不远的将来它一定能给我们的生活带来不一样的体验。

任务实施

第一步：了解什么是AI

第二步：了解什么是VR

第三步：了解什么是AR

第四步：了解人工智能研究价值和意义

第五步：了解VR/AR与AI的关联

知识链接

一、人工智能（Artificial Intelligence）

人工智能（ArtificialIntelligence，缩写为AI）亦称智械、机器智能，指由人制造出来的机器所表现出来的智能。通常人工智能是指通过普通计算机程序来呈现人类智能的技术。

AI的核心问题包括建构能够跟人类似甚至超卓的推理、知识、规划、学习、交流、感知、移物、使用工具和操控机械的能力等。当前有大量的工具应用了人工智能，其中包括搜索和数学优化、逻辑推演。而基于仿生学、认知心理学，以及基于概率论和经济学的算法等等也在逐步探索当中。思维来源于大脑，而思维控制行为，行为需要意志去实现，而思维又是对所有数据采集的整理，相当于数据库，所以人工智能最后会演变为机器替换人类。

人工智能的定义可以分为两部分，即"人工"和"智能"。"人工"比较好理解，争议性也不大。有时我们会要考虑什么是人力所能及制造的，或者人自身的智能程度有没有高到可以创造人工智能的地步，等等。但总的来说，"人工系统"就是通常意义下的人工系统。

关于什么是"智能"，就问题多多了。这涉及其他诸如意识、自我、思维（包括无意识的思维）等问题。人唯一了解的智能是人本身的智能，这是普遍认同的观点。但是我们对我们自身智能的理解都非常有限，对构成人的智能的必要元素也了解有限，所以就很难定义什么是"人工"制造的"智能"了。因此人工智能的研究往往涉及对人的智能本身的研究。其他关于动物或人造系统的智能也普遍被认为是人工智能相关的研究课题。人工智能在计算机领域内，得到了愈加广泛的重视。并在机器人，经济政治决策，控制系统，仿真系统中得到应用。

著名的美国斯坦福大学人工智能研究中心尼尔逊教授对人工智能下了这样一个定义："人工智能是关于知识的学科——怎样表示知识以及怎样获得知识并使用知识的科学。"而另一位美国麻省理工学院的温斯顿教授认为："人工智能就是研究如何使计算机去做过去只有人才能做的智能工作。"这些说法反映了人工智能学科的基本思想和基本内容。即人工智能是研究人类智能活动的规律，构造具有一定智能的人工系统，研究如何让计算机去完成以往需要人的智力才能胜任的工作，也就是研究如何应用计算机的软硬件来模拟人类某些智能行为的基本理论、方法和技术。

人工智能是计算机学科的一个分支，20世纪70年代以来被称为世界三大尖端技术之一（空间技术、能源技术、人工智能），也被认为是21世纪三大尖端技术（基因工程、纳米科学、人工智能）之一。这是因为近30年来它获得了迅速的发展，在很多学科领域都获得了广泛应用，并取得了丰硕的成果，人工智能已逐步成为一个独立的分支，无论在理论和实践上都已自成一个系统。

人工智能是研究使计算机来模拟人的某些思维过程和智能行为（如学习、推理、思考、规划等）的学科，主要包括计算机实现智能的原理、制造类似于人脑智能的计算机，使计算机能实现更高层次的应用。人工智能涉及计算机科学、心理学、哲学和语言学等学科。可以说它几乎是自然科学和社会科学的所有学科，其范围已远远超出了计算机科学的范畴，人工智能与思维科学的关系是实践和理论的关系，人工智能是处于思维科学的技术应用层次，是它的一个应用分支。从思维观点看，人工智能不仅限于逻辑思维，还要考虑形象思维、灵感思维才能促进人工智能突破性的发展，数学常被认为是多种学科的基础科学，数学也进入语言、思维领域，人工智能学科也必须借用数学工具，数学不仅在标准逻辑、模糊数学等范围发挥作用，数学进入人工智能学科，它们将互相促进而更快地发展。

二、虚拟现实(Virtual Reality，缩写为VR)

虚拟现实技术是仿真技术的一个重要方向，是仿真技术与计算机图形学、人机接口技术、多媒体技术、传感技术、网络技术等多种技术的集合。是一门富有挑战性的交叉技术前沿学科和研究领域。虚拟现实技术(VR)主要包括模拟环境、感知、自然技能和传感设备等方面。模拟环境是由计算机生成的、实时动态的三维立体逼真图像。感知是指理想的VR应该具有一切人所具有的感知。除计算机图形技术所生成的视觉感知外，还有听觉、触觉、力觉、运动等感知，甚至还包括嗅觉和味觉等，也称为多感知。自然技能是指人的头部转动，眼睛、手势或其他人体行为动作，由计算机来处理与参与者的动作相适应的数据，并对用户的输入作出实时响应，并分别反馈到用户的五官。传感设备是指三维交互设备。

所谓虚拟现实，顾名思义，就是虚拟和现实相互结合。从理论上来讲，虚拟现实技术（VR）是一种可以创建和体验虚拟世界的计算机仿真系统，它利用计算机生成一种模拟环境，使用户沉浸到该环境中。虚拟现实技术就是利用现实生活中的数据，通过计算机技术产生的电子信号，将其与各种输出设备结合使其转化为能够让人们感受到的现象，这些现象可以是现实中真真切切的物体，也可以是我们肉眼所看不到的物质，通过三维模型表现出来。因为这些现象不是我们直接所能看到的，而是通过计算机技术模拟出来的现实中的世界，故称为虚拟现实。

虚拟现实技术受到了越来越多人的认可，用户可以在虚拟现实世界体验到最真实的感受，其模拟环境的真实性与现实世界难辨真假，让人有种身临其境的感觉；同时，虚拟现实具有一切人类所拥有的感知功能，比如听觉、视觉、触觉、味觉、嗅觉等感知系统；最后，它具有超强的仿真系统，真正实现了人机交互，使人在操作过程中，可以随意操作并且得到环境最真实的反馈。正是虚拟现实技术的存在性、多感知性、交互性等特征使它受到了许多人的喜爱。

5G时代的到来，注定将成就虚拟现实技术。未来的生活趋势将会更多地在虚拟与现实之间切换。

三、增强现实(Augmented Reality，AR)

增强现实技术是一种将虚拟信息与真实世界巧妙融合的技术，广泛运用了多媒体、三维建模、实时跟踪及注册、智能交互、传感等多种技术手段，将计算机生成的文字、图像、三维模型、音乐、视频等虚拟信息模拟仿真后，应用到真实世界中，两种信息互为补充，从而实现对真实世界的"增强"。

增强现实技术也被称为扩增现实，是促使真实世界信息和虚拟世界信息内容之间综合在一起的较新的技术内容，其将原本在现实世界的空间范围中比较难以进行体验的实体信息在电脑等科学技术的基础上，实施模拟仿真处理，将虚拟信息内容在真实世界中加以有效应用，并且在这一过程中能够被人类感官所感知，从而实现超越现实的感官体验。真实环境和虚拟物体之间重叠之后，能够在同一个画面以及空间中同时存在。

增强现实技术不仅能够有效体现出真实世界的内容，也能够促使虚拟的信息内容显示出来，这些细腻内容相互补充和叠加。在视觉化的增强现实中，用户需要在头盔显示器的基础上，促使真实世界能够和电脑图形之间重合在一起，在重合之后可以充分看到真实的世界围绕着它。增强现实技术中主要有多媒体和三维建模以及场景融合等新的技术和手段，增强现实所提供的信息内容和人类能够感知的信息内容之间存在着明显不同。

四、人工智能的价值和意义

人工智能(AI)使机器可以从经验中学习，适应新的输入并执行类似人的任务。大家今天听到的大多数AI实例——从下象棋的计算机到自动驾驶汽车——都严重依赖于深度学习和自然语言处理。使用这些技术，可以训练计算机通过处理大量数据并识别数据中的模式来完成特定任务。

1. 人工智能历史

人工智能一词始创于1956年，但是由于数据量的增加，先进算法以及计算能力和存储能力的提高，人工智能在当今变得越来越流行。

1950年代早期的AI研究探索了诸如解决问题和符号方法之类的主题。1960年代，美国国防部对这种工作产生了兴趣，并开始训练计算机来模仿人类的基本推理。

这项早期工作为我们今天在计算机中看到的自动化和形式推理铺平了道路，包括可以设计为补充和增强人类能力的决策支持系统和智能搜索系统。

2. 为什么人工智能很重要

①AI通过数据实现重复学习和发现的自动化。但是，人工智能不同于硬件驱动的机器人自动化。AI不是自动执行手动任务，而是可靠、无疲劳地执行频繁、大量的计算机化任务。对于这种类型的自动化，人工询问对于设置系统并提出正确的问题仍然至关重要。

②人工智能为现有产品增加了智能。在大多数情况下，不会将AI单独出售。而是，已经使用的产品将通过AI功能得到改善，就像将Siri作为新一代Apple产品的功能添加一样。自动化，对话平台，机器人和智能机可以与大量数据结合使用，以改善从安全智能到投资分析的各种家庭和工作场所技术。

③AI通过渐进式学习算法进行调整，以使数据进行编程。人工智能发现数据的结构和规律性，从而使该算法获得技能：该算法称为分类器或预测器。因此，就像该算法可以教自己如何下棋一样，它可以教自己下一个在线推荐什么产品。当给定新数据时，模型会适应。反向传播是一种AI技术，允许在第一个答案不太正确时通过训练和添加数据来调整模型。

④AI使用具有许多隐藏层的神经网络分析更多和更深的数据。几年前几乎不可能构建具有五个隐藏层的欺诈检测系统。不可思议的计算机功能和大数据改变了这

一切。用户需要大量数据来训练深度学习模型，因为它们直接从数据中学习。

⑤人工智能通过深度神经网络实现了令人难以置信的准确性，这在以前是不可能的。例如，Alexa、百度搜索和百度相册的交互都是基于深度学习的，并且随着我们使用它们的不断增加，它们将变得越来越准确。在医学领域，来自深度学习、图像分类和对象识别的AI技术现在可以用于以与训练有素的放射科医生相同的准确性在MRI上发现癌症。

⑥AI充分利用数据。当算法是自学时，数据本身可以成为知识产权。由于数据的作用现在比以往任何时候都重要，因此可以创造竞争优势。如果你在竞争激烈的行业中拥有最好的数据，即使每个人都在应用类似的技术，那么最好的数据也会取胜。

3. 如何使用人工智能

每个行业对AI功能的需求都很高，尤其是可以用于法律援助、专利检索、风险通知和医学研究的问答系统。AI的其他用途包括以下几个。

卫生保健：AI应用程序可以提供个性化的医学和X射线读数。私人保健助理可以充当生活教练，提醒你吃药，锻炼身体或保持健康饮食。

零售：AI提供了虚拟购物功能，可提供个性化的建议并与消费者讨论购买选项。人工智能还将改善库存管理和站点布局技术。

制造业：AI可以使用循环网络(一种与序列数据一起使用的特定类型的深度学习网络)，分析工厂IoT数据，使其从连接的设备流向预测预期的负载和需求。

银行业：人工智能提高了人类工作的速度、准确性和有效性。在金融机构中，人工智能技术可用于识别哪些交易可能是欺诈性的，采用快速准确的信用评分以及自动执行手动密集型数据管理任务。

4. 人类与AI合作

人工智能不能代替我们。它增强了我们的能力，使我们的工作做得更好。由于AI算法的学习方式与人类不同，因此它们对事物的看法也有所不同。它们可以看到逃避我们的关系和模式。这种人类之间的AI合作关系提供了许多机会。它可以：

①将分析引入当前未充分利用的行业和领域。

②改善现有分析技术的性能，例如计算机视觉和时间序列分析。

③打破经济障碍，包括语言和翻译障碍。

④增强现有能力，使我们的工作做得更好。

⑤给我们更好的视野、更好的理解、更好的记忆力等等。

5. 使用人工智能有哪些挑战

人工智能将改变每个行业，但我们必须了解其局限性。

AI的原则局限性在于它从数据中学习。没有其他可以合并知识的方式。这意味着数据中的任何错误都会反映在结果中。并且必须单独添加任何其他预测或分析层。

如今的AI系统已经过培训，可以完成明确定义的任务。玩扑克的系统不能玩单人纸牌或国际象棋。检测欺诈的系统无法驾驶汽车或向你提供法律建议。实际上，检测医疗保健欺诈的AI系统无法准确检测税收欺诈或保修索赔欺诈。

换句话说，这些系统非常非常专业。它们只专注于一项任务，而且行为举止远不及人类。

同样，自学系统也不是自主系统。你在电影和电视中看到的想象中的AI技术仍然是科幻小说。但是可以探测复杂数据以学习并完成特定任务的计算机变得非常普遍。

6. 人工智能如何运作

AI通过将大量数据与快速迭代的处理和智能算法结合在一起来工作，从而使该软件可以自动从数据的模式或特征中学习。人工智能是一个广泛的研究领域，包括许多理论、方法和技术，以及以下主要子领域。

①机器学习使分析模型构建自动化。它使用来自神经网络、统计学、运筹学和物理学的方法来查找数据中的隐藏见解，而无需明确地为在哪里寻找或得出的结论进行编程。

②神经网络是一种由相互连接的单元(如神经元)组成的机器学习，该单元通过响应外部输入，在每个单元之间中继信息来处理信息。该过程需要对数据进行多次遍历才能找到连接并从未定义的数据中获取含义。

③深度学习使用具有多层处理单元的巨大神经网络，利用计算能力的进步和改进的训练技术来学习大量数据中的复杂模式。常见的应用包括图像和语音识别。

④认知计算是AI的一个子领域，它致力于与机器进行自然的，类似于人的交互。使用AI和认知计算，最终目标是使机器能够通过解释图像和语音的能力来模拟人类过程，然后做出连贯的回应。

⑤计算机视觉依赖于模式识别和深度学习来识别图片或视频中的内容。当机器可以处理，分析和理解图像时，它们可以实时捕获图像或视频并解释其周围环境。

⑥自然语言处理(NLP)是计算机分析、理解和生成人类语言(包括语音)的能力。NLP的下一个阶段是自然语言交互，它允许人类使用日常的日常语言与计算机进行通信以执行任务。

此外，多种技术可以启用和支持AI：

①图形处理单元是AI的关键，因为它们提供了迭代处理所需的强大计算能力。训练神经网络需要大数据和计算能力。

②物联网从连接的设备生成大量数据，其中大部分未经分析。使用AI自动化模

型将使我们能够使用更多模型。

③正在开发先进算法并以新方式进行组合，以更快地在多个级别上分析更多数据。这种智能处理是识别和预测罕见事件，了解复杂系统并优化独特方案的关键。

④API或应用程序编程接口，是代码的可移植性软件包使其能够添加AI功能到现有的产品和软件包。它们可以将图像识别功能添加到家庭安全系统中，并可以使用Q&A功能来描述数据，创建标题或在数据中标注出有趣的模式和见解。

总之，AI的目标是提供可以根据输入进行推理并根据输出进行解释的软件。人工智能将提供与人类类似的软件交互，并为特定任务提供决策支持，但它不能替代人类，而且不会很快出现。

五、VR/AR与AI的关联

1．VR/AR对AI的需求

（1）制约VR/AR发展的一个很重要因素是3D内容的产能　3D内容（包括3D模型、3D动画和3D交互等）是VR/AR核心之一。然而，目前各个领域的3D内容尚需要大量人工进行制作，而且对制作人员的门槛要求相对较高，因而产能非常低，这是制约相关行业发展的一大瓶颈。而AI则有望一定程度上实现3D内容制作的自动化，替代部分重复劳动，并提升制作效率。

（2）VR/AR需要更加自然的交互　VR和AR的目标都包含了更加自然的交互，这正是AI要解决的目标之一。

（3）VR/AR需要更强的智能　AlphaGo和AlphaZero证明了AI在一定领域内的智能，而这些领域与VR和AR存在重合，有望弥补VR和AR的智能性。

2．AI对VR/AR的需求

（1）AI需要可视化的赋能效应呈现　AI的赋能效应，对于普通人而言是很难直观理解的，在诸如教育等很多场景中，人们都需要可视化的手段来呈现和辅助理解AI运用之后的效果。

（2）AI需要落地的应用场景　AI经历了自2016年以来的大热，到今天，不管是投资人，还是普通百姓，并没有完全看到AI在所有应用场景都能落地，于是，AI泡沫论喧嚣而上。而VR与AR能在很大程度上拉近AI与行业实际用户的距离，助力AI的落地。

3．与VR/AR密切相关的人工智能

图像识别–分类、图像识别–检测、图像语义分割/实例分割、图像/图形检索、图像/图形生成、强化学习、模仿学习。

任务6　第五代移动通信技术5G

任务导航

【任务清单】

任务内容	能力要求			
	理解概念	掌握要领	熟练操作	灵活运用
5G的概念	√			
5G发展背景	√			
5G关键技术	√			
5G应用领域	√			

【任务描述】

现在人们生活中流行着一个热词，就是"5G"，究竟什么是"5G"？它有什么奥妙？

5G的中文名称为第五代移动通信技术；外文名称为5-Generation，外语缩写为5G。国外研究团队有英国萨里大学、韩国三星电子；国内研究团队有华为科技、中国移动通信集团等。

任务实施

第一步：了解5G的概念　　　　第三步：了解5G关键技术

第二步：了解5G发展背景　　　　第四步：了解5G应用领域

知识链接

一、5G的概念

第五代移动通信技术（5th Generation Mobile Communication Technology，简称5G）是具有高速率、低时延和大连接特点的新一代宽带移动通信技术，5G通信设施是实现人、机、物互联的网络基础设施。

国际电信联盟（ITU）定义了5G的三大类应用场景，即增强移动宽带（eMBB）、超高可靠低时延通信(uRLLC)和海量机器类通信(mMTC)。增强移动宽带（eMBB）主要面向移动互联网流量爆炸式增长，为移动互联网用户提供更加极致的应用体验；超高可靠低时延通信(uRLLC)主要面向工业控制、远程医疗、自动驾驶等对时延和可靠性具有极高要求的垂直行业应用需求；海量机器类通信(mMTC)主要面向智慧城市、智能家居、环境监测等以传感和数据采集为目标的应用需求。

为满足5G多样化的应用场景需求，5G的关键性能指标更加多元化。ITU定义了5G八大关键性能指标，其中高速率、低时延、大连接成为5G最突出的特征，用户体验速率达1Gbps，时延低至1ms，用户连接能力达100万连接/平方公里。

二、5G发展背景

移动通信延续着每十年一代技术的发展规律，已历经1G、2G、3G、4G的发展。每一次代际跃迁，每一次技术进步，都极大地促进了产业升级和经济社会发展。从1G到2G，实现了模拟通信到数字通信的过渡，移动通信走进了千家万户；从2G到3G、4G，实现了语音业务到数据业务的转变，传输速率成百倍提升，促进了移动互联网应用的普及和繁荣。当前，移动网络已融入社会生活的方方面面，深刻改变了人们的沟通、交流乃至整个生活方式。4G网络造就了繁荣的互联网经济，解决了人与人随时随地通信的问题，随着移动互联网快速发展，新服务、新业务不断涌现，移动数据业务流量爆炸式增长，4G移动通信系统难以满足未来移动数据流量暴涨的需求，急需研发下一代移动通信（5G）系统。

5G作为一种新型移动通信网络，不仅要解决人与人通信，为用户提供增强现实、虚拟现实、超高清(3D)视频等更加身临其境的极致业务体验，更要解决人与物、物与物通信问题，满足移动医疗、车联网、智能家居、工业控制、环境监测等物联网应用需求。最终，5G将渗透到经济社会的各行业各领域，成为支撑经济社会数字化、网络化、智能化转型的关键新型基础设施。

三、5G关键技术

1. 5G无线关键技术

5G国际技术标准重点满足灵活多样的物联网需要。在OFDMA和MIMO基础技术上，5G为支持三大应用场景，采用了灵活的全新系统设计。在频段方面，与4G支持中低频不同，考虑到中低频资源有限，5G同时支持中低频和高频频段，其中中低频满足覆盖和容量需求，高频满足在热点区域提升容量的需求，5G针对中低频和高频设计了统一的技术方案，并支持百兆赫兹的基础带宽。为了支持高速率传输和更优覆盖，5G采用LDPC、Polar新型信道编码方案、性能更强的大规模天线技术等。为了支持低时延、高可靠，5G采用短帧、快速反馈、多层/多站数据重传等技术。

2. 5G网络关键技术

5G采用全新的服务化架构，支持灵活部署和差异化业务场景。5G采用全服务化设计，模块化网络功能，支持按需调用，实现功能重构；采用服务化描述，易于实现能力开放，有利于引入IT开发实力，发挥网络潜力。5G支持灵活部署，基于

NFV/SDN，实现硬件和软件解耦，实现控制和转发分离；采用通用数据中心的云化组网，网络功能部署灵活，资源调度高效；支持边缘计算，云计算平台下沉到网络边缘，支持基于应用的网关灵活选择和边缘分流。通过网络切片满足5G差异化需求，网络切片是指从一个网络中选取特定的特性和功能，定制出的一个逻辑上独立的网络，它使得运营商可以部署功能、特性服务各不相同的多个逻辑网络，分别为各自的目标用户服务，目前定义了3种网络切片类型，即增强移动宽带、低时延高可靠、大连接物联网。

四、5G应用领域

1. 工业领域

以5G为代表的新一代信息通信技术与工业经济深度融合，为工业乃至产业数字化、网络化、智能化发展提供了新的实现途径。5G在工业领域的应用涵盖研发设计、生产制造、运营管理及产品服务4个大的工业环节，主要包括16类应用场景，分别为：AR/VR研发实验协同、AR/VR远程协同设计、远程控制、AR辅助装配、机器视觉、AGV物流、自动驾驶、超高清视频、设备感知、物料信息采集、环境信息采集、AR产品需求导入、远程售后、产品状态监测、设备预测性维护、AR/VR远程培训等。当前，机器视觉、AGV物流、超高清视频等场景已取得了规模化复制的效果，实现"机器换人"，大幅降低人工成本，有效提高产品检测准确率，达到了生产效率提升的目的。未来，远程控制、设备预测性维护等场景预计将会产生较高的商业价值。

5G在工业领域丰富的融合应用场景将为工业体系变革带来极大潜力，使能工业智能化、绿色化发展。"5G+工业互联网"512工程实施以来，行业应用水平不断提升，从生产外围环节逐步延伸至研发设计、生产制造、质量检测、故障运维、物流运输、安全管理等核心环节，在电子设备制造、装备制造、钢铁、采矿、电力等5个行业率先发展，培育形成协同研发设计、远程设备操控、设备协同作业、柔性生产制造、现场辅助装配、机器视觉质检、设备故障诊断、厂区智能物流、无人智能巡检、生产现场监测等10大典型应用场景，助力企业降本提质和安全生产。

2. 车联网与自动驾驶

5G车联网助力汽车、交通应用服务的智能化升级。5G网络的大带宽、低时延等特性，支持实现车载VR视频通话、实景导航等实时业务。借助于车联网C-V2X（包含直连通信和5G网络通信）的低时延、高可靠和广播传输特性，车辆可实时对外广播自身定位、运行状态等基本安全消息，交通灯或电子标志标识等可广播交通管理与指示信息，支持实现路口碰撞预警、红绿灯诱导通行等应用，显著提升车辆行驶安全和出行效率，后续还将支持实现更高等级、复杂场景的自动驾驶服务，如远程遥控驾驶、车辆编队行驶等。5G网络可支持港口岸桥区的自动远程控制、装卸区的自动码货以及港区的车辆无人驾驶应用，显著降低自动导引运输车控制信号的时延以保障无线通信质量与作业可靠性，可使智能理货数据传输系统实现全天候全流程的实时在线监控。

3. 教育领域

5G在教育领域的应用主要围绕智慧课堂及智慧校园两方面开展。5G+智慧课堂，凭借5G低时延、高速率特性，结合VR/AR/全息影像等技术，可实现实时传输影像信息，为两地提供全息、互动的教学服务，提升教学体验；5G智能终端可通过5G网络收集教学过程中的全场景数据，结合大数据及人工智能技术，可构建学生的学情画像，为教学等提供全面、客观的数据分析，提升教育教学精准度。5G+智慧校园，基于超高清视频的安防监控可为校园提供远程巡考、校园人员管理、学生作息管理、门禁管理等应用，解决校园陌生人进校、危险探测不及时等安全问题，提高校园管理效率和水平；基于AI图像分析、GIS（地理信息系统）等技术，可对学生出行、活动、饮食安全等环节提供全面的安全保障服务，让家长及时了解学生的在校位置及表现，打造安全的学习环境。

2022年2月，工业和信息化部、教育部公布2021年"5G+智慧教育"应用试点项目入围名单，一批5G与教育教学融合创新的典型应用亮相。据悉，下一步，有关部门将及时总结经验、做法、成效，努力推动"5G+智慧教育"应用从小范围探索走向大规模落地。

4. 医疗领域

5G通过赋能现有智慧医疗服务体系，提升远程医疗、应急救护等服务能力和管理效率，并催生5G+远程超声检查、重症监护等新型应用场景。

5G+超高清远程会诊、远程影像诊断、移动医护等应用，在现有智慧医疗服务体系上，叠加5G网络能力，极大提升远程会诊、医学影像、电子病历等数据传输速度和服务保障能力。在抗击新冠肺炎疫情期间，解放军总医院联合相关单位快速搭建5G远程医疗系统，提供远程超高清视频多学科会诊、远程阅片、床旁远程会诊、远程查房等应用，支援湖北新冠肺炎危重症患者救治，有效缓解抗疫一线医疗资源紧缺问题。

5G+应急救护等应用，在急救人员、救护车、应急指挥中心、医院之间快速构建5G应急救援网络，在救护车接到患者的第一时间，将病患体征数据、病情图像、急症病情记录等以毫秒级速度、无损实时传输到医院，帮助院内医生做出正确指导并提前制订抢救方案，实现患者"上车即入院"的愿景。

5G+远程手术、重症监护等治疗类应用，由于其容错率极低，并涉及医疗质量、患者安全、社会伦理等复杂问题，其技术应用的安全性、可靠性需进一步研究和验证，预计短期内难以在医疗领域实际应用。

5. 文旅领域

5G在文旅领域的创新应用将助力文化和旅游行业步入数字化转型的快车道。5G智慧文旅应用场景主要包括景区管理、游客服务、文博展览、线上演播等环节。5G智慧景区可实现景区实时监控、安防巡检和应急救援，同时可提供VR直播观景、沉浸式导览及AI智慧游记等创新体验。大幅提升了景区管理和服务水平，解决了景区同质化发展等痛点问题；5G智慧文博可支持文物全息展示、5G+VR文物修复、沉浸式教学等应用，赋能文物数字化发展，深刻阐释文物的多元价值，推动人才团队建设；5G云演播融合4K/8K、VR/AR等技术，实现传统曲目线上线下高清直播，支持多屏多角度沉浸式观赏体验，5G云演播打破了传统艺术演艺方式，让传统演艺产业焕发了新生。

6. 智慧城市领域

5G助力智慧城市在安防、巡检、救援等方面提升管理与服务水平。在城市安防监控方面，结合大数据及人工智能技术，5G+超高清视频监控可实现对人脸、行为、特殊物品、车等精确识别，形成对潜在危险的预判能力和紧急事件的快速响应能力；在城市安全巡检方面，5G结合无人机、无人车、机器人等安防巡检终端，可实现城市立体化智能巡检，提高城市日常巡查的效率；在城市应急救援方面，5G通信保障车与卫星回传技术可实现建立救援区域海陆空一体化的5G网络覆盖；5G+VR/AR可协助中台应急调度指挥人员能够直观、及时了解现场情况，更快速、更科学地制定应急救援方案，提高应急救援效率。目前公共安全和社区治安成为城市治理的热点领域，以远程巡检应用为代表的环境监测也将成为城市发展的关注重点。未来，城市全域感知和精细管理成为必然发展趋势，仍需长期持续探索。

7. 信息消费领域

5G给垂直行业带来变革与创新的同时，也孕育新兴信息产品和服务，改变人们的生活方式。在5G+云游戏方面，5G可实现将云端服务器上渲染压缩后的视频和音频传送至用户终端，解决了云端算力下发与本地计算力不足的问题，解除了游戏优质内容对终端硬件的束缚和依赖，对于消费端成本控制和产业链降本增效起到了积极的推动作用。在5G+4K/8KVR直播方面，5G技术可解决网线组网烦琐、传统无线网络带宽不足、专线开通成本高等问题，可满足大型活动现场海量终端的连接需求，并带给观众超高清、沉浸式的视听体验；5G+多视角视频，可实现同时向用户推送多个独立的视角画面，用户可自行选择视角观看，带来更自由的观看体验。在智慧商业综合体领域，5G+AI智慧导航、5G+AR数字景观、5G+VR电竞娱乐空间、5G+VR/AR全景直播、5G+VR/AR导购及互动营销等应用已开始在商圈及购物中心落地应用，并逐步规模化推广。未来随着5G网络的全面覆盖以及网络能力的提升，5G+沉浸式云XR、5G+数字孪生等应用场景也将实现，让购物消费更具活力。

8. 金融领域

金融科技相关机构正积极推进5G在金融领域的应用探索，应用场景多样化。银行业是5G在金融领域落地应用的先行军，5G可为银行提供整体的改造。前台方面，综合运用5G及多种新技术，实现了智慧网点建设、机器人全程服务客户、远程业务办理等；中后台方面，通过5G可实现"万物互联"，从而为数据分析和决策提供辅助。除银行业外，证券、保险和其他金融领域也在积极推动"5G+"发展，5G开创的远程服务等新交互方式为客户带来全方位数字化体验，线上即可完成证券开户核审、保险查勘定损和理赔，使金融服务不断走向便捷化、多元化，带动了金融行业的创新变革。

参考文献

[1]Windows 11激活钥匙方法及Windows 11激活和不激活的区别[EB/OL].https://www.xitongcheng.com/jiaocheng/win11_article_72758.html.

[2]屏幕分辨率[EB/OL].https://baike.baidu.com/item/屏幕分辨率.

[3]相对路径[EB/OL].https://baike.baidu.com/item/相对路径.

[4]文件扩展名[EB/OL].https://upimg.baike.so.com/doc/2241689-2371841.html.

[5]驱动[EB/OL].https://baike.baidu.com/item/驱动.

[6]软件[EB/OL].https://baike.baidu.com/item/软件.

[7]SSID[EB/OL].https://baike.baidu.com/item/SSID.

[8]勒索病毒[EB/OL].https://baike.baidu.com/item/勒索病毒.

[9]崔林,吴鹤龄.IEEE计算机先驱奖（1980—2014）:计算机科学与技术中的发明史[M].第3版.北京:高等教育出版社,2014.

[10]《图书情报工作室》杂志社.信息素养的研究与实践进展[M].北京:海洋出版社,2014.

[11]宋凯.大学生信息素养教程[M].北京:国防工业出版社,2013.

[12]唐曙南.大学生信息素养研究[M].合肥:安徽大学出版社,2011.

[13]李国杰.新一代信息技术发展新趋势（大势所趋）[J/OL].2015-08-02.https://it.people.com.cn/n/2015/0802/c1009-27397176.html.